国家自然科学联合基金重点项目(U1704243)资助

水利工程伦理学

Hydraulic Engineering Ethics

刘汉东　刘　颖　著

黄河水利出版社
·郑州·

内 容 提 要

本书探究水利工程伦理学的本质和原则，分析解决水利工程领域人与人、人与社会、人与自然的道德问题。阐释水利工程伦理规约的内在结构及效用机制，提出水利工程共同体和中国水利工程师的伦理规范。针对水利工程引起的环境、生态、移民、可持续发展和社会安全等方面的伦理问题，分析国内外水利工程案例，探讨工程伦理教育的重要意义和教学方法。

本书可供水利工程专业技术人员参考，也可作为高等院校水利工程相关专业的研究生教材。

图书在版编目(CIP)数据

水利工程伦理学/刘汉东，刘颖著. —郑州：黄河水利出版社，2019.10

ISBN 978-7-5509-2397-3

Ⅰ. ①水… Ⅱ. ①刘…②刘… Ⅲ. ①水利工程-伦理学 Ⅳ. ①TV

中国版本图书馆 CIP 数据核字(2019)第111187号

组稿编辑：王路平 电话：0371-66022212 E-mail：hhslwlp@126.com

出 版 社：黄河水利出版社 网址：www.yrcp.com

地址：河南省郑州市顺河路黄委会综合楼14层 邮政编码：450003

发行单位：黄河水利出版社

发行部电话：0371-66026940、66020550、66028024、66022620(传真)

E-mail：hhslcbs@126.com

承印单位：河南瑞之光印刷股份有限公司

开本：787 mm×1 092 mm 1/16

印张：14.25

字数：330千字

版次：2019年10月第1版 印次：2019年10月第1次印刷

定价：138.00元

作者简介

刘汉东，博士，二级教授，博士生导师。1963年11月生于山东菏泽。1993年获中国科学院地质研究所水文地质与工程地质学理学博士学位。2001年4月至今任华北水利水电大学副校长，其间2009~2011年挂职河南省水利厅副厅长。兼任国际工程地质与环境协会(IAEG)会员，国际岩石力学学会(ISRM)会员，中国岩石力学与工程学会常务理事，河南省岩石力学与工程学会理事长，河南省水利学会副理事长，《水利学报》、《岩石力学与工程学报》、《工程地质学报》等编委。河南省创新人才、河南省学术技术带头人，享受国务院政府特殊津贴，2008~2017年教育部水利类学科教学指导委员会副主任委员，2016年被评为河南省十大科技创新人物。长期从事水利水电工程地质、岩体工程地质力学方面的教学和科研工作，在边坡失稳预报方面有深入研究。主持完成国家科技支撑计划、国家自然科学基金、国家水利公益性行业科研专项等课题50余项，获国家科技进步二等奖2项、河南省教学成果特等奖2项。出版专著6部，统编教材5部，发表论文230余篇，其中SCI/EI收录66篇。

上善若水

水善利万物而不争

——老 子

兴水利，除水害，确保工程安全。

始终把公众的安全、健康和福祉置于首位。

中国工程院院士 王思敬

2018年8月

前言

水是生命之源、生产之要、生态之基。兴水利、除水害,事关人类生存、社会进步。

我国水力资源主要集中于大江大河,水能资源理论蕴藏量6.9亿kW,技术可开发量5.4亿kW,经济可开发容量4.0亿kW,为世界上水能资源总量最多的国家,目前水力发电装机容量3.41亿kW,开发利用率为49%。世界水电开发程度平均为35%,发达国家平均在70%以上,挪威为99%,法国为92%,日本为90%,英国为90%,美国为82%,而非洲地区水电开发程度还不足8%。科学的水电开发就是“绿水青山”和“金山银山”的生态工程。

我国水资源短缺、时空分布不均。人均水资源占有量只有2 000 m^3,仅为世界平均水平的1/4;水资源空间分布、年内降水量分配极不均匀,水资源量中约2/3是洪水径流量。尽管我国实施了最严格的水资源管理制度,大力开展“节水型社会”建设,但要从根本上改变水资源严重短缺、洪涝灾害频发的问题,关键的措施就是尽快兴建一批蓄水调控工程,提高各流域汛期的蓄洪能力,从而增加可利用水资源的总量。

我国相继建成了长江三峡、黄河小浪底等重大水利枢纽工程,攻克了世界领先的300 m级特高拱坝、深埋长引水隧洞群等技术难关,修建了世界最高的锦屏一级水电站混凝土双曲拱坝和世界最长的锦屏二级水电站深埋隧洞。“十三五”期间,在坚持生态优先和移民妥善安置的前提下,积极开发水电,2020年水力发电装机容量将达到3.8亿kW,重要江河湖泊水功能区水质达标率将达到80%以上。

水利工程建设既需要工程师掌握一定的科学、技术基础知识,也需要掌握相关的工程专业知识,更需要正确的工程方法论作为指导,同时需要具备工程师伦理规范,只有这样,才能更好地分析和解决水利工程问题。

水利工程伦理学运用伦理学理论、原则、规范分析解决水利工程领域人与人、人与社会、人与自然的道德问题。水利工程伦理学主要是分析研究水利工程规划、可行性研究、初步设计、施工和运行管理过程中产生的或可能产生的伦理问题,如社会安全、生态环境、移民和文化遗产保护等问题。构建水利工程师伦理规范,进一步提出正确的行为导向,使水利工程活动相关的人员树立正确的水利伦理观,并在水利工程建设中自觉采取合乎伦理道德的行为。

水利工程伦理学意蕴十分丰富,它在借鉴了伦理学体系的基础上,重点探索水利工程伦理的道德意识现象、道德规范现象及道德活动现象。在对水利工程发展过程中的伦理困境给人类的发展提出种种预警的研究基础上，审视水利工程发展伦理困境的根源，探索走出水利工程伦理困境的道路，建构具有普遍意义的应用伦理原则及行为规范，按照社会发展的要求建设水利工程。

本书共10章。第1章水利工程伦理学基础，论述了伦理学、应用伦理学、工程伦理学和水利工程伦理学。从伦理学的视角及方法出发，探讨了水利工程伦理学的本质、水利工程伦理基本原则、水利工程系统的特点，论证了公平、公正是水利工程伦理的核心。第2章水利工程系统论，讨论了工程本质、水利工程的特征、水利工程建设过程、水利工程决策过程，研究了水利工程易诱发的伦理问题。第3章水利工程共同体，研究了水利工程共同体与一般共同体的区别和水利工程共同体的内涵。第4章水利工程方法论，介绍了水利工程决策方法论、设计方法论、实施方法论和评价方法论。第5章水利工程师伦理规范，以工程伦理规范、世界工程组织联合会《工程伦理规范范本》、美国土木工程师伦理规范等为基础，论述了水利工程伦理规约的内在结构及效用机制，提出了中国水利工程师伦理规范。第6章水利工程师的责任，探讨了工程师的伦理责任、道德责任、工程安全和质量责任、保护生态和环境责任、国际工程责任、社会责任和可持续发展责任等。第7~9章基于长江三峡水利枢纽工程、板桥水库溃坝、意大利Vaiont水库滑坡等工程案例，深入研究了水利工程伦理学问题，尤其是失事工程带给我们的教训与反思。第10章阐述了工程伦理教育的重要意义和教学方法。附录列出了最新的美国土木工程师学会工程师伦理规范和美国国家职业工程师学会工程师伦理规范。

本书得到国家自然科学联合基金重点项目(U1704243)资助。

感谢我的博士生导师王思敬院士为本书题词！感谢出版社编辑为本书初稿进行了认真细致的修改，付出了辛勤劳动！

作者是水利工程教学和科研人员，尽管参与了三峡、小浪底、南水北调等国家重大工程的科研项目，主持完成了洛河支流渡洋河大石涧水库的项目规划、勘察、设计等工作，但缺乏哲学、伦理学基础，有些观点或表述不一定准确、恰当，恳请读者批评指正。书中引用了许多学者的文献资料和水利工程案例的资料，在此一并致谢！

刘汉东

2019年3月

目 录

第1章

水利工程伦理学基础

1.1　伦理学概述

伦理学是研究道德的发生、发展和进步规律的社会科学学科，研究人类活动一切领域的人与人之间关系应遵循的道理和准则。伦理学是关于道德的真理观与价值论相统一的范畴体系，是将关于道德的真理与价值的知识理论运用到促进社会和人的全面发展与进步的精神生活中的范畴体系。

道德是调整人与人之间、人与组织之间、人与社会之间关系的行为规范。一般来说，道德更多或更有可能用于人，更带有主观、主体、个人、个体的意味，而伦理则更带有客观、客体、共同体、社会的味道。

1.1.1　伦理学起源

伦理学历史源远流长。早期伦理思想与早期哲学思想相伴而生，伦理学是哲学的一个分支，它的起源与哲学的起源是分不开的。在人类早期哲学思想的萌发过程中，早期的伦理思想也相伴而生。蔡元培先生在1910年出版的《中国伦理学史》中指出，我国伦理学说，发轫于周季。其时儒墨道法，众家并兴。及汉武帝罢黜百家，独尊儒术，而儒家言始为我国唯一之伦理学。魏晋以来，佛教输入，哲学界颇受其影响，而不足以震撼伦理学。中国西周的《尚书》《周礼》《诗经》等都记述了大量的伦理思想。春秋战国时期，思想界异常活跃，形成百家争鸣，诸子百家的著作和流传下来的思想中，包含着更加丰富的哲学思想和伦理思想。而在西方，当古希腊早期的先贤在仰望星空、远眺大地，思索世界的本源和构成时，早期的哲学思想就此发端，而其中也包含着西方早期的伦理思想。不过，人类早期哲学思想中的伦理思想多是零碎的、分散的、片段的，并没有形成完整的体系，并且只是包罗万象的哲学思想的一部分，由于哲学本身也没有成为独立的学科，所以人类早期伦理思想也没有成为专门的、独立的学科。

“我国古代文化，至周而极盛。往昔积渐萌生之理想，及是时则由浑而画，由暧昧而辨晰。循此时代之趋势，而集其理想之大成以为学说者，孔子也。是为儒家言，足以代表吾民族之根本理想者也。其他学者，各因其地理之影响，历史之感化，而有得于古昔积渐萌生各理想之一方面，则亦发挥之而成种种之学说”（蔡元培，1910）。中国早期伦理学思想的产生以孔子的儒家学派的产生为标志。周代，伦理思想主要体现为富有道德和亲情特色的以“礼”为中心内容的社会秩序规范体系。但到了孔子（公元前551～前479年）生活的春秋时期，“礼”的秩序遭到了破坏，面临“礼崩乐坏”的局面。面对这种令人痛心疾首的社会现象，孔子由此对人生、道德和社会问题进行了深入的思考，形成了一种以“仁”为中心的道德理论和人生哲学。孔子之后，孟子（公元前372～前289年）和荀子（公元前313～前238年）等对孔子的思想进行了扩充；经过汉代董仲舒（公元前179～前104年）“天人感应说”的进一步发展，加之汉代统治者推行“罢黜百家，独尊儒术”，孔子的儒家思想成为中国封建社会正统的、占据支配地位的思想；到了宋明时期，经“程朱理学”和“陆王心学”进一步发展，儒家思想更是发挥到了极致，而儒家思想的统治地位也更加神圣不可动摇。尽管中国古代传统伦理思想很丰富，并且有着自己独具特色的比较成熟的概念和思维方式，但是却没有形成独立的伦理学学科。刘师培1906年出版了中国的第一本《伦理学教科书》，分别论述了伦理之义、伦理学之起源、人己身心关系、人与社会关系、家庭伦理、社会伦理等，所述及之处深刻而全面。1910年，蔡元培先生撰写了《中国伦理学史》，是我国近代第一部伦理学史专著，系统整理和研究了中国古代伦理思想发生、发展及其变迁过程。全书分绪论、先秦创史时代、汉唐继承时代、宋明理学时代四大部分，系统地介绍了我国古代伦理学界重要的流派及主要代表人物，阐述了各家学说的要点、源流及发展，并以科学的方法辨析其优长与缺失，为我国近代伦理学的建构提供了重要的指导和借鉴。

西方伦理思想的发展路径与中国迥然不同。在古希腊早期到苏格拉底（公元前469～前399年）生活的年代，社会环境发生了很大的变化，雅典城邦由兴盛逐渐走向衰落，雅典卷入战争，引起一系列问题，雅典民主制也产生了危机。在这种背景下，哲学家们思考的重心发生了变化，即由天上转到了人间；由自然转到了社会；由探究“世界的本源是什么”“世界是从哪里来的”“世界是什么构成的”转到了“人应该追求什么样的生活，选择什么样的价值目标，拥有什么样的德性”及相应的“社会制度应作出什么样的安排”等。正是在这样一种转变中，系统的伦理思想被逐步提出，不断积累，终于形成了独立的伦理学学科。苏格拉底对伦理学中的一些重要内容如“美德”“德性”“善”“恶”“正义”等进行了探讨，提出“美德即知识”“未经反省的人不值得活”，认为善出于知，恶出于无知等。但苏格拉底没有著作，他的伦理思想是在和人们交谈、讨论的过程中表现出来的。苏格拉底的学生柏拉图（公元前427～前347年）一方面大力宣扬苏格拉底的伦理思想和高尚人格，另一方面又将苏格拉底的思想向前推进了一大步。柏拉图的伦理思想在他的代表作《理想国》中得到了充分的体现。不过，《理想国》并不是一部专门研究伦理学的著作，因此还不能说柏拉图时期就已经出现了独立的伦理学学科。如果说苏格拉底开启了西方伦理学的源头，他的学生柏拉图将伦理思想的涓涓细流汇集成为滔滔江河，那么柏拉图的学生亚里士多德（公元前384～前322年）则将伦理思想的滚滚洪流引导到一个宏大而宁静的港湾，使伦理学独立成型。亚里士多德在其伦理学专著《尼各马可伦理学》中，系统地阐述了一种高尚的目的论、完善论和德性论的伦理学。他认为,人类所有的活动和技术都抱有某种目的,即人们视作善的东西,实现这些目的也就意味着达到幸福,而善和幸福也就是合于人类德性的现实活动。德性可分为两类,一类是理智的德性,即哲学的沉思,另一类是伦理的德性,即在过度与不及之间的中道的行为品质。人类要努力通过实行这些德性去追求至善的目的和最大的幸福,人虽有死,却应当力求不朽。从此,伦理学成为一门独立的学科,而亚里士多德也当之无愧地成为伦理学学科的首创者,他的这种"至善"论的伦理学思想对后世产生了巨大而深远的影响。如果说古希腊早期哲学家的哲学思想有着自发的、朴素的唯物主义倾向,那么从苏格拉底开始则逐步转向自觉的唯心主义。苏格拉底在欧洲哲学史上最先提出唯心主义的目的论,认为一切事物都是神所创造与安排的,体现神的智慧与目的;柏拉图进一步建立了庞大的客观唯心主义体系——理念论。亚里士多德虽然在一些问题上接近于唯物主义,但常常摇摆于唯物主义与唯心主义之间,最终还是陷入唯心主义。由此可以说,从苏格拉底开始形成了唯心主义的传统,他们的伦理思想中也体现了这种传统。

1.1.2　现代伦理学

现代伦理学者根据伦理学的研究是否涉及实质性的伦理问题,习惯上分为元伦理学和规范伦理学。元伦理学又称为分析伦理学,是分析哲学的伦理学部分。元伦理学运用逻辑和语言学的方法分析道德概念、判断的性质和意义,其主要成分包括对伦理学性质的研究,对关键性的道德词汇进行概念分析,以及对回答道德问题的方法的研究,集中研究道德话语的语义结构、逻辑结构和认识论结构,即集中于道德话语的语言分析和逻辑分析,不涉及道德现象具体内容的形式研究,认为限于研究道德规范和行为善恶等具体问题的伦理学没有科学意义。规范伦理学是研究人们的行为准则,探究道德原则和规范本质与评价标准的伦理学理论,它关注的重点不是道德概念和道德方法,而是实质性的道德问题,它的基本目标在于确定道德原则和道德规范是什么,这些原则指导道德行为者去确立道德上正当的行为并提供解决现存的伦理分歧的方法。通常,伦理中立主义、伦理主观主义和伦理客观主义、伦理相对主义和伦理绝对主义、伦理理性主义和伦理非理性主义属于元伦理学;而伦理自然主义、目的论伦理学、义务论伦理学、功利主义伦理学、利己主义伦理学及实用主义伦理学等属于规范伦理学。

摩尔1903年出版的《伦理学原理》中强调伦理学的直接目的是知识而不是实践,并规劝伦理学家不要把对人进忠言当作自己的任务,他或许未曾想到,到了20世纪中叶以后,伦理学家却对伦理学的实践意义兴趣倍增,有的还进入各种伦理委员会,以期自己的伦理见解对人有所助益。20世纪上半叶,在分析伦理学思潮浩浩荡荡,伦理学家津津有味、乐此不疲地专注于伦理语词的分析,以致不深入现实道德问题的研究时,人们也似乎难以想象,到了20世纪下半叶,对各种实际道德问题的研究却蔚然成风,变成伦理学发展的主旋律。伦理学发展的这种急剧而鲜明的变化,实现了伦理学研究由分析伦理学向规范伦理学或者应用伦理学的转变。

钱广荣(2009)认为,中国伦理学理论范式从政治化发展到以市场经济为中心的世俗化,然后向为和谐社会服务的社会伦理学理论转变。中国伦理学理论的发展历程得益于改革发展的推动,并继续在此根基之上对其基础理论做进一步的研究。道德和利益的关系、善与恶的矛盾关系、道德与社会历史条件的关系、应有与实有的关系、伦理与利益之间的关系、道德规则与自由意志的相互关系、道德及价值观的问题、人的发展及个体对他人和社会应尽的义务等从不同方面反映了伦理学的基本问题。中国伦理学理论历经了这样的发展历程,使我们更清醒地认识到中国伦理学理论的发展只有根植于生活且来源于社会,不断解放思想,进行求实创新,才能成为具有时代精神的中国特色的伦理学,才会具有更为持久的生命力。

1.2　伦理学研究方法

在探索世界的认识过程中,研究方法是工具,也是主观方面的手段。主观方面通过研究方法和客体发生关系。在伦理学的研究中,研究方法很多,但没有形成统一的方法。

王海明(2003)、张应杭(2009)、钱广荣(2009)等介绍了许多伦理学的研究方法,如公理法、哲学方法、个别方法、证实法、历史分析方法、观察实验法、推理演绎法、理论联系实际方法和联系世界方法等。这里仅论述哲学方法、历史分析方法、理论联系实际方法和联系世界方法。

1.2.1　哲学方法

哲学是关于世界的总体看法,是人们关于自然、社会和人的思维的根本观点的体系,是高度抽象的知识形态和意识形态。人类自古以来的哲学因其对世界本原的不同看法而分为唯心主义和唯物主义两大基本派别。马克思主义哲学在世界本原问题上运用辩证的方法坚持彻底的唯物主义,认为物质决定意识,社会存在决定社会意识,同时又认为意识、社会意识对物质、社会存在具有反作用。马克思主义哲学是指导各门人文社会科学研究的世界观和方法论,自然也是指导伦理学研究的世界观和方法论。

在伦理学研究中坚持马克思主义哲学的方法,最重要的就是要坚持运用历史唯物主义的基本原理,也就是关于社会存在与社会意识、经济基础与上层建筑之间的辩证关系的基本原理,观察、分析和说明纷繁复杂的道德现象世界。这是坚持运用马克思主义哲学的方法研究伦理学的首要问题。关于道德的发生和发展的逻辑关系的观点,人类伦理思想史上大体有四类:以人类之外神秘的绝对精神立论、从人生而有之的生命之源立论、以社会生产力和人们的物质生活水平立论、从经济关系决定道德的逻辑关系立论。这四类看法当中最具有代表性、最有影响的就是马克思主义的观点,即从经济关系决定道德的逻辑关系立论。马克思主义认为,道德的社会形式是由一定的社会经济关系决定的,个体形式是在接受社会之道的过程中养成的,这是指导我们正确认识道德发生、发展和不断走向进步的、科学的方法论原则。

自中国20世纪80年代实行改革开放,大力推动社会主义市场经济体制建设以来,人们的道德观念发生了巨大而又复杂的变化,向伦理学的学科研究者和建设者提出了严峻的挑战。要迎接这种挑战,把挑战变成促进伦理学发展的动力和机遇,就必须运用马克思主义哲学的方法,坚持运用历史唯物主义的基本原理观察、分析和说明我们所面临的问题。要看到当代中国人的道德观念发生复杂变化是社会改革使然，是必然的、正常的，这给中国伦理学的研究与发展和提升中国人的文明素养带来极好的机遇，但不合时代要求的旧道德沉渣泛起、不合中国国情的西方伦理文化的干扰也给中国伦理学的研究与发展和提升中国人的文明素养带来障碍，诱发道德滑坡的危机。发展前景究竟如何，取决于我们是否坚持运用历史唯物主义的基本原理，观察、分析当代中国社会生活中的道德观念变化，指导社会的道德建设，塑造人们的思想道德和精神品质，引导人们主动参与和建设健康文明的新生活。

1.2.2　历史分析方法

一切事物都处在不断发展变化的过程中，事物存在的基本方式是过程。在这个问题上，我们虽然不运用现代性的相对主义悖论方法，但是肯定事物是以“过程”的方式存在的观点是没有问题的。

社会的存在是一种历史过程，社会的各种现象也是一个历史过程。道德作为一种特殊的社会的精神现象自然也是一个历史过程，而且还是一个源远流长的历史过程。道德的历史过程，既体现出连续性的特点，也体现出阶段性的特点。这一基本特征使得以它为对象的伦理学也具有十分明显的历史性特点。因此，学习和研究伦理学，从整体上认识和把握道德，就需要运用历史分析的方法。

用历史分析的方法研究伦理学，首先，要树立尊重历史的观念，历史上出现过的伦理思想和道德主张，在今天看来也许不是那么合理合情，甚至是荒唐可笑的，但“存在就是合理的”，在当时的年代都具有一定的合理性。而人类至今的伦理思想和道德主张不论是否合理合情、合理合情的程度如何，都是在以往伦理思想的基础上发展起来的。因此，今人若是不尊重历史上的伦理思想，以至想要在全盘否定历史、割断与历史联系的前提下，进行现今伦理思想的理论研究和道德建设是不正确的，也是不明智的。其次，要科学地分析和对待历史上的伦理思想。一般地，历史上的伦理思想（包括道德主张）对于现实社会的客观需要来说大体有三种情况：基本合理、基本不合理、合理与不合理相混杂。不论属于哪种情况，都需要运用历史分析的方法，取其精华，去其糟粕，为今日所用。总的来说，历史上的伦理思想和道德主张对于今人来说，既可能是财富，也可能是包袱；尊重和科学地对待历史，就是要运用历史分析的方法，分清财富和包袱，不是主张将财富和包袱全部继承下来，不是主张唯先人之说是从，而是主张只有在尊重历史和先人的前提之下，才可能客观地对待历史，承接优秀的传统伦理文化。正因如此，今人应当注意克服历史虚无主义的态度和情绪。

在中国伦理学的建设和发展中，强调运用历史分析的方法是十分必要的。改革开放以来，伦理学界一直有人主张“重建”中国伦理学，其主要理由就是中国伦理学缺乏开放的传统，没有发展市场经济的经验，因此开放和发展市场经济历史条件下的中国伦理学和道德建设缺乏“本土文化”的客观基础，需要彻底脱离历史，向西方人看齐。显而易见，如此不加分析的方法是违背历史的，是不可取的。

在每个历史时代，尊重历史和运用历史分析的方法研究伦理学，都是一项复杂而又艰辛的工作，需要人们持之以恒，作出不懈的努力。

1.2.3 理论联系实际方法

理论联系实际的方法是人在认识和实践的各个领域普遍适用的方法,它的运用体现的是人在认识和实践领域内的主体自觉性和主观能动性。恩格斯说:“在社会历史领域内进行活动的,是具有意识的、经过思虑或凭激情行动的、追求某种目的的人;任何事情的发生都不是没有自觉的意图,没有预期的目的的。”人在认识自然、社会和人生(包括人自身)的过程中,获得相关的各种门类的知识和理论,最终目的都是改造自然、社会和人自身,实现人的价值和人生价值。理论联系实际,旨在一方面揭示理论与实际之间内在的本质联系,证明理论的科学性和正确性,加深对理论问题的认识理解;另一方面运用科学的理论分析、认识和解决实际问题。

伦理学是一种实践性很强的社会科学学科,其理论不论是关于真理观的还是关于价值论的,都是来自人们认识和改造道德现象世界的实践活动,人们学习和掌握伦理学理论的目的是揭示社会和人的发展与道德文明之间的内在逻辑关系,通过加强道德建设促进人们自觉地改造自身,促进社会和人的发展进步。这就是伦理学运用理论联系实际方法的真谛所在。

运用理论联系实际的方法,往往需要举例说明,但不能把理论联系实际仅仅当作举例说明,不能将两者相提并论,这是需要特别注意的。一般来说,举例说明属于实证的方法,所举的实际例子,可能与理论之间存在内在的必然联系,也可能不存在这种联系,因为相对于某种或某个理论观点来说,有的例子与其存在内在的必然联系,有的例子却不存在这种联系,而在有些情况下所有的例子与其都存在内在的必然联系。运用理论联系实际的方法学习研究伦理学,应当注意将其与举例说明的方法区分开来。

1.2.4 联系世界方法

联系世界方法,首先要看到不同民族的伦理思想和道德主张之间存在着诸多共同的真理光辉和价值因素。世界各民族在不断走向文明进步的历史进程中,总会存在一些生存空间相似的自然环境,并且总会经历一些社会制度相近的历史发展阶段,这就使得世界各民族的伦理思维和道德文明在固守民族特性的同时,展示一些相似的、可能或可以相通相融的成分。这一点我们可以从中国先秦时期的孔子、孟子、荀子等与古希腊时期的苏格拉底、柏拉图、亚里士多德等的伦理思想的比较中看出来。一般说来,世界各民族之间相似的、可能或可以相通相融的伦理思想成分和道德主张,主要是尊重和关心人,重视和推行人际和谐、社会有序和安宁。

其次,由于发展的空间条件和时序因素存在着差异,所以不同民族的伦理思想和道德主张的基础和发展水平不会是完全一样的,相对于人类道德进步的整体水平来说,事实情况是有的先进一些,有的滞后一些。这里所说的先进和滞后的衡量标准主要是各民族之间相似的、可能或可以相通相融的伦理思想成分,体现这样的成分多一些就是先进的,反之则是滞后的。人类有史以来的各种伦理思想和文化,不论是民族的,还是世界的,只要是优秀的,就既是民族的又是世界的,越是民族的就越是世界的,反之,越是世界的,也就越是民族的。就是说,真正优秀的民族伦理文化,必然不会是抵触和敌视个别民族的文化,会包含和体现人类各民族文化的共同价值,因而更具有世界性,或者说世界的优秀文化,必然是各民族优秀文化的汇合和结晶。所以,用联系世界的方法看伦理思想和伦理学的研究,就应当提倡不同民族之间相互学习和借鉴,扬长避短,取长补短,以求自身的丰富和发展。这一方法,用哲学的话语来表达,就是肯定特殊和普遍、个别和一般之间的辩证统一关系。

最后,既要反对伦理文化上的民族虚无主义,也要反对伦理文化上的民族利己主义和大国沙文主义。不论是哪个民族,如果把自己民族的伦理文化说成是世界上最优秀的文化,把别的民族的伦理文化说成是世界上劣等的文化,甚至是什么邪恶文化,都是不正确的。

中华民族的传统伦理思想,有着自己独特的民族特点,但这绝不是我们固步自封、唯我独尊的理由,而是我们吸收世界上所有民族的一切优良道德的坚实基础。毛泽东主席在《新民主主义论》中指出:“中国应该大量吸收外国的进步文化,作为自己文化食粮的原料,这种工作过去还做得很不够。这不但是当前的社会主义文化和新民主主义文化,还有外国的古代文化,例如各资本主义国家启蒙时代的文化,凡属我们今天用得着的东西,都应该吸收。”毛泽东主席在这里所说的文化,显然主要是指伦理思想和道德文明的文化;就学科的方法而言,他在这里所主张的显然是一种联系世界的方法。

在改革开放和发展社会主义市场经济的新的历史条件下,中国人面临着激烈竞争又风云变换的国际新环境,各方面的机遇和挑战并存。我们应该清醒地认识到,中华民族悠久的伦理文化和道德文明传统没有经过资本主义伦理文明的洗礼,建设社会主义的伦理思想和道德文明是在民族悠久传统的基础上和超越资本主义文明的情势下进行的,这样,如何合理地将其与联系世界的方法结合起来,势必是一个极为重要的方法论问题。

1.3 应用伦理学

应用伦理学以特定的社会生活领域内的道德要求为具体的对象和范围。如经济伦理学以经济活动中生产、交换、分配和消费中的道德问题为对象和范围;法伦理学以立法、法律、司法及守法中的道德问题为对象和范围,行政伦理学以国家行政管理行为(包括决策的制定和执行及公务员执业中的道德问题)为对象和范围等。特定具体的对象和范畴使得每一门应用伦理学都有其区别于其他应用伦理学的独特的范畴体系。

西方应用伦理学的兴起和快速发展是工业社会的一个文明标志。应用伦理学在美国形成了一股强大的学术潮流。以应用伦理学之名出现了各种分支学科,如生命伦理学、企业伦理学、环境伦理学、政治伦理学、核伦理学、计算机伦理学、人口伦理学等。各种应用伦理学方面的研究机构、出版物开始出现,学术会议也开始举行。1969 年在纽约成立了哈斯丁(Hastings)社会伦理与生命科学研究所,1971 年乔治敦大学成立了肯尼迪伦理学研究所,1974 年在堪萨斯大学召开了第一次企业伦理学讨论会。20 世纪后期,应用伦理学已完全成为伦理学的主流。

我国伦理学自 20 世纪 80 年代初以来,发展速度很快,取得了中华民族前所未有的辉煌成就。在发展走向上也出现如同西方社会那样的分流,其中又以应用伦理学发展最为迅速,经济伦理学、法伦理学、行政伦理学、环境伦理学、生命伦理学、教育伦理学、工程伦理学等学科取得的理论进展更为引人注目。应用伦理学的快速发展,表明我国的社会生产和社会生活出现了多样化和规范化的势头,并正在加速走向现代化,各行各业对伦理道德的要求越来越高,也越来越具体和具有可操作性。一方面是受到西方的影响,另一方面则是由于20世纪80年代以来我国实行的改革开放政策给我国的政治、经济和社会生活带来了深刻的变化,使我们在诸多方面也面临着与西方同样或相似的现实道德问题,需要伦理学家进行严肃认真的思考,并做出积极的反应。

我国应用伦理学的兴起和发展是与我国改革开放的进程同步的,经过伦理学家20余年的努力工作,取得了很大的成绩;到20世纪末,应用伦理学研究已形成颇为可喜的局面。首先,各种应用伦理学的研究机构陆续成立。中国香港浸会大学早在20世纪90年代初就成立了应用伦理学研究中心,中国台湾也有类似的研究机构成立。在我国大陆,1995年中国社会科学院和复旦大学成立了应用伦理学研究中心,1999年北京大学应用伦理学研究中心也正式成立,到目前为止,在大专院校、科研机构和党校系统,类似的研究中心已有10余家。其次,一些专业性的研究组织也相继诞生。1994年中国环境伦理学研究会成立,在90年代,有些大专院校和科研机构相继成立了生命伦理、环境伦理和经济伦理等方面的研究中心或研究所。一大批应用伦理学的研究论著出版。再次,以应用伦理学为主题的各种学术会议频繁举行,学术交流十分活跃。1988年在上海举行的有关安乐死的法律与道德问题研讨会对于我国生命伦理学的兴起就具有标志性的意义。进入90年代以后,几乎每年都有与应用伦理学相关的学术会议召开,有些会议还具有国际性,推动了应用伦理学研究的国际交流。1997年在北京召开了“北京国际企业伦理研讨会”,2000年、2001年由中国社会科学院应用伦理学研究中心分别与东南大学和中南大学等单位联合主办了“第一次全国应用伦理学讨论会”和“第二次全国应用伦理学讨论会”,为全国的应用伦理学研究者提供了极好的研讨和交流机会。最后,有些高校已开设了应用伦理学方面的课程,还培养了一些以应用伦理学为研究方向的硕士、博士。经过20余年的发展,我国已经形成了一支老、中、青相结合的应用伦理学的研究和教学队伍。

应用伦理学无疑具有规范的性质,传统的规范伦理学亦无疑具有把道德理论和关于道德价值的判断应用于现实生活的应用特征,但应用伦理学仍然具有与传统的规范伦理学不同的特质。诚然,伦理学史上的作者大都关注个人和社会中的现实问题,对理论的应用抱有极大的兴趣,如柏拉图对道德的研究和他对社会制度与政策的研究是紧密联系在一起的,阿奎纳研究过战争的正义性问题,休谟论述过自杀的伦理问题,密尔则对自由和妇女的屈从问题做过专门的讨论等。然而,20世纪后半叶蓬勃兴起的应用伦理学,无论是就其研究主题所涉及的范围而言,还是就这种研究的困难程度而言,都是传统的规范伦理学所不能及的,给伦理学家带来的挑战也是前所未有的。随着社会政治、经济生活的急剧变化,科学技术的突飞猛进,以及全球化进程的加速,各种不同领域、不同方面、不同层次的道德问题,或者说道德难题,纷纷以不同面貌和特征呈现在我们面前。这些道德难题是前人难以设想的,如果说在企业伦理问题上,对企业特殊功能的认识尚能在柏拉图那里找到与20世纪的经济学家米尔顿·弗里德曼非常相似的见解的话,那么,在人体器官移植和克隆人的伦理问题上,则几乎无这种可能。

伦理学面临广泛且复杂的道德问题，有必要对不同领域、不同方面、不同层次的特殊的道德难题做某种专门的分析和研究，各种应用伦理学分支的出现顺理成章。而且，由于所研究的道德问题之新颖、之复杂，很多伦理学家难以完全像前辈那样去工作。如果说传统的伦理学家或传统的规范伦理学尚能诉诸某些基本的道德原理，使具有相同的道德文化和道德信念的人，对某种特定的道德准则或某些人为行为选择的正当与否达成共识，那么，面对今天存在的道德难题，要做到这一点就很困难了。如果说在前一种情况下，传统的伦理学家要去求证构成人们道德共识的原理的真实性，那么，今天的伦理学家更要寻求达成道德共识的方法（余涌，2002）。如果说在前一种情况下伦理学家善恶分明，那么，在后一种情况下，即使是伦理学家，都仿佛有些善恶难辨了。鉴于应用伦理学研究内容的广泛性、复杂性，以及研究方法的不同，可以说应用伦理学是伦理学发展的一种新形式或一个新阶段。

应用伦理学是当今伦理学乃至整个哲学领域中最为活跃、最能刺激伦理学和哲学发展的学科，同时，它对人类现实社会生活的影响亦至深至广。因此，应千方百计地大力推进应用伦理学的研究，以求得学科的发展，对社会进步有所贡献。

应用伦理学的学科特征要求对各种具体的应用伦理问题的研究必须有各种专业领域的专家共同参与，换言之，必须实现伦理学家与医学家、经济学家、环保人士、工程师等各相关领域专家的合作。经济、社会和科学的发展日新月异，它们所引起的各种伦理问题频频出现，也极其复杂，若没有相关专业的知识基础，或没有相关专业专家的共同参与，伦理学家不可能对问题做深入的伦理分析，并提出合理的解决方案。此外，应用伦理学的研究还必须吸引广大民众的广泛参与。应用伦理学所涉及的很多问题都在一定层面上与民众的切身利益、生活方式和价值选择密切相关（余涌，2002）。

应用伦理学的研究还必须诉诸广泛和积极的国际学术交流与合作。实际上，我们现在所面临的形形色色的应用伦理问题都具有极大的普遍性，或者说全球性。虽然不同民族和国家都可以从本民族的伦理文化传统中汲取营养，为问题的解决提供方案，但是，问题的同一性使我们完全有理由相信，我们的研究必须借助人类不同文化传统的伦理资源，它需要集中各民族的伦理智慧。应用伦理学领域的国际学术对话对一些应用伦理问题讨论的有效进行是不可或缺的。

为了使应用伦理学的研究更深入有效地进行，同时也对社会现实生活产生直接的影响，对现实道德难题的解决提供建议和帮助，伦理学家应积极为政府相关部门的政策制定，乃至国家在相关领域的立法建言献策。随着社会的发展和科技的不断进步，面对诸如环境恶化、安乐死、克隆人、网络的普及等问题，大量的个人和社会生活行为与关系需要从政策和法律上加以规范，而这种规范若不以相关问题的伦理讨论为基础是难以想象的。因此，我们不仅要把应用伦理学的研究视为一种学术使命，同时也应当看到它的社会责任，伦理学家应当积极承担起这种社会责任。

应用伦理学与一般伦理学具有亲缘关系。孙春晨等（2004）认为，应用伦理学可以把一种伦理学的理论理解为由某个或某些相互联系的伦理学论点及其支持性论据构成的系统。一种论点与它的支持性论据构成一种理解或解释，这种理解或解释构成通常所说的伦理学理由。伦理学理论系统具有内在的一致性和合理的完备性。一种伦理学理论的内在一致性在于它的各个论点以及每个论点的那些有效论据之间相互配合并且相互支持。伦理学理论也像科学理论一样寻求真,尽管伦理学的题材是充满变化的人类实践事务。伦理学寻求这类事务上的某种真,但是与在科学中的情形不同,伦理学寻求的真是指正确或正当。

应用伦理学在现有伦理学理论中,带着实验性地运用某种或某些理论来理解和提出所面对的实际问题,检验这种理论是否具有充分性,是否应当根据新的应用伦理学案例补充新的条件、修正原有论据,对一些原有论点做出重新陈述,甚至彻底摒弃某些人们已经习惯于认同的理论(甘绍平,2002)。一般认为,应用伦理学理论的方式包括:可将一种伦理学理论系统应用于全部应用领域的方式;把一种或少数几种可能最有帮助的伦理学理论应用于某一个应用领域,而不是其他领域的方式;部分地应用伦理学理论的方式。这三种应用伦理学理论的方式间的差别,并不在于它们之中的某一种对另一种的否认,在所说的行为案例或场合可以找到某种正确的、适合的行为方式,或是认为,这种探讨应当以某种直觉为直接的依据。它们的差别主要在于对应用伦理学的内在一致性与合理完备性的关系的处理。

应用伦理学在21世纪的发展也面临着新的挑战、新的机遇,如何面对挑战、抓住机遇,促进应用伦理学的发展,是摆在每一个伦理学工作者面前的重大课题。

1.4 工程伦理学

工程伦理学是研究工程实践中个人和共同体的道德准则和行为规范的学科。一方面由学会或协会界定对个人或团体所认可的信念、态度和习俗的伦理规范;另一方面探索符合工程技术人员义务、权利和理想的道德准则,这些准则应得到工程技术人员的认可并将其应用于工程实践。作为一门学科,它与科学哲学、工程哲学、应用伦理学等密切相关。

Martin等(2005)认为工程伦理学是一个研究领域:关于工程中道德问题的研究和对于那些指导工程师工作的伦理原则和理想的探讨。在第二层意义上,工程伦理学指的是当前工程中的伦理标准:既包括工程师的伦理准则,如当前已设立的工程师专业学会的伦理规范,也包括工程师在伦理问题中现实的行为方式。而在第三层意义上,工程伦理学指的是工程中伦理上所期望的标准:那些应当指导工程师的行为,道德上已得到证明的准则和理想,而不论这些准则和理想目前是否已被职业规范所认同。从所有这些意义上看,伦理学的评价正逐步成为工程师专业资质的中心。

Harris等(2000)认为工程伦理是一种职业伦理,必须与个人伦理和一个人作为其他社会角色的伦理责任区分开来。余谋昌等(2013)认为工程伦理又称工程师伦理,是工程技术人员在工程活动中,包括工程设计和建设,以及工程运转和维护中的道德原则和行为规范的研究。从广义上说,是把工程伦理学研究的对象从对工程师职业伦理的研究扩展为对工程实践的研究,工程伦理渗透在工程活动的整个过程中,从设计构思到制造出厂,从客户使用到回收处理,每一个环节都涉及工程伦理的问题。肖平(1999)认为工程伦理是伦理学的一个分支学科,工程伦理是以工程活动中的社会伦理关系和工程主体的行为规范为对象,进行系统研究和学术建构的理工与人文两大领域交叉融合的新学科。工程伦理可分为针对工程师而言的责任伦理和针对工程实践而言的团体伦理,并且认为后者因为工程的复杂性而更应该成为工程伦理的主要研究内容。总而言之,工程伦理是指人在实施工程行为的时候,在自觉保护生态、维护工程持续发展过程中,建构出来的工程主体所必须具备的真、善、美的道德精神,具体化为对工程行为的使命感、责任心、自觉心理与习俗等一系列的道德心理与道德规范。它是考察工程实践活动的价值维度,是以工程活动中的道德问题为研究对象的,其核心是一种职业伦理和社会精神(殷瑞钰等,2007)。

Martin 等 (2005)认为工程伦理学不应该避开一般的伦理学理论,更不应反对一般的伦理学理论,伦理学理论在制定职业标准中具有重要作用,它们有助于我们规避主观主义、相对主义及偏狭等有害形式。这种观念成为工程伦理思想的重要内容,而且工程伦理思想也正是以多元的伦理学理论为基础的,这些伦理学理论主要包括:规范伦理、美德伦理及利己主义伦理等。

20 世纪 70 年代,工程伦理学在美国诞生。美国的工程伦理研究是以职业伦理为框架进行的,关注境域问题,既重视内部境域(如工程师的伦理价值观和工程协会的伦理规范等),也强调外部境域(如其他工程共同体成员的伦理观,工程职业外部的经济、政治、道德环境等)。Davis(1998)认为关注境域一直是美国工程伦理学教学和研究的重要方面,他主张在工程伦理学教学中,应该重视法律、历史、社会学等内容,提高学生对组织文化、组织法律、政治环境的认识能力和水平,增加工程决策的外部境域性知识。从世界范围来看,美国工程伦理相对成熟、规范,已经逐步完成建制化。工程专业学会在工程伦理建制化过程中发挥着重要作用,美国主要工程师学会,如美国土木工程师学会(American Society of Civil Engineers,ASCE)、电气和电子工程师学会(Institute of Electrical and Electronics Engineers,IEEE)、美国机械工程师学会(American Society of Mechanical Engineers, ASME)和美国国家职业工程师学会(National Society of Professional Engineers,NSPE)等都制定了伦理规范,而且几乎所有的伦理规范,都要求工程师应将公众的安全、健康和福利放在首位。然而,这些伦理规范并不完善,还存在内在冲突和不确定性,因而难以解决工程师所面临的具体困境。一方面,这促使一些学者研究如何制定和改善伦理规范;另一方面,这推动一些工程师、哲学家、社会学家等对工程伦理的道德困境展开研究,探究工程师的角色冲突和责任(迈克·马丁,2007)。对于工程师而言,他们在工程决策中只能扮演服从的角色。这些伦理规范表明美国的工程伦理研究,不仅仅关注工程师的道德困境,也开始向管理者等利益相关者的外部境域拓展。就研究方法而言,美国工程伦理研究主要存在两大传统,即规范研究和描述性研究。规范研究主要从理论上对工程实践的概念、规范及原则进行分析。Martin 等(2005) 以规范伦理和美德伦理等理论为框架,分析工程风险、工程师的责任与权利、诚实与工程举报等概念,揭示其伦理蕴涵。描述性研究是以真实发生的事件为典型案例的研究,Harris 著的《工程伦理:概念和案例》在描述性研究中做出了突出贡献。

德国、荷兰等西方国家逐渐形成了各具特色的工程理论研究路径和研究领域。从整体上看,德国侧重于从技术伦理出发研究工程伦理,这种研究更具有思辨性,为世界范围内工程伦理的进一步发展提供了理论工具。通过分析技术文明社会的责任伦理,将责任的概念与技术关联,强调技术及应用科学的紧迫性的伦理问题研究已不容忽视,并且对技术责任问题、技术后果和风险预测及技术与文化传承的关系等进行了系统研究。有的学者反思了建立于个人伦理基础上的技术伦理困惑,指出技术伦理的有效运作离不开机构制度的支持;分析了传统伦理观在面对高技术水平时的局限及其根源,主张以亚里士多德的智慧伦理和笛卡儿的权宜道德为基础,以灵活具体的道德规则代替抽象不变的道德原则和规范;发展了解决技术伦理问题的战略,并强调贯彻技术伦理的关键在于将技术伦理变为制度伦理(陈万求,2012)。荷兰代尔夫特理工大学等专门成立了工程伦理研究团队,2002年代尔夫特理工大学主办了工程与伦理国际会议,围绕风险、自治和作为职业的工程三个主题展开研讨。

21世纪初,我国的工程伦理研究才逐渐兴起。肖平出版的《工程伦理学》,代表着中国工程伦理研究的开端。2003年李世新的博士论文《工程伦理学及其若干主要问题的研究》系统地介绍了西方尤其是美国的工程职业伦理。2006年丛杭青等翻译了Harris的《工程伦理:概念和案例》,2010年李世新翻译了Mitcham等的《工程伦理学》,2012年丛杭青等翻译了Davis的《像工程师那样思考》。中国工程伦理伴随着国外工程伦理著作和文章的译介进程,经历了由工程伦理的存在可能性、工程伦理的学科定位,到工程伦理研究范式和内容探讨的过程。李伯聪指出工程伦理涉及微观伦理、中观伦理和宏观伦理三个层面。然而,这三个层面的划分只考虑了工程伦理学的外在因素,并没有深入工程伦理的内在本质。关于工程伦理是实践伦理还是应用伦理这一关系到工程伦理学科性质的问题,也存在激烈的争论。有人认为工程中的伦理问题,不是简单应用伦理原则就能解决的;其他则认为将工程伦理排除在应用伦理之外,是值得商榷的,主张工程伦理是应用伦理。李世新(2008)在研究国外工程伦理的基础上,提出工程伦理研究的两种范式:以伦理准则为中心的职业伦理和面向工程实践的伦理研究,并分析了两者的优缺点。张恒力等(2009)指出工程伦理学主要研究六个方面的问题,即工程过程的伦理问题、工程主体的伦理问题、工程伦理的理论问题、工程伦理的教育问题、工程伦理的建制化问题和工程伦理的方法问题。陈万求(2012)则认为工程伦理学所涉及的范围包括四个方面:工程活动的伦理问题,制定工程活动的伦理道德体系,工程活动中行为关系状况的研究,以及研究对工程活动的伦理审视和道德约束。王进(2015)强调工程与伦理的融合,认为工程伦理在本质上具有作为社会试验的实践性特征及作为伦理准则的规范性特征,这决定了工程内涵伦理问题、伦理维度以及伦理理论。代亮(2015)在博士论文《迈克·马丁工程伦理思想研究》中分析了Mike Martin工程伦理思想的特点,即研究方法上的分析哲学与实用主义并重,重理论而不轻实践,注重微观分析,兼顾宏观伦理问题。Mike Martin不仅开辟了工程伦理研究的新领域,提出了新观点,而且拓宽了工程伦理的研究视角和方法。采用伦理学联系世界方法,将国外伦理学者的工程伦理思想与中国工程伦理学研究相结合,为中国工程伦理学发展提供了可借鉴的经验和成果。

国内工程伦理的研究偏重理论方面,缺乏对于案例尤其是国内工程活动中的真实案例研究;工程伦理研究过程中,伦理学者与工程师等的跨学科对话与合作明显不足;工程伦理研究注重借鉴国外成果,但缺乏对国外工程伦理学者思想的深入、系统研究,难以准确把握工程伦理理论的真正内涵。

工程影响到社会和公众的权益。确保工程在全寿命周期内符合社会价值,是有良知的工程技术人员义不容辞的伦理责任。工程师将公司获取最大化利润作为首要选择,而置公众福祉于次要地位,这种满足生存需求的理性选择无可厚非,这也从另一侧面更加凸显了通过自愿加入工程学会与自愿恪守学会所订立的伦理规范,使其伦理抉择具备高度自控的重要性。技术进步在提升工程品质的同时,也给工程共同体提出新的挑战:现代工程复杂多变的建设过程所产生的违和感、自然环境不断遭受工程侵占的焦虑感、人与人之间互动关系逐渐工具化的虚无感。这些都要求伦理与工程能够深度融合(朱勤,2011)。

王进(2015)阐述了伦理与工程深度融合的原则:①工程共同体需要贯彻知情同意原则。既然工程是工程师在大庭广众之下以公众为试验对象所进行的社会试验,那么首要义务是保障人类受试者的安全并尊重他们是否同意的权利。在此基础上,预估可能存在的问题及风险,将自主参与权归还给工程项目所在地居民。②工程共同体要树立预防性伦理的观念,运用主动性责任避免陷入伦理困境而无法摆脱,即主动践行以人为本、天人合一的理念,对工程有可能带来的危害保持高度警惕。③充分发挥工程学会、社团或行业协会的作用。作为工程师的群团组织,工程学会不仅要制定出工程伦理规范,为工程共同体从事职业活动寻求伦理指导,而且为积极检举揭发企业不良行径的工程师提供道义上甚至实质上的帮助。④重塑积极的工程文化,承认工程师应当获得的社会地位,大幅提升工程师的收入水平,让人民群众理解工程在本质上是创造与创新的职业,从而有助于工程师自觉扮演责任人角色。⑤大力推行工程伦理教育。高校应加强工程伦理学的教育,提高未来工程师发现工程中存在伦理问题的敏感性;工程企业内部积极开展职业培训,借助工程实践问题帮助现场工程师逐步提升道德自觉的境界;净化社会风气,为工程建设营造讲诚信、重责任的社会环境。

1.5 水利工程伦理学

水利工程伦理学运用伦理学理论、原则、规范分析解决水利工程领域人与人、人与社会、人与自然的道德问题。水利工程伦理学主要是分析研究水利工程规划、可行性研究、初步设计、施工和运行管理过程中产生的或可能产生的伦理问题,如社会安全、生态环境、移民和文化遗产保护等问题,以及应采取怎样的措施来减轻、消除和防止这些问题。构建水利工程师伦理规范,进一步提出正确的行为导向,使水利工程活动有关的人员树立正确的水利伦理观,并在水利工程建设中自觉采取合乎伦理道德的行为。

狭义的工程伦理学是对工程师的行为进行道德规范,从而帮助工程师树立正确的伦理道德观念,在从事工程师职业时自觉采取符合伦理道德的行为。工程伦理学是应用伦理学在工程领域的一个分支,即运用伦理学理论、原则、规范分析解决工程领域的道德问题。因此,将工程伦理归结为研究工程师的职业道德似乎有些狭隘,工程伦理的范围应该更广泛。工程师职业伦理解决不了工程领域众多的伦理问题。工程师树立正确的职业道德,采取合乎伦理的职业行为,对于搞好工程建设、增进人类福祉、促进社会发展是十分重要的。工程师是工程活动的主要参与者,在工程活动中具有重要的地位和作用。但水利工程活动的范围非常广,既涉及工程的规划、设计、施工、运营,又涉及安全、环保、生态等,可能产生的伦理道德问题十分繁杂。因此,将工程伦理归结为工程师伦理似乎过于简单,我国在目前条件下更不能将工程伦理归结为工程师伦理。我国工程师的地位与美国工程师有较大差异,工程师只是一个执行者,在工程活动中虽然起重要作用但不是起决定性作用的因素,工程活动中可能产生的种种伦理道德问题,即使工程师自觉遵守其行为道德规范,也不能完全解决这些问题。从参与工程活动的群体角度看,工程师伦理也不是工程伦理的全部,参与工程活动的群体还有工程决策者、业主、管理者、工人及不同的社会公众群体,如果从参与工程的不同群体来探讨工程伦理,那么除了工程师伦理外,还应该有工程决策者伦理、工程业主伦理、工程施工运行管理者伦理、工程施工运行工人伦理及其他人群伦理,工程师伦理只是其中的一个方面。

水利工程伦理不能归结为工程师伦理,但工程活动的绝大多数环节都有工程师的参与,如果工程师能遵守其职业道德规范,做到实事求是,对业主、对国家、对公众负责,坚持科学的态度,就能在很大程度上使工程成为有利于增进人类福祉、有利于人的全面发展的工程。因此,制定水利工程师伦理规范是必要的。

水利工程伦理学与伦理学既有区别又有联系。第一,伦理学是将社会的一般道德现象作为研究对象,研究道德的基本理论,如道德的内涵、道德的本质及特征、道德的功能及社会作用等。水利工程伦理学是以水利工程建设为对象,突出水利工程特点及水利工程领域的伦理问题,研究水利工程建设中的道德现象。第二,伦理学构建的原则是社会共同价值取向及价值目标,而水利工程伦理学对现代水利工程特点进行研究,解决的是水利工程伦理问题,强调公平、公正和尊重等原则。第三,伦理学研究和关注的实践领域主要有社会公德、职业道德和家庭美德,而水利工程伦理学关注的是水利工程实践领域,这种职业道德的特殊性随着水利工程特点的不同非常鲜明。第四,伦理学研究的问题主要反映的是公民道德建设问题,水利工程伦理学主要在研究水利工程实践过程中表现的某些伦理问题的同时,研究水利工程主体的道德建设。由于这些伦理问题反映的范围不同,水利工程伦理不是反映在社会公民当中,而是反映在水利工程共同体中,因而表现出研究范围的有限性。当然,这些问题如果不能及时解决,同样会对社会稳定产生影响。第五,伦理学研究限定于个体伦理,主要规定个体在社会各个方面的行为选择,而水利工程伦理学将社会伦理研究提高到一个新的高度。群体利益、国家利益、人类的整体利益成为水利工程伦理学研究和关注的焦点。如果说一般伦理学研究的是社会中可以直接交往的人与人之间的关系、人与社会之间的关系及人与自然之间的关系,水利工程伦理研究则是将这些伦理关系拓展,在时间上它由当代人延伸到后代人,在空间上它向流域范围内延伸。

水利工程伦理学意蕴十分丰富,它在借鉴了伦理学体系的基础上,重点探索水利工程伦理的道德意识现象、道德规范现象及道德活动现象。在对水利工程发展过程中的伦理困境给人类的发展提出种种预警的研究基础上,审视水利工程发展伦理困境的根源,探索走出水利工程伦理困境的道路,建构具有普遍意义的应用伦理原则及行为规范,按照社会发展中的种种要求建设水利工程。

水利工程项目规模大,建设环境动态多变,具有高度的政治、经济和社会敏感性,工程建设各子系统之间的关联性加强,各方利益互动性明显,工程建设子系统和社会大系统的相互影响日趋复杂,已经超过了传统的工程建设领域和项目管理的范畴。同时,水利工程活动不但深刻涉及人与自然的关系,而且深刻涉及人与人的关系、人与社会的关系。根据工程的系统观,水利工程系统有很强的环境依存性或适应性,自然系统、社会系统等形成工程系统重要的环境超系统,工程系统与自然系统、社会系统的关联越来越强。由于社会价值观贯穿于整个工程过程,并发挥着作用,整个工程过程都存在着伦理问题,因此将工程科学、工程管理、系统科学、社会学、哲学、伦理学等进行交叉融合,不仅可以开拓水利工程伦理学的研究视野,丰富和发展水利工程伦理学的理论,同时也有助于解决水利工程决策、规划、设计建设和管理中所遇到的各种伦理问题,有利于社会和谐及可持续发展。

1.6　水利工程伦理基本原则

水利工程是一个复杂的系统。工程建设与流域、河流上下游及左右岸等相互影响,相互作用,不是孤立的存在。工程本身也是一个大系统,与周围自然环境、社会因素相互联系并产生重要影响。水利工程活动对自然、社会和他人的影响,要求工程活动在满足需要和要求的同时,不能对自然生态环境、公众和社会造成消极影响,工程决策者和工程师在工程建设过程中必须遵循基本的伦理规范,以尽量减少工程活动中伦理问题的发生,保护自然环境和建筑环境,为可持续的未来提出和实施工程解决方案。从工程实践活动中考虑伦理因素,秉承基本伦理原则,使水利工程具有伦理意义。

张璐(2014)提出水电工程伦理的主要原则为安全原则、责任原则、公正原则和利益补偿原则。水利工程与水电工程有所不同,水利工程主要是保护和利用水资源,一般而言,水利工程所涉及的范围更大。水利工程伦理遵循的主要原则包括:安全原则、环境原则、责任原则、公正原则和利益补偿原则等。

(1)安全原则。水利工程建设应把公众的安全、健康和福祉置于首位,对人类生命的尊重是人类文明获得凝聚力与生命力的底线。将维护生命价值、保障生命安全作为工程技术人员的首要伦理原则。水利工程具有复杂性和潜在危险性,以安全为前提,规避一切可能出现的风险和责任,是每个水利工程共同体成员所应遵守的基本道德原则,包括生命安全、财产安全及生态安全。保障公民的合法权益是国家政治和法律的基本原则,水利工程建设应将公共安全从属于自愿、知情同意原则,推进内在和外在利益相关者自愿并知情地参与决策过程。工程技术人员站在公众的立场上,对公众进行科普宣传,促进公众对科学技术问题的理解和工程作用的认识,增进公众对潜在危险的了解,保障全体公众的权利。

(2)环境原则。自然环境是由自然形成的环境系统,包括空气、陆地、水、大气层、海洋、有机物、无机物及所有生物等,水利工程赋存于自然环境之中。环境原则是指人类在工程活动中对生态环境负责,最大程度上审慎地利用有限的自然资源来创造最大效益,同时保证在可预见的未来保持一个健康的自然环境。对生态环境负责也是对人类负责、对社会负责。人是自然界的产物,作为自然系统的重要单元,和其他生命形式一样,只有从自然界获取物质和能量才能维系生命。只有保持自然环境的清洁、保证自然生态系统的自我调节功能不受损害,才有人类社会的健康可持续发展。因此,人类在开发和改造自然的同时要时刻保护自然,只有这样才能使自然更好地为人类提供最为便利的服务。促进环境的可持续发展是所有公民应尽的责任,社会也应试图协调环境需求和发展需求之间的关系。水利工程师应协同合作,积极主动地帮助社会应对这些挑战,应当在制订方案的最早环节就开始进行环境评估,为项目生命周期的环境管理打下基础。在水利工程规划设计过程中既要考虑满足当代人对社会、经济与环境的需求,又要不损害子孙后代发展的需求。

(3)责任原则。责任是法律概念,也是一个伦理概念。水利工程应先行考虑责任问题,责任原则要求当事人或单位集体对工程的后果承担责任,包括技术责任、伦理责任和法律责任。水利工程共同体是责任主体,水利工程师和施工企业人员不仅要考虑用最少的投入获得最大的经济效益,而且应对人民的生命财产安全、社会效益和生态环境承担责任。然而在现实生活中,有的水利工程师和工程企业人员只考虑自身的经济利益,而忽略了社会及工程周围公众的利益,甚至对他们的安全、生态环境造成威胁(张璐,2014)。

(4)公正原则。水利工程建设周期长、投资规模大、系统复杂,对社会与自然环境影响显著。作为社会的重大工程项目,水利工程不仅牵涉公众、企业及政府等多方利益的分配问题,还涉及权利和义务的履行问题。正确处理好各方利益分配、权利和义务的归属问题,是水利工程成功的关键(张璐,2014)。公正原则是社会治理最重要的伦理原则,工程投资人、管理者、技术人员等面对利益冲突时,要坚决遵守公正原则。工程活动中,公正原则还指工程师要充分尊重每个人的个人权益,不能利用不正当竞争去争取自己的一些不合法利益。水利工程共同体内应公平公正对待所有人,而不考虑性别、种族、民族、宗教、家庭、婚姻或经济状况。秉承公平正义原则,维护公众权利,不随意损害个人利益,对已经造成的利益伤害要给予最为合理的经济补偿。因此,水利工程伦理应坚持个人利益与社会利益的公正分配,权利与义务的公正分配与共享,真正做到社会公正。水利工程项目存在着一些不公正的现象,原因是多方面的,如没有对每个利益相关者的利益进行综合考虑。在实施水利工程项目之前,既没有充分征求公众的意见,也忽视了区域综合发展问题,更没有考虑对整个生态环境的影响;没有将利益的分享、责任的分担与风险的承担较好地统一起来;在整个项目中,工程参与人员、项目管理人员及企业公司和政府是利益的主要获得者,却没有承担相应的责任,相反,移民和公众却要承担安全、生态环境、移民安置问题等所带来的风险。

(5)利益补偿原则。该原则是工程建设对当地居民造成损失时,通过国家或企业的补偿使居民的经济利益恢复到原先水平,居民因损失而得到额外收益的原则。补偿原则一般分为两类:完全补偿原则和不完全补偿原则。完全补偿是指为了公共利益而征用项目所需用的资源时,国家在对该地受损范围、程度及价值等相关因素进行综合研究的基础上,对该地进行全额补偿。不完全补偿则是指国家征用个人或集体的土地对其合法权益造成损害时,国家给予一定的补偿。这种补偿只是针对被征用土地的价值,金额要远远低于其市场价值。两者之间各有利弊,完全补偿能够很好地维护民众的权益,且当地居民往往也比较配合,因而有利于水利工程的实施与开展。而不完全补偿成本比较低,比较适合于发展中国家。这种补偿虽能有效地维护公共利益,但会损害一部分私人的利益,由此产生消极的社会效果。因此,在水利工程项目中,应该将完全补偿原则与不完全补偿原则结合起来,充分发挥两项原则的优势,避免其所带来的不良影响,应根据具体情况进行具体分析,防止因为不合理的补偿而影响社会的和谐与稳定(张璐,2014)。建立保护与利用水资源双赢制度，并尝试推行补偿机制，与拥有水资源的权益人建立一种恰当的合作形式。把维护环境正义作为建立补偿机制时应持有的一种价值理念，利益公平分配背后的伦理辩护中充满价值判断。余谋昌等(2013)认为，不能以损害他人和社会利益的形式追求企业的利益；当两者的利益发生矛盾时，以人民和社会的利益为重等。但具体到真正的工程实践时，有时却很难作出公正的判断。

1.7　水利工程易诱发的伦理问题

水利工程伦理学主要是研究水利工程建设及其运行后产生的或可能产生的对人、自然、社会不利影响的问题(如人水和谐问题、水库泥沙淤积问题、环境生态问题、移民问题、安全问题和文化遗产保护问题等)，以及水利工程共同体应该采取怎样的措施来减轻、避免和防止这些问题的发生。

张璐(2014)论述了水电工程伦理研究的现实必要性。同时，水利工程伦理研究也是社会经济可持续发展的要求。水利工程给人类带来巨大的经济效益，如果只注重经济发展，而忽略水利工程所带来的问题，那么最终结果必然是灾难性的。从伦理学角度进行水利工程研究不仅有利于提高水利工程人员的道德素养，还有利于在水利工程项目中贯彻以人为本的思想，并把它提升到道德高度，为社会经济的可持续发展提供保障。水利工程伦理研究是企业健康发展的需要。水利工程建设所涉及的范围广，系统性和综合性强，企业的决策、施工、责任等问题纠缠不清，各种利益冲突通常难以兼顾各方。而水利工程伦理的重要作用就是为解决这些问题提供一种方法，或者说一个伦理度量的标准，在企业各项政策规章和指标不能约束的情况下，能够发挥工程人员伦理约束的作用。水利工程伦理研究有利于明确工程师的责任。工程师应当明确水利工程共同体之间存在的伦理关系及承担的伦理责任，在面对各相关利益主体之间的冲突时，能够更好地处理这些利益冲突。工程师仅有爱岗敬业、技术创新等职业素养是不够的，还应当在伦理规范的约束下有责任意识和道德追求。

工程伦理学研究不能仅仅依靠既定的道德范畴、规范、原则一成不变地去套用工程活动，去要求工程师。在工程发展的过程中，伦理观念、行为规范也要随着发生变化。从伦理到工程，对于工程中出现的伦理问题要尝试着从伦理的视角去分析，以伦理道德规范来引导和约束工程的发展，使其能够更好地服务并造福于人类社会。从工程到伦理，要研究工程发展对伦理道德的影响，相应改变陈旧的伦理观念和规范，树立新的伦理思想(李世新，2008)。国内外许多学者从职业伦理学、生态伦理学、环境伦理学、技术伦理学等视角对水利工程伦理问题进行了较全面的分析研究。欧美国家由于其经济发达、科学技术先进、水资源利用充分，更为重视生态环境等伦理问题，反对水利工程尤其是大型水工建筑物建设的声音越来越大。欧美国家修建水库对河流的开发利用率高，挪威为99%，瑞士为98%，意大利为93%，法国为92%，英国为90%，美国为82%，而中国目前只有34%。要实现中国梦和“两个一百年”的愿景，加大水利工程建设是必然选择，关键是如何妥善处理水利工程建设中所引发的各类伦理问题。发展就必然要付出代价，发达国家也无法回避这些问题。

从工程伦理视域角度出发，系统剖析水利工程易诱发的伦理问题。这些问题在大型水利工程中普遍存在，但也不是每个工程都存在这些伦理问题。

1.7.1 人水和谐问题

水是生命的源泉，是人类赖以生存的自然资源，水系统与人类社会系统相互依存、相互促进，是相互关联、密不可分的整体。人水和谐的本质是人与自然的和谐，水资源问题是人类共同面临的自然挑战，是人类社会经济可持续发展的制约因素。人水和谐要求人与自然统一，水资源可持续利用将促进自然资源、生态、经济和社会的持续统一，水资源的可持续利用也是构建人水和谐的重要前提。人水关系经历了人敬畏水、人开发水、人掠夺水至人水和谐的过程。人水和谐要求平衡人与水之间的关系，寻求人与水、人与自然、人与社会的协调发展，应将人类社会经济的发展同水资源的开发、环境的破坏、生态的退化等联系在一起，正确处理人与水资源、人与自然的关系，合理地开发自然资源，达到人水和谐发展的目标。

洪涝灾害给人民生命财产带来了巨大损失。水资源危机已成为世界各国最为关心的问题之一，全球约 11 亿人喝不上干净的饮用水，每年有 300 多万人死于不洁饮用水引发的相关疾病。随着工业化、城市化的快速推进，用水量急剧增加。与此同时，水污染日益严重、环境恶化问题日益突出，人类的不当工程活动造成并加剧了水荒。因水污染而造成的疾病、贫困、生态移民等已经成为严重的社会问题，这些社会问题进而形成社会不平等等次生社会问题。人类的各种活动对水环境及对人水和谐的影响呈恶化趋势。许多河流源头由于人类的乱砍乱伐，破坏了生态平衡，造成土地沙化，致使水土流失严重；修建大量蓄水工程，致使上游截流，下游无水或长年干涸；一些入海行洪河道，由于常年无水下泄，造成河道严重淤积；无节制地大量超采地下水，造成地下水位大幅度下降，大量机井出水量减少或报废，更为严重的是导致地面严重沉降，引起海水入侵、淡水咸化，加重土地盐渍化等；工厂排放不处理、不达标的污水，居民环保意识差，随意向河道倾倒垃圾、排放生活废水，造成水环境严重恶化。

黑河位于甘肃、内蒙古西部，是这一地区最大的内陆河流。黑河发源于祁连山区，出山后流经中游张掖盆地、酒泉东盆地和下游金塔—鼎新盆地、额济纳盆地，最后注入居延海，通过渗漏和蒸发消失于荒漠。黑河干流总长 821 km，多年平均出山径流量 15.91 亿 m^3/a。河西走廊是黑河流域开发程度最高的地区，人口稠密，农业发达，工业不断发展，对水资源量的需求不断增加，很大程度上影响着河流径流量的时空分配。随着上游地区的过度耕种和水资源的不合理使用，中下游地区河流断流，地下水水位逐年下降，湖泊干涸。

20 世纪 50 ~ 80 年代在黑河流域主要支流上建设水库 95 座，尤其在 1954 ~ 1963 年及 1968 ~ 1978 年两个时间段，水利工程建设达到高峰，分别建造大小水库 33 座和 39 座。33 条支流相继断流，除季节性排洪输水外再也没有流水汇入干流，来水量的大幅减少，使天然植被明显萎缩，绿洲面积缩小，河道萎缩率达 45% ~ 70%。

黑河流域的用水量主要集中在中游（见表 1-1），约占流域总用水量的 93.3%。20 世纪 50 年代以来，流域中游地区地表水利用量增加了 19 倍，灌溉绿洲扩大了 89.5%，干流下游水量减少了 51%，湖泊干涸，水质恶化，土地盐碱化和沙漠化在全流域发展，沙漠化土地面积自 1949 年以来增加了 4% ~11%。

表 1-1　不同时期黑河流域中游水资源开发利用变化情况（王根绪等，1998）

项目	1949 年	1954 年	1958 年	1963 年	1968 年	1973 年	1978 年	1985 年
水库数（座）	2	10	33	43	54	78	93	95
蓄水总量（万 m^3）	1 798	2 549	6 519	18 950	20 186	27 885	33 524	36 044
灌耕面积（万 hm^2）	8.26	11.39	13.19	13.45	13.79	14.38	15.59	15.65
张掖地区人口（万人）	54.92	63.44	75.86	66.23	74.11	94.33	98.32	105.12

居延海位于内蒙古自治区阿拉善盟额济纳旗北部（见图 1-1），属典型的大陆性气候，多年平均降水量为 38.2 mm，但蒸发能力高达 4 000 mm 以上。居延海主要依靠黑河来水补给，湖面大小随河道注入水量波动，最大水面达 800 km^2 左右，在历史上湖面不断缩小。汉代时曾称其为居延泽，魏晋时称之为西海，唐代起称之为居延海，现称天鹅湖。居延海地区自远古以来就是一片碧海云天、树木葱茏的好地方。在中华民族发展史上，特别是在西北少数民族发展史上具有重要地位，早在 3 000 年以前，居延地区就是一个水草丰美、牛羊遍地的游牧民族的天堂。居延海在 1962 ~2003 年干涸 40 多年，2003 年经黑河引水调蓄后重见碧水。

图 1-1　居延海

国家在“十五”以来已先后在黑河流域、石羊河流域等投资近 400 亿元用于生态建设和水资源保护工程。黑河分水主要解决控制年总量导致的分水与下游绿洲需水的时间错位问题，合理调节水库出水量与河道径流量，保障在 4 月和 8 月生态关键期输送必需的水量。

1.7.2 水库泥沙淤积问题

水库主要用于防洪、防凌、供水、灌溉、发电和旅游等。水库是防御洪水、发展农业、提供城乡工业生活用水与电力等的重要基础设施。水库各项功能的发挥,为解决洪涝灾害、干旱缺水等问题,提供了重要保障。泥沙淤积造成水库库容损失,使水库不断受到功能性、安全性和综合效益下降的影响。

20 世纪 50～70 年代我国修建的许多水库,限于历史条件和设计技术水平,在运行管理中存在很多问题,对水库淤积问题估计不足,水库泥沙淤积及库容损失严重。

三门峡水利枢纽位于黄河中游下段,连接河南、山西两省,控制流域面积 68.8 万 km^2,占黄河总流域面积的 91.5%,控制黄河来水量的 89%,来沙量的 98%,是黄河中下游防洪体系中的大型干流控制性工程。该枢纽工程于 1957 年 4 月动工,1961 年 4 月建成投入运用(见图 1-2)。

图 1-2 黄河三门峡水利枢纽

三门峡水库蓄水后,库区发生严重淤积,建成 4 年后水库泥沙淤积达 36.5 亿 m^3,导致水库上游汇流区壅水滞沙和渭河河口拦门沙的增长,使渭河下游发生由东向西的溯源淤积,河床不断淤积抬高,严重威胁汉中平原。为了控制和降低潼关高程,缓解水库运用对渭河下游的不利影响,三门峡水库自投入运用以来,经历了两次大的改建,水库的运用方式也经历了两次大的调整。1974 年采用蓄清排浑运用方式。1986 年龙羊峡水库投入运用以来,进入三门峡水库的水量显著减少,加上遇到连续的枯水年份,水库控制运行造成潼关以下库区泥沙的大量淤积与潼关高程的大幅度抬高,随着时间的推移,淤积不断向上延伸发展,导致潼关高程长期保持在 328 m 以上。黄河小北干流、渭河及北洛河严重淤积,渭河河道萎缩,以致在 2003 年出现了小洪水造成大灾害的情况。为保持库区冲淤平衡和潼关高程基本稳定,2003 年以来水库非汛期控制最高运用水位不超过 315 m,汛期控制水位为 305 m,潼关高程和水库淤积发生了相应的变化。三门峡水库蓄水期和滞洪排沙运用期的 1961～1973 年,渭河下游河段淤积逐年增长;1973 年汛后改为蓄清排浑运用方式，截至20世纪80年代末，渭河下游冲淤交替，但整体冲淤变化不大；20世纪90年代至2002年渭河下游不断淤积，2002年汛后累计淤积泥沙13.21亿m^3，为历年最大值。从2003年至今，渭河下游以冲刷为主。2015年汛后，渭河下游累计淤积泥沙10.85亿m^3。比较可以得出近10年来渭河下游总体为冲刷。经过两次改建后基本解决了水库泥沙淤积问题，三门峡水库采取蓄清排浑运行模式后，保持了长期有效库容，充分发挥了防洪、防凌、灌溉、供水、发电、减淤、保护生态环境等综合效益。

1.7.3 环境生态问题

水利工程活动虽然不能改变自然规律，但却能够改变自然界的常态，而工程对自然界的这种常态的干预和改变，正全方位地逼近自然的稳态弹性阈限，阻碍人与自然之间的协调演进，也使工程与自然之间的矛盾更加尖锐。水利工程带来的生态环境问题主要表现在三个方面：一是对自然资源无节制地开发利用，造成自然资源总量急剧下降；二是打破区域生态节律，导致生态失衡、生态恶化；三是施工过程中产生的大量垃圾和弃土导致环境污染。自然生态系统的失衡又反过来危及人类的生存和发展空间，加剧了人与自然之间伦理关系的紧张。

世界自然基金会(World Wide Fund for Nature，WWF)在《险境中的河流》报告中发出警告，大肆建坝正在对地球上一些最大最重要的河流造成威胁，南美的拉普拉塔河和中东地区的底格拉斯河与幼发拉底河是建水坝的最大受害者。报告里列出了21条正受尚在规划或已投建的水坝危害最大的河流。全球最长的227条河流中，超过60%的河流被水坝割裂得支离破碎。河流是有生命的，但是拦河筑坝切断了河流的自然连续性。河流的自然连续性被破坏，其自然生态功能将不复存在。

水利工程导致的人与自然伦理关系方面的不和谐现象，主要表现在人与水、人与土地、人与环境的危机等几个方面。这些方面往往不是单一呈现的，而有可能是共同呈现出来。例如，工程施工和建设不仅会消耗大量的原材料、水资源、能源电力，而且施工带来的飞沙、扬尘会造成大气污染，大型机械作业的阵阵轰鸣会造成噪声污染。工程活动过程中还会产生大量的建筑垃圾或弃渣，处理不当不仅会占用土地，而且会污染大气、水源和土壤，影响生态圈的和谐有序。

建设大坝影响生物生存环境。水坝往往导致坝区以下河床干涸，鱼类资源减少；高坝流下的水融解了空气中大量的氮气，而水体氮气过饱和对鱼类影响比较大；大坝改变了河流的生态平衡，如河流中的氧气和养分的渐趋衰竭，影响鱼类和其他水生生物生存；大坝切断了某些鱼类的洄游线路，导致河豚类和鱼类等生物减少；大坝导致下游湿地破坏和减少，某些鸟类的栖息地遭到破坏；鱼类资源减少，使以鱼类为食的水生生物的生存受到威胁。

由于大坝使上游河水流速减缓，降低了水的自净能力，加之上游污染不能有效遏制，水库水质面临退化问题，并将引发一系列问题，如水库中水生生物生存条件恶化问题等。小型水利工程对生态环境也有重大影响，梯级小型水利工程开发的生态环境完全被破坏。

水利工程建设导致下游地区生态环境的急剧退化。甘肃民勤县以治沙闻名，北、东、西三面被巴丹吉林沙漠和腾格里沙漠包围，荒漠戈壁占全县总面积的90%以上，民勤人一方面年年植树封堵流沙，一方面依靠源于祁连山的石羊河河水，使民勤县成为河西走廊的绿色屏障。但是石羊河上游来水量越来越少，胡杨、沙枣等沙棘植被及经营几十年的防风固沙林、农田防护林纷纷绝水而死，30 年间林地面积减少 300 万亩（1 亩 = 1/15 hm^2，下同），流动沙漠则以每年 15 ~ 20 m 的速度向前推进。有环境专家预言，如果这种势头仍得不到遏制、扭转，21 世纪中叶以后民勤将成为中国的又一个罗布泊。

1.7.4 移民问题

水利工程建设必然导致库区居民搬迁。搬迁意味着离开原来熟悉的生活环境与生存方式。这种变化中的许多损失有的可以用物质来衡量，有的则无法衡量。人们生活于一定的环境中并学会适应环境，需要几代人的摸索才能总结出一套成本相对较低、质量相对较高的生活。此外，还有在长期生活中所建立的人脉关系、积淀的人情世故，所有这些都随着搬迁逐渐消逝。祖坟、祖屋成了记忆中的碎片，随着生活的变迁，亲人离散且亲情慢慢淡化，这些远不是乔迁新居所能够补偿的。移民由于离开了原来低成本的生活，使得生存变得艰难。修建水库侵占了他们的家园，他们从中并没有得到真正的长远利益，相反他们的损失在搬迁后的生活中慢慢表现出来。“水利工程功在国家，利在企业，苦在移民，难在政府”，这句话形象地体现了水利工程中的利益分配格局。

移民的决策者往往以自己的价值观及幸福观去衡量水利工程移民，认为给了他们新房子，让他们住了新型小区，这些原来住在破旧房屋里的人应该感谢他们，兴建水库使得移民提前进入了现代化。人是各种社会关系的总和，决策者看到的只是水库移民住房条件的改变，殊不知他们的各种生活关系是不可能通过住房的改变而改变的。移民不仅仅需要吃、穿、住和行，更重要的是在这个过程中建立起来的各种社会关系。人类是地球上的一个特殊群体，与生物群落不同，人的存在方式具有两重性。仅就生物性而言，人类与其他生物物种并不存在实质上的差异，人类仅是一个普通的生物物种，所有人类的个体构成了人类的种群。但若就人类的社会性而言，人类却是地球生命体系中唯一具有复杂社会结构的生物物种，它亦是地球生命体系中一个独特的社会性生物物种，从社会个人到人类社会之间，人们可以凭借不同文化聚结成层次各有差别的人群，这与其他生物物种显然不同。人类社会在建构时所具有的双重性表现为任何人都兼具生物性和社会性。人类社会中，各社会人群和生物物种一样，存在着生存竞争，面临着环境的选择，也会有适应和改变。两者之间的区别在于，自然选择的结果对不适应物种而言，是此类个体在地球上灭绝，该物种在地球上消失；对社会人群而言，社会选择毁灭的则是维系该人群的民族文化和存在形式；对于个人而言，其生命及其世代延续虽然不一定会受到致命的影响，但在很多情况下则会改变自己的文化归属及生活方式。水利工程移民很多情况下丢失的正是这种归属感。

水利工程活动引起的移民安置补偿问题与社会公平也密切关联，目前这种不公平依然存在：不同类型的水利工程对移民安置补偿标准不同，补偿标准低于实际损失，对不同身份或不同地域的移民采用不同的补偿标准，对同一项工程不同阶段、不同批次的移民采用不同的补偿标准。这些不公平不仅会影响工程进度，而且可能会引起民怨，激化社会矛盾，不利于和谐社会的建设和可持续发展，应当给予足够重视。

目前所面临的问题是如何将水利工程实施给当地移民带来的损失降到最低。大坝问题的实质是利益问题,包括部门与部门之间的利益、地方政府与中央政府之间的利益、地方政府与部门之间的利益及当代人与后代人之间的利益。水利工程建设移民的过程亦是其所涉及各种利益的冲突与选择的过程,在同一种矛盾,在矛盾中形成冲突,在这样的冲突之中又构成了新的利益均衡,整个过程不但复杂,而且曲折。水利工程的兴建在促进国家经济发展的同时,对移民却造成了经济、文化及情感上的伤害,故在水利工程建设的整个过程当中都会伴随着利益的冲突与重新调整。

1.7.5 安全问题

安全问题是社会和施工企业永恒的主题。水利工程建设的安全直接影响施工进度及施工质量,关系着所有工程相关者的人身和财产安全。因此,应当充分关注水利工程引起的安全问题。这些安全问题主要表现在:施工过程中对人员的安全威胁、大型水利工程对下游城镇的安全威胁、水利工程对生态安全的影响甚至破坏。

水利工程建设具有一定的不确定性,甚至良好的项目也会带来风险。从工程规划之初的项目论证,到勘测、设计、实施,以及实现后的评价、维护、运行、管理等各个环节,都存在着安全风险。在时间维度上,风险不仅会影响当代人而且可能会波及后代人。在空间维度上,水利工程建设不仅带来坝址库区地区性的安全风险,而且可能会波及整个流域,对人类的可持续发展构成挑战。目前,仍存在许多危及大坝安全的自然因素和人为潜在因素(洪水、地质灾害和人为破坏、战争等)。

1.7.6 文化遗产保护问题

物质及非物质亦或者说有形及无形是文化遗产存在的两种表现形式。古桥、沿江河岸边的古建筑及风光等都属于物质文化遗产,人们长期沿江河岸边居住形成的生活方式、传统民俗、民族文化等则属于非物质文化遗产。拦水筑坝,尤其是大型水利工程,都将大面积地淹没这些库区河段,使得沿河两岸的文化遗产受到损失。把经济发展放于首要地位的国家容易忽略这种损失,而一旦经济得到发展后再想补偿这些损失则几乎不可能,因为绝大部分文化遗产已经由于工程的建设而遭受到严重的毁坏甚至消失。或许这时候,人们才真正意识到它们的价值,事实上最初的经济发展形式在很多情况下或许可以采用其他形式代替,而损失的文化遗产却是无可替代的。

随着大片土地被淹,一批自然景观、人文景观和已发现的文物被淹没。例如,三峡水库蓄水至正常设计库水位175 m后,被淹没的自然景观和人文景观有:湖北秭归屈原故里牌坊和屈原祠,重庆巫山境内的孔明碑、大宁河古栈道,奉节县刘备托孤遗址、孟良梯、瞿塘峡口的粉笔堂,云阳张飞庙、龙脊石,忠县石宝寨和汉代无名阙,丰都鬼城东岳殿,涪陵白鹤梁等。这些被淹没的自然景观和人文景观,有的将再也看不到实物了,如大宁河和小三峡的美景、大宁河古栈道等,有些没被发现的文物,也将永久淹没在水底。

1.8 关于水坝建设问题

国际大坝委员会(International Commission on Large Dams,ICOLD)与世界水坝委员会(World Commission on Dams,WCD)分别代表着对水坝工程持有正反两种意见的国际组织。ICOLD 作为水利行业的专业组织,通过对各国工程实践进行自我反思,支持发展中国家在贯彻环境与可持续发展理念的前提下继续建坝。作为受世界自然保护联盟和世界银行资助的临时性组织,WCD 于 2000 年 11 月发布了《水坝与发展:一个新的决策框架》(Dams and Development:A New Framework of Decision Making)。报告中对水坝的效用采取总体肯定和细节否定的做法,提倡让河流自由流淌,工程决策要自上而下和做到利益公平分配,呼吁充分补偿每一个受影响移民的利益。报告引起了广泛反响,各界反应大相径庭:反建坝者据此建议停止水坝工程建设;发展中国家与从事水能开发的国际机构对报告的态度消极,认为报告低估了水坝的利益,是否建坝是国家主权内的事务,他国和国际组织不应干涉。

为了在全球舞台上发表自己的声音和获得建坝的国际支持,发展中国家与相关国际组织联合,承办了一系列国际会议。2004 年 10 月联合国水电与可持续发展国际研讨会在北京召开,会议通过了《水电与可持续发展北京宣言》,在宣言中重申了水电在可持续发展中的战略重要性,并提出了水电与可持续发展的未来之路。2008 年 11 月 ICOLD、国际水电协会(International Hydropower Association,IHA)、国际灌排委员会(International Commission on Irrigation and Drainage,ICID)、非洲联盟等国际组织在法国巴黎发布了《世界水电宣言》,强调了大坝和水电对于非洲可持续发展的重要作用,呼吁抓住水电发展机遇。

人类从征服自然、改造自然到利用自然、保护自然,自然的内在价值与人类自身价值之间的关系由对立转向辩证统一,这是人类对科学技术的认识及使用逐步成熟且理性的过程。随着近代科学的诞生,尤其是近代技术的发明,在给人类带来前所未有的巨大财富的同时,也改变了人与自然的关系。

100 年前,中国一直处于天然自然状态中,延续着数千年的农耕文明,人与自然的关系可谓天人合一,河流自由流淌,无论是儒家还是道家均推崇这样的自然观。

“黄河安澜,国泰民安。”但据有关文字记载,黄河下游曾多次改道。河道变迁范围北抵海河,南达江淮。公元前 602 ~ 公元 1938 年共 2 540 年,下游决溢 1 500 多次,平均每两年决口一次,改道 26 次。1946 年开启人民治黄以来,黄河 70 年没有发生一次灾难性的决口事件,保障了下游人民生命和财产安全。如果今天有人建议:推平黄河下游两岸堤防,炸掉黄河中上游的小浪底、三门峡、刘家峡、龙羊峡等大型水利工程,让黄河自由流淌,就是痴人说梦。

许多哲学、工程哲学、科学技术哲学、伦理学和思想政治教育等学科的科研人员在讨论水利工程伦理问题时,经常采用片面的观点批驳三峡水利枢纽工程、三门峡水利枢纽工程存在的工程伦理问题,发表了大量的相关水利工程伦理方面的论文、专著。许多文献出现以偏概全,把个别地区、个别水库、个别时段出现的问题推广到所有水库、任何时刻的现象。有的言过其实，夸张地宣称水库将会造成一些天然物种的灭绝；有的以物为本，不顾城镇密布、人口众多的社会现实，把河流的自由泛滥视为需要保护的自然生态现象；有的以讹传讹，照猫画虎，只看到问题的一个方面或只关注某一种观点；有的把水利工程规划、项目建议书、可行性研究等工程前期设计阶段的预测、评估作为工程的事实；有的把工程施工过程中的阶段性状况作为工程整体；还有的作者只是纸上谈兵，基本不懂水利工程等。科学研究是追求真理与揭示客观规律的过程，但学术界存在与求真求实的科学精神和科学伦理相悖的不规范、不诚实、不道德的学术不端行为，社会上的负面信息诱惑、急功近利思想、不良的科研环境等对学术不端行为的影响显著。科研人员应重视自己的学术声誉，学习相关的科研规范要求和科学伦理规范，具备科学精神，通过自我调节机制，纠正学术不端行为。实事求是，全面了解事情的真相、工程整体或进行实地考察，才能公开发表学术论文，这也是重要的伦理学原则。盲人摸象，最终令人耻笑。李永香(2016)认为工程伦理研究滞后的一个主要原因是研究队伍知识结构的不合理。研究工程伦理者绝大多数缺乏工程背景，而有工程背景的又不愿意去研究，结果造成工程伦理学处于一批哲人坐而论道，又曲高和寡、弦断无人听的状态。

第2章

水利工程系统论

2.1 工程本质

哲学研究理论认为，科学、技术及工程是三种不同性质的社会实践活动，在科学、技术、工程三元论的框架下，科学、技术和工程是三个不同性质的对象、三种不同性质的行为、三种不同类型的活动（李伯聪，2002）。我们想要实现对科学、技术及工程理论的充分认识，就要在逻辑上承认科学、技术与工程的研究对象存在较大差异。科学以探索发现为核心，技术以发明革新为核心，工程以集成建造为核心。对它们进行正确的划界，意味着它们之间的关系是既有区分又有联系的。在此基础上，进一步阐述工程的本质和特征。

科学是一种理论化的体系，是人们对未知世界的客观规律的探索。科学知识的基本形式是科学概念，基本单元是科学定律。科学活动的基本形式是基础科学的研究活动，以认识、发现自然规律为目标，进行科学活动的主要社会角色就是科学家。科学活动以科学问题为起点，通过观察和试验获得比较有限的科学事实，在此基础上，运用多种方法创造性地提出科学概念、定律或假说，再通过试验的验证，构建出知识体系，来解释存在和预测未来。众所周知，科学知识最大的一个特性就是可被证伪性，因为科学的发展，不是靠积累，而是新假说代替旧假说的革命过程，所以科学理论的历史就是一部不断扬弃的历史。因此，科学活动是以发现自然规律为核心的理论性的认识活动，它在哲学上应隶属于认识论、知识论的研讨范围。

工程是一种物质实践活动，对于改造世界而言具有十分实际的作用，建筑物是最主要的核心活动内容。工程活动的社会角色是企业家、工程师和工人。以集成建造为核心的工程活动中，科学知识是不可或缺的理论基础，如果没有相应的科学理论，工程活动也许是没有办法进行的。对于工程知识体系而言，仅仅依靠科学知识的储备是完全不够的，它只是工程知识体系构成中的一个组成部分。在现有的科学知识不能满足工程建造的时候，工程活动中就会开展科学研究活动，创造出新的科学工程知识，来满足工程建造。人们根据工程建造的具体情形创造出的工程知识，更为本质的是境域性知识，一般不具有普适性,而更多的具有依赖工程场地的经验性、特殊性。在工程的集成构建活动中发现的新问题,反过来也会促进科学理论的新发现和新进步。在工程活动中,核心是完成工程建设任务,创造工程知识只是协助工程活动。

对于工程与技术的划界,要比工程与科学的划界困难,因为工程现象与技术现象有着密切的联系。技术是对可行的方法、技巧或工艺的发明,技术知识的基本单元是技术的发明和研发,技术发明活动的主要社会角色是发明家、技术人员和工匠。现代技术有着两个鲜明的特点:一个是技术的发明主要以科学知识为基础,另一个是技术活动是以构建技术知识为目标的人类活动。技术活动与工程活动间的区别是客观存在的:①我们常说的三峡工程、南水北调工程、曼哈顿工程就不能将工程说成是技术;技术转移、技术传播、技术进步也不能将技术说成工程。日常用语的使用过程中,技术与工程的定义也是存在较大差异的。②技术是工程活动的基本要素,工程是集成建造新的人工物的活动,它是不同形态的技术要素的集成,是诸多核心技术和外围支撑技术的有序集成。技术只是工程中的一个部分,它有序、有效的合理集成构成了工程的基本单元。③工程是诸多技术的系统集成,它最少都是由两个或两个以上技术复合而成的。在以上三点的分析过程中,工程与技术的分界是清晰的,技术活动是为了实现人类某种目标的认知活动,而不是工程实践活动,因此在哲学上应隶属于知识论的研究范围。工程要应用和集成已经成熟的技术知识,不是所有的技术知识都能涵盖工程知识,还必须要集成在工程活动过程中发现、发明的适合工程需要的技术知识,连同科学知识一起为工程活动服务。不仅如此,发明与创造的技术也是工程活动的一个组成部分。

科学活动的主要内容通常以发现为核心,而技术活动的主要内容以发明为核心,工程活动的重要内容是以建造为核心的人类活动。发现不是发明,发明也不是建造,因此科学、技术和工程不可以混为一谈。

在哲学的研究领域中,工程是作为独立的对象被单独进行研究的。所以,对于工程概念的界定往往形成如下思想:为了满足人类社会的各种需要,在集成科学、技术、社会、人文等理论性知识及境域性知识经验的基础上,在经济核算的约束下,调动各种资源,在特定的空间场域和时间情境中,通过探索性、创新性、不确定性和风险性的社会建构过程,有计划、有组织地建造某一特定人工物的实践活动。

首先,应确定工程哲学在哲学存在中的论域,这样才有利于我们深入探究工程的本质。对于划界问题的研究,可以将科学与技术的内容纳入认识论与知识论的研究范畴中,而生产则要与工程归为实践哲学与行动哲学的研究范畴。理论知识是最高级的知识,包括形而上学、数学和物理学;制作知识即生产知识,包括技术的知识和艺术的创造;而实践知识与实践智慧有关。实践知识必须要靠生活在各个社会阶层的人的个体经验获得,而这种经验不同于感觉经验,是必须要靠人的亲自参与体验才能获得的。亚里士多德将实践纳入境域性伦理道德行为,这种思想是有明显局限性的,甚至对当今的哲学思想具有一定的阻碍作用,这也形成了西方哲学重理论、轻实践的传统。马克思对于这种思想是完全持有批判意见的。他认为此种观念具有典型的不看重实践过程的特征。马克思认为哲学家应该用多种方式对世界进行解释,而非改变世界。马克思的实践哲学超越了传统实践哲学的局限,他认为实践是人类活动独特的表达形式,其中包括了人类全部有意识的活动。应该在改造世界的行动中去实践,在工程活动过程中去具体地把握实践活动。

工程被看作是物质生产实践的具体形式,在本质上不等同于科学、技术的纯粹应用,也不能从满足人类需要的手段去理解。它们在整个人类社会发展进程中起着关键性作用,是人类生活的必要组成。在人与自然的相互关系、人和人关系的逐渐发展过程中,它们发挥了非常巨大的作用,不仅改变了人的生存环境,也间接对社会经济建设有着积极的影响,让人们的生活习惯和自然环境都产生了很大的变化。工程给了人们前进的动力,工程实践比科学认识、技术发明更为根本。

其次,工程的本质可以看成是各种工程要素集成过程、集成方式和集成模式的统一。第一,它是工程要素集成方式。这种集成方式是与科学、技术相区别的一个本质的特点,工程科学的主要研究对象就是工程要素的集成方式。第二,工程要素是技术要素和非技术要素的统一体,这两类要素是互相作用的,其中技术要素构成了工程的基本内涵,非技术要素构成了工程的边界条件,两类要素之间是关联互动的。第三,工程的进步取决于科学、技术要素本身的状况和性质,也取决于这一时期的社会、经济、文化、政治等因素。所以,工程就是深入研究工程因素的各种整合方式和整合途径,探索工程因素的集成与整合规律的学问。

最后,从现在行动者因果理论中获知,行动是行动者具有动机的行为,存在于生活世界中的行动者是行动不可还原的终极原因,并且美国哲学家 A. 许茨把行动者的动机分为两种类型:目的动机是人们所要得出的结果、所要追求的目标的动机;原因动机是可以由人们根据行动者的背景、环境或者心理倾向作出解释的动机。其中,显而易见,目的动机是受将来时态支配的,原因动机是由过去时态决定的。这就不难让我们理解,在工程行为中,工程主体以建造预先设计的人工物为建造目标,来满足社会的需要,这便是目的动机;在工程活动中,我们往往把科学、技术知识和在工程中新构建的理论知识转化成为可操作的工程知识,这是工程主体本身就有的知识经验储备和环境条件,这就是所谓的原因动机。人类所有活动的进行和实施的最终原因,都是这两种动机的结合。

2.2 水利工程的特征

水利是人类社会为了生存和可持续发展的需要,采取各种措施,适应、保护、调配和改变自然界的水和水域,以求在与自然和谐共处、维护生态环境的前提下,合理开发利用水资源,并防治洪、涝、干旱、污染等各种灾害的工程活动。研究这类活动及其对象的技术和理论知识体系称为水利科学,为达到这些目的而修建的工程称为水利工程。

水利工程在时间上重新分配水资源,做到蓄洪补枯,以防止洪涝灾害和发展灌溉、发电、供水等事业,改善水域环境,疏浚河道,建造码头,以利于水上运输。为防止水质污染,维护生态平衡,需要因地制宜地修建一系列的水利工程。水利工程按其承担的任务可分为防洪工程、农田水利工程、水力发电工程、供水与排水工程、航运及港口工程、环境水利工程等,一项工程同时兼有几种任务时称为综合利用水利工程。按其对水的作用分为蓄水工程、排水工程、取水工程、输水工程、提水工程、水质净化和污水处理工程等。

水利工程与其他建筑工程相比,具有以下显著特点:

(1)水利工程具有较强的综合性和系统性。某个单项水利工程是所在地区、流域内水利工程的有机组成部分,这些水利工程是相互联系的,它们相辅相成、相互制约;某一单项水利工程自身往往具有综合性特征,各服务目标之间既相互联系,又相互矛盾。单项水利工程活动包含着许多因素,它们之间相互作用构成了具有一定组织、结构、层次、功能的整体,形成了具有一定组织性和自组织性的复杂系统。水利工程的发展往往影响国民经济相关部门的发展。因此,水利工程建设必须从全局出发,只有综合地、系统地分析研究流域、河流上下游及左右岸的具体情况,才能做出科学的、合理的、经济的优化方案。

(2)水利工程具有较强的复杂性。水利工程建设受自然条件制约,各种水工建筑物的施工和运行通常都是在不确定的地质、水文、气象等自然条件下进行的,它们又常承受水的渗透力、推力、冲刷力、浮力等作用,导致其工作环境较其他建筑物更为复杂,对施工地的技术要求较高。水利工程一般规模大、工期长、投资多、技术复杂、工程失事后果严重。水利工程系统包含自然、科学、技术、社会、政治、经济、文化等诸多因素,是一个复杂的系统。

(3)水利工程的集成性和创新性。水利工程是工程师将各种科学知识、技术知识转化为工程知识并形成现实生产力,从而创造社会、经济、文化效益的活动过程。工程知识需要集成多种自然科学知识、技术知识,以及经济学、管理学、社会学、哲学、政治学、美学、人类学等多种人文社会科学知识。把这些知识都总结归纳起来,根据实际情况,设计出符合现实境域的知识,然后就可以操作这些知识。水利工程过程都集成了各种复杂的异质要素并实现工程构建,这种集成构建的过程就是工程创新。当已有的相关知识已经不能继续发挥更大作用时,所进行的工程活动就会推动科学的前进,给人们提出新的课题,以此展开探索、研究,创造出新的相关技术和方法。这是因为工程知识是有境域性的,工程的发展促使人们发生着集成与创新。水利工程都是无法复制的行为,不可能将其整个过程都完全再发生一次,所以说,根据不同的目标要有不同的设计方案,因此水利工程本身就意味着创新。

(4)水利工程的社会性和公众性。水利工程活动不但对所在地区的经济、政治、社会发生影响,而且对湖泊、河流及相关地区的生态环境、古物遗迹、自然景观,甚至对区域气候,都将产生一定程度的影响。这种影响有积极、消极之分。因此,在对水利工程规划、设计时必须对其影响进行调查、研究、评估,努力发挥水利工程的积极作用。工程的社会性和公众性也是工程最重要的特征之一。因为人类的需要,工程才得以开展,才因此有了价值。首先,从整个工程过程的分析来看,工程的社会性表现为实施工程主体的社会性。尤其是大型的工程,会动用十几万甚至几十万的工程建设者和参与者,工程师和工程共同体成员一起合作,大家协调配合,共同完成工程的建设。一个大型的工程,往往对特定地区的社会经济、政治和文化的发展具有直接的、显著的影响和作用。其次,工程的社会性也凸显了它的公众性特点。不同的社会阶层、阶级,不同的民族、文化群体等社会个体,构成了社会公众。每当一个工程项目问世时,就会引发社会公众对工程质量和工程效果的关心与评论,他们会关心工程是否对自己的生活与工作造成影响,他们会议论工程是否会对生态环境造成负面作用等,这些问题都是公众从工程与其个人生存、发展状况的关系角度提出的。所以说,工程具有社会性和公众性的特征。

(5)水利工程具有明显的空间场域性。空间场域是在一定的自然物理空间范围内,人们展开社会生活的场所。场域性具有浓厚的地域特质,与工程发生的特定地理位置、气候环境、地形地貌、自然资源、生态环境等自然因素,以及该地区的经济结构、产业结构、基础设施、政治生态、社会结构、文化习俗、宗教信仰等因素密切相关。要充分考虑工程所在的空间区域条件,许多大型水利工程往往改变该地区某些自然、社会环境的结构与功能,与工程直接相关的自然、社会因素构成工程活动的内在要素和内生变量。因此,在工程的决策、规划、设计、施工、运行管理等活动中,必须考虑这些空间场域性因素的重要作用与影响。同一类型、规模的水利工程,因实施地域的不同,具有不同的场域性,导致同类工程之间存在较大差别,水利工程具有唯一性、不可重复性。

(6)水利工程具有情境性。情境性反映了工程建设的时间维度,工程从立项建设开始,向未来将要完成的工程目标不断推进,直至项目竣工验收。但预期未来是当下的行为,总有预测不到或不准确的事情,当在时间情境中才涌现出来的事件,影响到未来工程目标的完成时,要作出相应的反应,增加勘察项目,调整工程设计和施工方案,解决情境中不断发生的工程问题。情境性不仅是工程活动的外在行为,也构成了工程活动的内在因素。工程建设中的空间场域与时间情境是相互关联的,情境事件只能在空间场域中发生,而空间场域性的要素同样也只能在时间情境中展开。

(7)水利工程不确定性和风险性。由于水利工程主体认识、实践能力的有限性,不能完全预期工程推进过程中可能存在的问题,也不可能完美地做好工程中的每一件事情,从而造成工程中的不确定性与风险性,所以水利工程风险的本质就是工程活动本身因各种不确定性因素而存在的风险。工程行动的不确定性和风险性体现在多个方面:第一,由于工程活动会因实施场地和实际情况的不同而各不相同,所以过程中产生的不确定因素也是不同的。第二,像自然灾害、经济危机、战争、社会冲突等这一类的自然属性和社会属性也会造成不确定性。第三,工程在进行中也会受到政治上的影响。例如,民族矛盾,政权动荡,甚至是政府对该项目的有关政策,特别是对项目有制约或限制的政策都会对工程造成影响。第四,社会经济因素的不确定性。例如,某一在建工程项目所在地区的经济发展阶段和发展水平,地区的工业布局、经济结构,银行的货币供应能力和条件等。这些因素都是影响工程活动不确定性和风险性的因素,应该对工程活动中的不确定因素进行有效的控制,并减少和降低风险。

(8)水利工程的价值特征。水利工程社会经济效益高,与经济系统联系密切。水利工程活动能够最快最集中地将科学技术成果运用于工程建设,并对社会产生巨大而广泛的影响。这不仅影响社会、政治、经济和科技,也同样影响社会文化和道德。

水利是国民经济的基础设施和基础产业。按《水利工程建设项目验收管理规定》(2016年8月1日水利部令第48号修改),水利工程建设严格按建设程序进行。水利工程建设程序一般分为项目建议书、可行性研究、施工准备、初步设计、建设实施、生产准备到竣工验收、后评价等阶段。

水利工程建设项目管理实行统一管理、分级管理和目标管理。逐步建立水利部、流域机构和地方水行政主管部门及建设项目法人分级、分层次管理的管理体系。水利工程建设项目管理要严格按建设程序进行,实行全过程的管理、监督、服务。水利工程建设推行项目法人责任制、招标投标制和建设监理制，积极推行项目管理，使水利工程建设项目管理逐步走上法制化、规范化的道路，保证水利工程建设的工期、质量、安全和投资效益。

水利工程建设等级，不仅关系到工程自身安全，还关系到下游人民生命财产、工矿企业和设施的安全，对工程效益的正常发挥、工程造价和建设速度有直接影响。根据《水利水电工程等级划分及洪水标准》(SL 252—2017)，水利工程根据工程规模、水库总库容、防洪、防涝、灌溉、供水、发电分等指标，工程等别分为Ⅰ、Ⅱ、Ⅲ、Ⅳ、Ⅴ等别，永久性水工建筑物根据工程等别分为 1、2、3、4、5 级别，工程规模分为大(1)型、大(2)型、中型、小(1)型、小(2)型。《水利水电工程等级划分及洪水标准》(SL 252—2017)在 2000 年版基础上做了较大修订，尤其值得肯定的是在防洪分等指标项增加了保护人口数量指标。

水利工程枢纽建筑物拦河坝常用的有重力坝、拱坝、土石坝、支墩坝、碾压混凝土坝、堆石坝和浆砌石坝等类型。设计水工建筑物均需根据规范规定，按建筑物的重要性、级别、结构类型、运用条件等采用一定的洪水标准，保证遇到设计标准以内的洪水时建筑物的安全。

2.3　水利工程建设过程

系统科学是一门研究事物整体性及其赋存环境的学科，是一门从整体性的角度观察世界、研究事物、认识问题的学科。整体性是系统科学的核心内容。系统的整体性可以从整体内部的组成和结构、外部的属性和状态、在时空中的运动特征和演化过程来研究。整体不同于部分的简单叠加，整体存在于环境之中。系统方法就是把研究对象放在系统的形式中加以考察的一种方法。具体说就是从系统观点出发，始终着重从整体与部分之间、整体与外部环境相互联系、相互作用、相互制约的关系中综合地、精确地考察对象，达到最佳处理效果的一种方法。系统工程是可以应用到所有领域的科学技术方法，对于不同的领域，有不同的系统工程概念的应用。采用系统工程的方法研究复杂的大型水利工程，要将系统思想、系统概念、系统理论与方法贯彻到整体水利工程的建设和实践中。

水利工程系统指从项目建议书、可行性研究、施工准备、初步设计、建设实施、生产准备到竣工验收、后评价等水利工程建设的全过程。水利工程系统既包括水工建筑物，也包括建筑物与外部环境之间的相互联系、相互作用。

水利工程建设过程是一个动态的系统过程，系统本身相互影响而又自成体系，每个子系统存在本身的平衡关系，又与其他子系统之间相互关系、相互作用。水利工程系统包含自然资源系统，社会系统，工程规划、勘测、设计系统，施工系统，运行管理系统等。

自然资源系统主要包括土地、天然建筑材料、人力资源等。其中土地、建筑材料与自然界关系比较密切，而人力资源则与社会关系比较密切。自然资源系统本身又构成了自身的系统，如土地根据地形、地貌和地质条件，分为不同的类型，天然建筑材料根据水工建筑物的要求又分为岩石、砂砾、黏性土等，它们作为自然资源系统的子系统而存在。从资源与工程的互变关系上来看，自然资源系统是工程建设的物质基础，是工程建设的首要条件。工程建设的过程就是工程建设资源的组合过程，自然资源在工程建设过程中经过一定的组合变化形成建筑物实体，没有自然资源系统的物质基础就不可能有工程建设的发生。从物质形态上看，自然资源系统在工程实施过程中，在数量方面具有相对的稳定性，人们可以在工程实施以前通过一定的方法计算出某项工程所需要的资源总量。从资源与工程在功能上的相互作用上看，自然资源系统是人们对工程建设进行总体把握的基本条件，是人类对自然界确定性认识的基本条件，人们正是通过对工程项目所需要的自然资源的计算来衡量自己的行为所带来的后果，从而决定是否进行工程项目的建设。随着人类不断地消耗自然资源及人类社会自身矛盾的发展，人们越来越需要考虑自然资源系统对工程建设的影响，通过工程建设的和谐，实现自然资源消耗的和谐。

社会系统紧密约束水利工程的建设过程。它包括土地资源的社会系统、工程建设者与国家之间的社会系统、工程建设单位之间的社会系统、工程建设单位内部的社会系统等。工程建设用地属于整个社会系统的一部分，也属于工程项目自身社会关系的一部分，工程建设社会关系发生的前提是将土地从整体社会关系的系统里相对分离。工程系统本身属于社会系统的一个子系统，它和社会系统之间存在着辩证关系。水利工程系统深刻地影响着社会系统，是社会系统里非常重要的一个方面。由于水利工程系统属于社会系统的子系统，所以它就必须服从社会系统的基本要求。对于社会系统来讲，道德、政治、法律、习惯、风俗等都深刻地影响到人们对社会系统的控制，但最重要的控制是政治和法律对社会系统的控制。工程建设各方的社会系统产生的物质基础是水利工程建设本身的复杂性。水利工程系统需要借助多人的合作来完成，为了保证工作成果的准确性，工程建设的工作过程也比其他工作过程复杂。水利工程建设过程中人的群体之间形成了独立的社会系统。工程建设者各方的社会系统包括：投资人的作用在于为工程建设提供资金，资金是社会系统运行的动力；工程勘察设计者的作用在于为工程建设确定一个可以实现的理想状态；施工人员的作用在于使工程项目从理想状态变为现实状态；监理工程师的作用在于减少工程建设活动中出现的失误。工程项目社会系统各方以投资人为核心，形成了明确的分工，工程勘察、设计和施工对工程建设具有实质意义，而工程监理则对减少工程建设失误起到保障作用。对工程设计和工程施工者来说，他们付出劳动，需要从工程投资人那里取得报酬。从工程建设者之间的社会系统的构成要素来看，投资人与勘察、设计者及工程施工者之间的关系最为密切，因为上述群体构成的社会系统相对于整体社会系统而言具有一定的独立性。工程建设者内部的社会系统属于工程建设者之间的社会系统的子系统，工程建设者内部的社会系统也不仅仅属于工程建设者之间的社会系统的子系统，由于社会系统的复杂性，一个子系统可以从属于多个系统。

水利工程规划、勘察、设计是水利工程建设的重要环节，是建造水利工程的准备阶段。人类与其他动物的区别在于思想创造，只有创造了思想才能实施自己的思想。工程是人类智慧的结晶，而智慧反映在创造方面，创造的最初体现则是规划、勘察、设计。水利工程建设推动着人类文明，推动着科学技术的进步。

工程规划系统是工程勘察、设计的上一级系统，工程勘察、设计都应当服从工程规划。同时，工程规划系统又从属于社会整体系统，它与社会、经济、文化发展水平及工程技术发展的一定阶段相适应。水利工程规划主要是明确工程任务与综合利用要求，拟定总体布置，选择主要工程位置、工程形式、工程规模与主要参数，研究工程实施程序与运用方式，估算工程费用、工程效益，评价工程对环境的影响，并综合论证建设项目的必要性与合理性等。水利工程规划通常是在项目建议书、可行性研究阶段进行。由于拟建水利工程项目多是流域规划、河流规划或专业水利规划中总体方案的组成部分,对项目所在流域或地区中的地位、作用和其主要工程的有关参数等都已作过相应的规划研究,因此编制水利工程规划时,是在以往工作的基础上进行补充深入。重点研究以往存在的某些专门性问题,进一步协调好有关方面的关系,并全面分析论证建设项目在近期建设的迫切性与现实性,以便作为工程设计的基础,并为工程的决策提供依据。

水利工程勘察系统是在工程规划完成以后,为后续的工程设计提供工程地质方面的技术资料的工程建设系统。工程地质勘察主要是对水利工程建设场地及相邻地区进行地质调查和研究,查明与工程建设有关的工程地质条件,预测可能出现的工程地质问题,提出所需的防治措施与建议,为工程规划、设计和施工提供必要的地质资料。工程地质勘察是水利工程建设的基础工作,直接关系到工程的运行安全、建设周期和工程造价。主要内容包括区域地质,水库诱发地震、渗漏、塌岸、浸没及其他环境地质问题,坝址区水工建筑物地基承载力、渗透稳定性、抗滑稳定性和不均匀沉陷,地下洞室围岩类别及稳定性,库区天然边坡和坝肩开挖边坡稳定性,天然建筑材料,地下水赋存环境及水质评价等。水利工程地质勘察通常分阶段进行,一般按工程规模大小、重要性和地质条件复杂程度而定。依据《水利水电工程地质勘察规范》(GB 50487—2008),大型水利工程地质勘察宜分为规划、项目建议书、可行性研究、初步设计、招标设计和施工详图设计等阶段,中小型工程可适当简化,对河道堤防或地质条件简单的小型工程可不分阶段。各阶段的任务是:规划阶段要了解河流或河段的区域地质和各规划方案的基本地质条件,初步分析工程区的主要工程地质条件,普查天然建筑材料;可行性研究阶段要确定地震基本烈度,对区域构造稳定性作出结论,选择坝址并确定基本坝型,对库区坝址区主要工程地质问题作出初步评价,初查天然建筑材料;初步设计阶段要为主要建筑物确定轴线、形式,查明工程地质条件,对库区专门性工程地质问题作出评价,提出各项长期观测网的设计,详查天然建筑材料;施工详图设计阶段除补充必要的工程地质勘察外,主要是进行工程地质专门性问题的研究,完善长期观测和专项地质灾害监测系统,通过施工开挖核实地质资料并进行施工编录。

水利工程设计系统是综合水文、地质、水工、机电、电气、金属结构多个专业的综合系统。在工程地质勘察资料的基础上,将在工程勘察过程中得到的第一次实践经验与工程设计理论相结合,形成工程设计图纸,工程图纸是对工程建设项目新认识的表现形式。在工程施工过程中将工程图纸付诸实施,则是理论与实践的另一次结合。水利工程设计一般分为项目建议书、可行性研究、初步设计、招标设计、施工详图设计等阶段。项目建议书根据国民经济和社会发展长远规划、流域综合规划、区域综合规划、专业规划,按照国家产业政策和国家有关投资建设方针进行编制,是对拟建水利工程项目的初步说明。项目建议书按国家现行规定权限向主管部门申报审批。项目建议书被批准后,由政府向社会公布,若有投资建设意向,应及时组建项目法人筹备机构,按建设程序开展工作。可行性研究阶段:可行性研究应对项目进行方案比较,对在技术上是否可行和经济上是否合理进行科学的分析和论证。经过批准的可行性研究报告,是项目决策和进行初步设计的依据。初步设计阶段:初步设计是根据批准的可行性研究报告和必要而准确的设计资料,对工程进行最基本的设计。初步设计包括以下内容:取得更多更翔实的基本资料,进行更详细的调查、勘察和研究工作;确定拟建项目的综合开发目标;确定拟建工程的等别和主要建筑物的级别、形式、轮廓尺寸及枢纽布置;确定主要机电设备的形式和布置;确定总工程量;确定施工导流方案及主体工程的施工方法、施工总体布置及总进度;提出建筑材料和劳动力的需要量,编制项目的总概算;论证对环境的影响及环境保护,进行经济效益分析,阐明工程效益等。招标设计阶段:招标设计是为进行水利工程招标而编制的设计。水利工程项目均应在完成初步设计之后进行招标设计。其设计深度要求做到可以根据招标设计图较准确地计算出各种建筑材料的规格、品种和数量,混凝土浇筑,土石方填筑和各类开挖、回填的工程量,各类机械、电气和永久设备的安装工程量等。根据招标设计图所确定的各类工程量和技术要求及施工进度计划,可以进行施工规划并编制出工程概算,作为编制标底的依据。施工详图设计阶段:施工详图设计是在初步设计和招标设计的基础上,绘制具体施工图的设计。内容包括:对各建筑物(含机电、金属结构)进行结构和细部构造设计;确定地基开挖图,设计地基处理措施;确定施工总体布置及施工方法,编制施工进度计划和施工预算等;提出整个工程分项分步的施工、制造、安装详图。施工详图是工程现场建筑物施工的依据,也是工程承包或工程结算的依据。

施工系统与规划、勘察、设计系统具有类似性,即工程规划、勘察、设计系统是将人们的意识转变为物质形态的图纸,而工程实施系统则是将工程图纸所反映的意识性内容进一步转化为能够实现人们进行工程建设目的的工程实体。相对于工程规划、勘察、设计系统,工程实施系统具有更加复杂的构成方式;工程实施系统对工程质量和工程经济、工程安全具有实质性的影响。

水利工程关系到国民经济的发展和社会稳定,并在灌溉、防洪、供水、发电、航运、养殖等方面产生巨大的价值,有着其他工程不可比拟的特殊性,在国民经济的长期稳定发展中起着积极作用。从长远角度看,水利工程仍将具有较大的发展空间。然而,水利工程不同于其他工程项目,由于其建设周期较长,投资规模大,涉及相关部门多,牵扯人员复杂,在其建设和使用过中不可避免地受到两个方面的影响:一方面自然条件,如水文气象、地形和地质特征、自然资源等有着决定性影响;另一方面大型水利工程项目由国家指导建设,必将受到行业法律法规、当地经济发展水平、国家基建方针政策和其他资源市场条件的影响。水利工程具备开工条件后,主体工程方可开工建设。主体工程开工必须具备以下条件:①项目法人或者建设单位已经设立;②初步设计已经批准,施工详图设计满足主体工程施工需要;③建设资金已经落实;④主体工程施工单位和监理单位已经确定,并分别订立了合同;⑤质量安全监督单位已经确定,并办理了质量安全监督手续;⑥主要设备和材料已经落实来源;⑦施工准备和征地移民等工作满足主体工程的开工需要。

水利工程实施阶段,项目建设单位要按批准的建设文件,充分发挥管理的主导作用,协调设计、监理、施工及地方等各方面的关系,实行目标管理。建设单位与设计、监理、工程承包单位是合同关系,各方面应严格履行合同:①项目建设单位要建立严格的现场协调或调度制度,及时研究解决设计、施工的关键技术问题,从整体效益出发,认真履行合同,积极处理好工程建设各方的关系,为施工创造良好的外部条件。②监理单位受项目建设单位委托,按合同规定在现场从事组织、管理、协调、监督工作。同时,监理单位要站在独立公正的立场上，协调建设单位与设计、施工等单位之间的关系。③设计单位应按合同及时提供施工详图，并确保设计质量。按工程规模，派出设计代表组进驻施工现场解决施工中出现的设计问题。施工详图经监理单位审核后交施工单位施工。设计单位对不涉及重大设计原则问题的合理意见应当采纳并修改设计。若有分歧意见，由建设单位决定。如涉及初步设计重大变更问题，应由原初步设计批准部门审定。④施工企业要切实加强管理，认真履行签订的承包合同。在施工过程中，要将编制的施工计划、技术措施及组织管理等情况及时报项目建设单位。

工程运行系统包括工程实体系统、工程实体使用系统、工程实体管理系统。工程实体系统即建筑物系统，是由建筑物的各个组成部分所构成的在功能上相互联系的物质系统。工程实体系统是工程建设活动的结果，它来源于工程社会系统，而又服务于社会系统。人类的工程建设活动从社会系统开始，经过了辩证否定的过程，最终又由在工程建设过程中形成的工程实体系统服务于社会系统。不同的工程项目由于具有不同的功能而具有不同的工程运行系统，如对于建筑工程来说，其工程运行系统包括结构系统、建筑系统、装饰系统、供电系统、供水系统、排水系统、供暖系统等几个方面，这些系统与工程实体周围的环境系统相互协调。工程实体使用系统则包括工程设备系统、工程实体使用社会系统、工程实体使用方法系统等，它是工程实体发挥实质性作用的系统，如工业设备、技术工人、研发人员等，再比如水力发电设备、输电设备、变电设备等，与桥梁工程有关的如轨道设备、信号设备、列车、汽车等都属于工程实体使用系统。工程实体管理系统包括工程管理社会系统、工程管理设备系统、工程管理方法系统等，它是工程持续发挥作用的、与环境有关的有利因素，是人的主观能动性在工程建设领域的运用，如河道管理局对河堤的管理、物业管理公司对房产物业的管理、工程维修设备、工程维修设备使用方法、工程维修的基本程序、工程维修的资金来源等都属于工程实体管理系统。

水利工程系统之间具有一定的联系，社会资源系统为工程建设提供人力、物力和资源，社会系统是工程建设物质和能量运行的基本路径，而工程规划、勘察、设计系统与工程实施系统及工程运行系统则是工程建设过程作为一个整体必不可少的构成要素。水利工程系统中的社会系统是核心，它是工程与社会联系的纽带。社会系统动员了社会资源系统，是工程建设的基本推动力量。工程规划、勘察、设计、施工、运行管理系统不过是这种基本推动力量运动的表现形式，也可以说工程建设社会系统与自然资源系统是推动工程规划、勘察、设计、实施、运行的手段。社会系统本身具有自己的整体价值，社会系统的构成要素也具有自己的个别价值，这些价值都服从于更大的社会系统的价值。任何系统的运行都依据一定的规则，有些规则具有普遍性。

水利工程系统主体是兴水利、除水害，所以组成系统的物质形式是水及水工建筑物，这也是水利工程系统特有的属性，该属性用于区别其他工程系统。由于水利工程系统的表现物质形式“水”是大自然的一部分，所以该系统是自然系统的一个子系统。另外，水利工程系统的物质形式“水工建筑物”是人们改造自然的实践活动，所以是社会系统的一种表现，因此水利工程系统又是社会系统的一部分，它与国家的经济发展密切相关。综上所述，水利工程系统是一个与自然和社会密切相关的综合性的复杂系统，而这一系统也具有一般工程系统的所有特性。

水利工程系统的总目标是对自然界的地表水和地下水进行控制与调配,从而达到兴利除害的目的。兴建水利工程是除水害、兴水利最有效的工程措施。水利工程系统在时间上力求做到重新分配水资源,做到蓄洪补枯,以防止洪涝灾害和发展灌溉、发电、供水等事业,水利工程系统能够改善水域环境。从上面可以看出,水利工程系统是一个复杂的系统,在水利工程建设过程中面对一系列新的问题时,需要跨学科的理论和方法。

为了使水利工程系统更好地为国民经济建设服务,在水利工程建设过程中,需要密切追踪科学技术的最新成就,针对系统建设中可能存在的问题,创造和研究新理论、新材料、新工艺、新结构等,以提高系统的整体水平。

三峡水利枢纽工程系统主体结构元素由挡水建筑物、水力发电建筑物、通航建筑物及其他附属建筑物等组成;自然环境元素包括地理位置、地质条件、水文水资源情况、河流河谷情况等;社会人文环境包括周围居住人口数量、周围文物水位情况、重要城市距离、交通运输、当地政府财力等;组织管理元素包括设计能力、施工技术、组织管理、运行管理、维护、开发等。三峡水利枢纽工程系统是一个庞大而复杂的水利工程系统。挡水泄洪建筑物由混凝土重力坝的非溢流坝段和溢流坝段组成,坝轴线全长 2 309 m。非溢流坝段用来挡水,溢流坝段顶部装有弧形闸门,非汛期闸门关闭挡水,汛期闸门打开泄洪。最大坝高 181 m。水力发电建筑物由左右两侧各一座坝后式水电站厂房组成,两座电站厂房均紧靠混凝土重力坝的下游坡脚。左侧厂房内安装单机容量为 70 万 kW 的水轮发电机组 14 台,右侧厂房内安装同样容量的水轮发电机组 12 台,共安装 26 台,装机总容量为 1 820 万 kW。通航建筑物由双线五级连续梯级船闸、垂直升船机船闸和施工期通航用的临时船闸组成,双线五级连续梯级船闸每年下水货运通过能力为 5 000 万 t,垂直升船机船闸每次可通过一艘 3 000 t 级客轮,临时船闸每年下水货运通过能力为 1 000 万 t。挡水建筑物、水力发电建筑物及通航建筑物可分别看作三峡水利工程系统中的三个子系统。而挡水建筑物系统中又可分为非溢流坝段子系统和溢流坝段子系统等。因此,该系统不仅占有几何空间比较大,而且构成系统的主体结构元素非常多。多种不同用途的水工建筑物的综合体集中修建,这些水工建筑物之间相互影响、相互作用,从而集成了一个完整的水利工程系统。

2.4 水利工程决策过程

水利工程决策过程是水利工程系统中的重要环节,决策者依据国家总体规划及流域综合规划,开展前期工作,包括提出项目建议书、可行性研究报告和初步设计。由于水利工程项目的特殊性、重要性及复杂性,项目前期决策一般要经历一个较为漫长和不断调整变化的过程。通过几年甚至几十年坚持不懈的探索和研究,经历不同时期的流域综合规划、专题规划、论证,完成项目建议书、可行性研究报告等不同阶段的审查审批。

三峡水利枢纽工程建设周期长达 15 年,动态投资 2 039 亿元,由混凝土大坝、泄水闸、水电站、永久性通船闸、升船机等部分组成,整个工程不仅牵涉水利、土木、航运、机电、输配电等工程技术知识的综合运用,还涉及库区移民、环境保护、地质灾害、气候变化等诸多问题。三峡工程决策过程研究和论证工作时间之长,规模之大,研究和论证程度之深,问题的复杂和意见的分歧，在中外类似大型水利工程中都是罕见的。通过三峡水利枢纽工程的决策过程，可见水利工程决策过程的长期性、复杂性和科学性。

2.4.1　规划及项目建议书阶段

1919年，孙中山先生在他的《建国方略·实业计划》中就提出了开发三峡水力资源，改善川江航运的设想。1945年，国民政府与美国垦务局签约，准备利用美国资金建设水电站，并邀请垦务局总工程师、世界知名水利专家 John L. Savage 来华考察。John L. Savage 在三度实地考察三峡地区后，编写了《扬子江三峡计划初步报告》，认为三峡工程可行，建议在宜昌上游南津关附近修建一座高坝发电。中国先后派出50余名工程师赴美参加此项工作，后因与垦务局合约中止，三峡工程的有关工作也随之全部停止。

我国有关部门和广大科技工作者从20世纪50年代初开始，对三峡工程进行了大量的勘测、规划、设计和研究工作。1958年1月，党中央南宁会议期间，毛泽东主席听取了关于三峡工程的汇报，提出对三峡工程应采取"积极准备，充分可靠"的方针，并委托周恩来总理亲自抓长江流域规划和三峡工程。会后，周总理率中央和地方有关负责人和中外专家100多人查勘了荆江大堤和三峡坝址，途中主持会议，听取了各方面的意见。1958年3月，在听取了周恩来总理的报告后，党中央成都会议通过了《中共中央关于三峡水利枢纽和长江流域规划的意见》。成都会议后，进一步开展了三峡工程的前期工作，中国科学院和国家科学技术委员会组织全国多个单位近万名科技人员参加三峡工程重大科技问题的全国性协作研究。在大量科研成果的基础上，长江水利委员会先后完成了《初步设计要点报告》和《初步设计报告》草稿，建议采用大坝正常蓄水位的方案，并推荐三斗坪坝址。

20世纪60年代，由于国家经济困难，而且要备战，三峡工程一时难以实施。1970年年底，中央批准兴建葛洲坝水利枢纽，以缓解华中地区用电紧缺的局面，并为兴建三峡工程作实战准备。葛洲坝工程胜利建成，说明中国人民有能力在长江上建坝。党的十一届三中全会以后，党中央、国务院曾多次研究过三峡工程建设问题。1983年，长江水利委员会根据当时国内的经济情况，提出了正常蓄水位为150 m的低坝建设方案，经国家计划委员会组织的350多位专家的审查后，1984年4月，国务院原则上同意了这个方案。

2.4.2　可行性研究报告阶段

低坝方案获得批复，标志着项目从意向形成、预可行性研究正式进入项目可行性论证阶段。1984年国家计划委员会、科学技术委员会受国务院委托对三峡工程的水位进一步组织了论证，重点考虑了重庆市人民政府向国务院提出的将正常水位由150 m提高到180 m，即低坝方案改为高坝方案，以便万吨级船队能直达重庆港的建议。在此论证阶段，有很多人对修建三峡工程提出不同意见。1986年6月，中共中央、国务院发出《中共中央、国务院关于长江三峡工程论证有关问题的通知》(中发〔1986〕15号)，指出"三峡工程还有一些问题和新的建议需要在经济上、技术上深入研究"，"以求更加细致、精确和稳妥"，并要求水利电力部组织各方面的专家，在广泛征求意见、深入研究论证的基础上，重新提出三峡工程的可行性研究报告。按照15号文件的精神，水利电力部成立了三峡工程论证领导小组,对论证工作实行集体领导。全国人大财经委员会,全国政协经济建设组,国务院有关部门及四川、湖北两省政府,推荐了 21 位特邀顾问指导论证工作。领导小组下设 14 个专家组,聘请国务院所属 17 个部委,中国科学院所属 12 个研究所,28 所高等院校和 8 个省、市的 412 位专家,这些专家共涉及约 40 个专业。论证程序采取先专题、后综合,专题与综合交叉的办法。经过近三年的论证,到 1988 年 11 月,14 个专家组陆续提出了专题论证报告。论证得出总的结论是三峡工程对我国四个现代化的建设是必要的,技术上是可行的,经济上是合理的。推荐的三峡工程建设方案为"一级开发,一次建成,分期蓄水,连续移民",即坝顶高程为 185 m,初期运行水位为 156 m,最终正常蓄水位为 175 m,移民不间断地进行,20 年完成搬迁。论证领导小组责成长江水利委员会根据论证的成果,重新编制了《三峡水利枢纽可行性研究报告》。参加论证的专家中有 9 位专家有不同看法,未签字,并各自提出了书面意见。

1989 年 9 月,三峡工程论证领导小组向国务院报送了重新编制的《三峡工程可行性研究报告》。

2.4.3 综合评估及立项审批阶段

1990 年 7 月,国务院召开了三峡工程论证汇报会,听取论证情况的汇报和各方面的意见。大多数人赞成可行性研究报告,也有的提出了不同的意见或疑问,会议决定成立国务院三峡工程审查委员会,对可行性研究报告进行审查。审查委员会决定分专题进行预审,然后由审查委员会集中审查。10 个预审组共聘请了 163 位专家,这些专家多数未参与原来的论证工作,专家组认真研究了各方面提出的一些疑点、难点和不同意见,于 1991 年 5 月提出了预审意见。1991 年 7 月 9 日,审查委员会听取了预审组的预审意见,一致认为在重新论证的基础上编制的可行性研究报告,研究深度已经满足可行性研究阶段的要求,可以作为国家决策的依据。1991 年 8 月,审查委员会召开最后一次会议,一致通过了对三峡工程可行性研究报告的审查意见,认为三峡工程建设是必要的,技术上是可行的,经济上是合理的,建议国务院及早决策兴建三峡工程,并提请全国人民代表大会审议。

1991 年 10 月至 1992 年 2 月,全国人民代表大会常务委员会、中国人民政治协商会议全国委员会及相关省、部、委组织了考察团,针对三峡工程相继进行了范围广泛的实地考察调研,提出了调研报告。

1992 年 1 月 17 日,国务院常务会议认真审议了审查委员会对三峡工程可行性研究报告的审查意见,同意呈报中央,提请全国人民代表大会审议。

1992 年 2 月 20 日,中共中央总书记江泽民主持政治局常务委员会第 169 次会议,邹家华副总理汇报了《国务院对〈三峡工程可行性研究报告〉的审查意见》。会议原则上同意了国务院关于审查意见的汇报,并请国务院根据会议讨论的意见,对建设三峡工程的有关问题做进一步研究后,将兴建三峡工程的议案提交全国人民代表大会七届五次会议审议。

1992 年 3 月 16 日,国务院总理李鹏向全国人民代表大会提交了《国务院关于提请审议兴建长江三峡工程的议案》。3 月 21 日,邹家华受国务院委托在会议上做《国务院关于提请审议兴建长江三峡工程的议案》的说明。

1992年4月3日,第七届全国人民代表大会第五次会议对兴建三峡工程的决议进行表决,以1 767票赞成、177票反对、664票弃权、25人未按表决器的结果通过。决议批准将兴建三峡工程列入国民经济和社会发展十年规划,由国务院根据国民经济发展的实际情况和国力、财力、物力的水平,选择适当时机组织实施,对于已发现的问题要继续研究,妥善解决。第七届全国人民代表大会第五次会议通过兴建三峡工程的决议,标志着项目完成了立项审批。经历了70多年的决策论证过程,三峡水利枢纽工程才完成了决策阶段的全部工作。

三峡工程决策过程中水库正常蓄水位的确定对工程具有全局性的影响,是三峡工程论证的核心问题之一。根据正常蓄水位的不同,可以形成低坝方案和高坝方案,不同的蓄水位方案,对淹没区域、移民、航运、生态环境、文物保护、投资概预算、综合经济评估、枢纽建筑设计、电力系统、泥沙等具有重大的影响,甚至起着决定性的作用。高水位将会显著地提高长江中上游的通航、防洪和发电能力,但同时也会使淹没区域扩大,移民数量增加,枢纽建筑规模增大,文物保护范围、生态环境保护规模、投资规模等都相应提高。在三峡工程决策论证的过程中,首先对正常蓄水位进行论证,采取一个各方都基本认可的方案,在此基础上再进行其他专题的论证,然后综合各专题结论,对正常蓄水位进行再次论证,最终确定最优方案。民国时期主要采取高水位方案开展工作,1981年以前也主要以200 m高水位方案进行各项工作,改革开放后则采取了低水位的保守方案。由于1984年重庆市交通部门对长江中上游的通航能力提出异议,1986年三峡工程重新进行论证,最终确定了正常蓄水位175 m、坝顶高程185 m的高坝方案。水库正常蓄水位和坝顶高程在决策过程中不断地进行修正,三峡水库正常蓄水位和坝顶高程论证变化过程如图2-1所示。

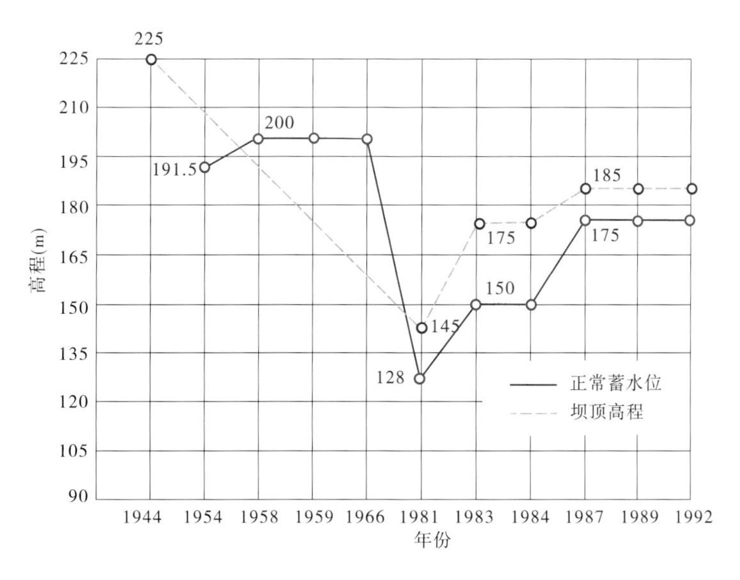

图2-1 三峡水库正常蓄水位和坝顶高程论证变化过程(卢广彦,2011)

2.4.4 小浪底水利枢纽工程决策过程

小浪底水利枢纽工程决策过程经历了34年。1953年由水利部黄河水利委员会(简称黄委)组织力量进驻小浪底坝址开展勘探和测量工作,拉开了小浪底工程论证研究的序幕。1958年8月,黄委设计院提出《小浪底工程设计任务书》,确定小浪底工程以发电为主,综合利用。1976年6月,黄委提出《黄河小浪底水库工程规划报告》。1984年8月,水利电力部组织专家审查了黄委设计院编制的《黄河小浪底水利枢纽可行性研究报告》,同意小浪底工程的开发任务为以防洪(包括防凌)、减淤为主,兼顾供水、灌溉和发电。1984年9月至1985年10月,黄委设计院与美国柏克德公司进行小浪底工程轮廓设计。1985年年底,黄委向国家计委呈报《小浪底水利枢纽工程设计任务书》,国家计委委托中国国际工程咨询公司进行评估。1987年2月,国务院批准国家计委呈报的《关于审批黄河小浪底水利枢纽工程设计任务书的请示》,小浪底水利枢纽工程正式立项。

1988年8月,水利部将《黄河小浪底水利枢纽初步设计报告》呈报国家计委。1991年12月,水利部将《关于黄河小浪底水利枢纽初步设计中几个问题》上报国家计委。1993年3月,国家计委以计农经〔1993〕459号文《关于黄河小浪底水利枢纽工程初步设计的复函》批复:根据国务院领导同志的批示,原则同意小浪底水利枢纽工程初步设计优化方案。

黄河小浪底水利枢纽(见图2-2)工程建设总工期11年。前期施工准备工作于1991年9月开始,1994年4月完成,并通过了水利部组织的验收。1994年9月,主体土建工程开工。1997年10月通过了国家计委和水利部组织的截流前阶段验收,实现高标准、高质量截流。1999年10月25日下闸蓄水,2000年1月9日首台机组并网发电,2001年12月31日6台机组全部投入运行,标志着小浪底水利枢纽主体工程全部完工。2009年4月7日通过了国家发展和改革委员会及水利部组织的竣工验收。

图2-2 黄河小浪底水利枢纽

2.5 水利工程系统风险

风险概念涉及许多不同的领域,人们对风险有不同的定义。《韦氏词典》将风险定义为:面临着伤害或损失的可能性。国际地质科学联合会将风险定义为:对健康、财产和环境不利条件的概率及可能后果的严重程度。1997年,加拿大标准协会提出了风险的直接定义,即以概率为衡量标准进行的对由于工程失事造成的人员伤亡、财产损失、环境影响、健康损失及其他损害等后果的评价。

水利工程系统风险是指水利工程系统在每一个建设阶段存在的可能结果与预期目标之间的差异,或者是水利工程系统在建设过程中发生的实际结果偏离预期有利结果的可能性。风险具有自然属性、社会属性和经济属性。

2.5.1 水利工程系统风险的特征

水利工程系统风险的特征可概括如下。

(1)客观性。造成人类社会损坏的各种事件,无论是自然界中的洪水、地震、台风,还是社会领域的战争、瘟疫、意外等,都是不以人的主观意志而存在的客观事物。同样,与之相联系的风险也是由客观事物的自身规律所决定的,存在着真值,是可以为人类所认知的。风险的客观存在性是不以人的主观性为转移的。由于人们的认识水平与客观事物之间存在着差异,水利工程建设过程中认知不足是客观存在的。而科学技术的发展也是人们在实践过程中慢慢探索出来的,当遇到特殊的工程地质条件或不确定的自然因素时,水利工程系统的建设过程中也就存在风险。

(2)普遍性。客观事物虽然具有其各自的运动规律,但事物之间却又相互联系、相互影响、相互制约、相互作用,具有普遍联系性。同样,与之相联系的风险也广泛存在,所研究的客观事物在任何时间、地点都具有风险,其普遍性不容否认。

(3)动态性。风险的动态性是指在一定的条件下,风险会发生变化的特性。任何事物都处于运动变化发展过程中,这些运动变化必然会引起相关联的风险变化,因此风险具有动态性。

(4)不确定性。指事件出现和发生的结果是不确定的,或在事件出现或发生之前不能预测其结果,需要用不确定性理论和方法进行分析和推断。从数学角度来分类,工程中的不确定性主要包括随机性、模糊性和灰色性。随机性是指由于事件发生的条件不充分,在条件与事件之间不能出现必然的因果关系,从而事件出现与否表现出不确定性;模糊性是指事物本身概念模糊,即一个对象或事件是否符合某一概念难以严格界定;而灰色性则反映的是结构分析或设计中所需信息的不足或知识的局限性,这些信息和知识甚至是矛盾的和不可靠的。目前,在这三种不确定性中,对随机性的研究比较充分。概率论、数理统计和随机过程是进行随机性描述的基础,模糊性风险分析理论正处在不断的研究和发展之中。而灰色性尚无可行的数学分析方法,人工智能中工程经验的学习和推理,是目前研究灰色性的主要手段。从工程背景来分类,不确定性主要包括:荷载的不确定性、材料参数的不确定性、几何尺寸的不确定性、初始条件和边界条件的不确定性和计算模型的不确定性。由于人们对自然规律认识的局限性,对自然河道的水文及洪水的预测是在多年水文资料统计规律的基础上进行的,对流域上尚未发生的特大洪水无法确定,对坝址区地震的评价也不完全准确,这些因素都会造成水利工程系统的失效。而且水利工程系统风险的发生时间、发生的部位都存在着不确定性。

(5)风险与效益的双重性。风险和效益是相辅相成的,风险是效益的代价,效益是风险的报酬,这就是风险与效益的双重性。水利工程系统建设的目的是要发挥工程效益。效益增加,工程的风险相对就比较高,效益降低,工程的风险也随之降低。如水库正常蓄水位设计较高,水库总库容增加,水库上下游水位差较大,发电量也比较多,灌溉的面积也比较大,通航能力增强。但是由于大坝建设比较高,上游的高水位对大坝产生的静水压力比较大,大坝受到的荷载比较大,大坝在运行的过程中风险也随之增加,并且将增加工程投资和建设周期。水利工程系统的风险和效益是并存的、不可分离的。因为只有敢于承担一定的风险,才能使得水利工程系统尽可能多地发挥综合效益。因此,如何管理水利工程系统的风险,使之控制在一定的范围内的同时并获得水利工程系统的高收益,是水利工程系统建设决策的首要问题。

2.5.2 水利工程系统风险的类型

水利工程系统风险按来源可分为自然风险和人为风险。

(1)自然风险。水利工程系统在建设过程中系统内部结构元素和外部自然因素之间存在着相互联系、相互制约的作用,而外部的自然因素往往是难以控制的。例如,作用在水工建筑上的荷载包括:自重、水压力、扬压力、动水压力、波浪压力、土压力及泥沙压力、冰压力、地震荷载等,这些荷载与自然紧密联系。如水压力受流域天然来水量的影响,扬压力与坝址的地质构造、地层岩性等相关,波浪压力和冰压力与气候变化有关,土压力及泥沙压力与流域含沙量及河道水流速度相关,地震荷载关系到地球内部的长期运动过程。这些自然因素的变化往往会使水利工程系统主体结构内部的元素具有不稳定性,而这种不稳定性对于整个水利工程系统而言是一种自然风险因素。

(2)人为风险。如果说水利工程系统中存在的风险因素很难控制,而在水利工程系统建设过程中人为因素相对来讲是可以控制并可以规避的。人为风险因素包括行为风险、经济风险、技术风险、政治风险和组织风险等。

行为风险:是在水利工程系统构建过程中由人为的过失、疏忽、侥幸、恶意等造成的系统风险。例如,施工过程中监理工程师不到位,致使施工方因节省材料或采用的材料质量不达标而引起的工程质量问题。在水利工程完工投入运行后,因施工质量不合格而引起大坝蓄水后无法承受原来的设计荷载,出现坝踵拉应力或者大坝稳定不满足要求的情况,从而使得整个水利工程系统不能正常运行。

经济风险:水利工程施工过程中需要大量的建筑材料,如钢材、原木、汽油、柴油、炸药、不同强度等级的普通硅酸盐水泥、砂石料、块石等,而这些建筑材料的价格浮动是受市场影响的,市场的浮动往往影响到整个水利工程系统的建设投资。在设计规划阶段也会对市场上建材价格的浮动做出评估,并给出浮动的范围,但是当遇到金融危机等经济突发事件时,市场的变化已经超出了人们的原有预期,这种风险往往是水利工程系统是否能够投入建设的决定因素。

技术风险:技术风险是指水利工程系统在设计或者施工过程中遇到了以前实践过程中没有遇到的特殊问题,而这些问题的解决需要技术上的支持。例如,三峡水利枢纽工程五级船闸的设计、施工及船闸两岸山体边坡的变形、稳定性问题,小浪底水利枢纽工程坝基深厚覆盖层处理、左岸洞室空间布置等许多技术方面的问题,都是世界水利工程没有先例或超出现有科学理论的难题。解决这类问题遇到的风险均属于技术风险。

政治风险:国家政府对水利工程系统建设相关政策和法规的变化,导致系统整体产生的意外情况。随着科学技术的进步和对社会、生态、环境保护意识的增强,我国水利工程行业的标准规范不断修订完善,都朝着有利于水利工程系统正常运行的方向发展,这对系统的整体运行是正面的,这种政策方面的变化降低了整个水利工程系统的风险。

组织风险:组织风险包括内部风险和外部风险,内部风险是由各部门对项目的理解、态度和行动不一致引起的。例如,设计单位对水利工程系统的主体结构功能产生分歧,从而导致设计方案不是最优的设计方案。外部风险是指水利工程各方关系协调不利引起的风险。例如,设计单位、施工单位、工程建设监理、政府主管部门等之间协调出现问题,引起整个水利工程系统的风险。

水利工程系统规模大,投资多,建设周期长,参与工程建设的单位多、人员多。工程勘测、设计、施工、运行和管理涉及项目投资方、勘测设计单位、施工单位、监理公司、材料供应商、当地政府等。而这些单位代表着不同的利益体,利益不同,角度不同,因此投资方、业主、承包商、监理、保险公司等承担的风险后果也是不同的。应进一步研究水利工程系统的风险识别、风险管理等问题,提出适合水利工程系统评估的指标,建立水利工程系统风险评价模型,实现不同系统、不同方案风险的比较,从而选择风险最低的方案,降低水利工程系统的风险。

2.5.3　水利工程系统风险的危害

水库大坝作为重要的水利工程基础设施,在水资源管理、防洪减灾中发挥着至关重要的作用。随着我国经济发展对水资源需求的增大,其作用也将越发明显。水库大坝在发挥重要作用的同时,因其自身安全性所导致的溃坝洪水风险问题,也给相关地区带来潜在的安全隐患,尽管事故发生的概率非常小,但其失事后果严重,破坏性大,可能造成巨大的生命、财产和环境损失。

解家毕等(2009)针对所收集的国内 1954 ~ 2006 年发生的溃坝案例,分别从溃坝历史时期、坝高、坝型、溃坝原因等水利工程风险方面进行了统计与分析,并与国际上其他国家溃坝统计分析成果进行了比较,对我国溃坝率高的原因及其主要溃决模式进行了分析。截至 2006 年年底,我国已建成各类水库 85 874 座。1954 ~ 2006 年,我国共有 3 522 座水库溃坝,平均年溃坝数约为 84 座。按年代划分,1954 ~ 1990 年,共有 3 260 座水库溃坝,年均约 88 座;1991 ~ 2000 年,共有 227 座水库溃坝,年均约 23 座;2001 ~ 2006 年,共有 35 座水库溃坝,年均 6 座。从统计分析可以看出,我国历史上出现了两个溃坝高峰期:一个是 1960 年前后,即 1959 ~ 1961 年,共计溃坝 507 座;另一个高峰期在 1973 年前后,仅 1973 年就溃坝 554 座。20 世纪 90 年代以来,特别是 2001 年后,年溃坝数量明显减少。

按坝型划分收集到的全国水库溃坝案例中,不同坝型的溃坝数和百分比为:土坝3 253座,所占比例为93.00%;浆砌石坝35座,所占比例为1.00%;堆石坝32座,所占比例为0.91%;混凝土坝12座,所占比例为0.34%。按坝高分类的溃坝比例为:坝高为10~20 m的溃坝数量最多,占总溃坝数的50%以上;坝高小于10 m的溃坝数量次之;坝高大于50 m的发生溃坝的很少。根据国际大坝委员会分类:坝高15~30 m为低坝,坝高30~60 m为中坝,坝高大于60 m为高坝。我国已发生的溃坝事故中,坝高小于15 m的占55%,坝高15~30 m的溃坝数量为31%。

国际大坝委员会第99号专题报告表明:1900~1951年世界各国共建各种大坝5 286座(不含中国大陆),其中溃坝117座,溃坝率为2.2%;1951~1986年共建大坝12 138座,其中溃坝59座,溃坝率为0.49%。比较国内和国际的溃坝率可以看出,同一时期国内的溃坝率明显高于国外,即使不考虑施工和停建阶段溃决的大坝,国内的溃坝率也高于国际平均水平。2001~2006年,全国共溃坝262座,溃坝率为0.31%,基本与国际上相当。

从各种破坏原因来看,漫顶是最主要的原因,占47.85%,其中由超标准洪水导致漫顶破坏的占12.91%,由泄洪能力不足导致漫顶的占34.94%,绝大多数溃坝是20世纪50~70年代修建的,由于当时可参照的水文系列资料短,对水库防洪库容和泄洪能力估计不足,再加上技术水平有限和没有意识到后果的严重性,许多水库设计和建设标准低。所有溃坝中均质土坝所占的比例超过90%,渗流、坝体尺寸不足导致失事是最主要的原因。其他薄弱环节,包括新老坝体接触面、溢洪道与坝体接触处、涵洞与坝体接触处、坝体新老接合面等。

1952年,美国陆军工程师团收集了美国206座土坝溃坝事故资料,对溃坝原因进行了详细统计分析,漫顶造成的溃坝占溃坝总数的30%,坝体渗透破坏造成的溃坝占溃坝总数的25%,土坝上下游坝体坡面滑坡破坏造成的溃坝占溃坝总数的20%,沿管道渗漏破坏造成的溃坝占溃坝总数的13%,其他原因造成的溃坝占总数的12%。1985年年底,美国已建5 450座大中型水库,出现危及坝体安全事故的有306座,占水库总数的5.61%,溃坝为89座,占水库总数的1.63%。

Teton坝位于美国Idaho州的Teton河上,是一座防洪、发电、灌溉等综合利用工程。大坝为土质心墙坝。最大坝高126.5 m,坝顶高程1 625 m,坝顶长945 m。左岸为发电厂房,装机16 MW,右岸布置有3孔槽式溢洪道。

岸坡坝段心墙材料为含黏土及砾石的粉砂,上游坡为1:1.5,下游坡为1:1。坝体心墙底部采用深33.5 m齿槽切断冲积层,槽体用粉砂土回填。心墙下游面有一排水层,由砂及卵石材料填筑,但在心墙与砂层之间无过渡层。心墙底部与冲积层以及齿槽填土体与岩壁之间均无过渡层。在槽底沿坝全长设帷幕,为单排孔灌浆帷幕,灌浆孔距为3.05 m。两岸齿槽下为3排孔灌浆帷幕,外侧两排孔距均为3.05 m,中心排孔距6.10 m。

水库于1975年11月开始蓄水。1976年春季库水位迅速上升。拟定水库水位上升限制速率为每天0.3 m。由于降雨,水位上升速率在5月达到每天1.2 m。至6月5日溃坝时,库水位已达1 616.0 m,仅低于溢流堰顶0.9 m,低于坝顶9.0 m。在大坝溃决前2天,即6月3日,在坝下游400~460 m右岸高程1 532.5~1 534.7 m处发现有清水自岩石垂直裂隙流出。6 月 4 日上午，坝下游 60 m 高程 1 585.0 m 处出露渗水，至晚 9 时，监测表明渗水并未增大。6 月 5 日晨，该渗水点出现窄长湿沟。稍后在 7 点，右侧坝趾高程 1 537.7 m 处发现流浑水，流量达 0.85 m^3/s，在高程 1 585.0 m 处也有水出露，两股水流有明显加大趋势。上午 10 点 30 分，有流量达 0.42 m^3/s 的水流自坝面流出，同时听到炸裂声。上午 11 点，在桩号 14 +00 附近水库中出现漩涡。11 点 30 分，靠近坝顶的下游坝出现下陷孔洞。11 点 55 分，坝顶开始破坏，形成水库泄水沟槽（见图 2-3）。

图 2-3 Teton 坝溃决

由于岸坡坝段齿槽坡度较陡，岩体刚度较大，心墙土体在齿槽内形成支撑拱，拱下土体的自重应力减小。有限元分析表明，由于拱作用，槽内土体应力仅为土柱压力的 60%。在拱的下部，贴近槽底有一层较松的土层。因此，当库水由岩石裂缝流至齿槽时，高压水就会对齿槽土体产生劈裂而通向齿槽下游岩石裂隙，造成土体管涌或直接对槽底松土产生管涌。

我国目前已建成大、中、小型水库 9 万多座，居世界第一位，在防洪、灌溉、发电、航运、供水、改善生态环境等方面发挥着巨大作用，是我国防洪、减灾、保安全工程体系的重要组成部分，也是保障国民经济可持续发展的重要基础设施。水库大坝多修建于 20 世纪中期，建设标准偏低，工程质量较差，其中存在不同程度病险的大坝总数超过 3 万余座。这些带病运行的大坝，不仅难以发挥应有的工程效益，而且容易酿成溃坝灾难，严重威胁下游人民生命财产、国家基础设施及生态安全。1998 年长江、松花江大水后，中央加快了病险水库除险加固步伐，10 年间共完成 3 458 座病险水库的除险加固工作。2007 年 12 月召开的中央农村工作会议上，党中央、国务院确定用三年时间基本完成全国大中型和重点小型病险水库的除险加固任务，在已完成 2 300 座病险水库的除险加固基础上，又确定了 6 240 座病险水库作为三年的除险加固重点，其中大型 86 座、中型 1 096 座、小型 5 058 座，总投资 510 亿元。

工程建设将带来工程风险，在工程风险的分配中，风险分配的不公正会引发社会的不平等和非正义。因此，公正地分配工程风险是工程伦理学的重要课题，要把德性主义转换为一套具体可操作的行为规范、伦理原则等，指引工程活动中的人的价值取向。

第3章

水利工程共同体

水利工程具有流域系统性和综合性、建设条件复杂性、施工长期性、后果严重性和投资规模大等显著特点,不同于一般的建筑工程。水利工程共同体是水利工程建设过程中组成的有层次、多角色、分工协作、利益多元的复杂工程活动主体,是工程共同体的特例。水库移民是水利工程共同体的重要组成部分,同时水库移民也是水利工程建设的决定性因素之一,在水利工程共同体中水库移民的伦理责任十分鲜明。

3.1 共同体的含义

共同体一词的英文单词是 community,其衍生的概念非常宽泛:一是公社、村社、社区、集体、村落及生物学的群落、群社;二是共有、共用、共同体、共同组织;三是共性、一致性、类似性。这三层意思恰好反映出共同体作为“人群共同体”的各种形式和组织方式,表明共同体具有某种性质,以及其成员具有某种共同的东西,如共同的活动、共同隶属于同一组织机构或社群等。

德国社会学家滕尼斯最早提出了共同体的概念。他在 1887 年出版的《共同体与社会》中,阐明了人类群体生活的两种结合类型:共同体与社会。共同体是基于传统的血缘、地缘和文化等自然形成的人类结合体,人们拥有亲密无间的、与世隔绝的、排外的共同生活。人们有着共同的价值观和传统,它代表人类社会中古老的、传统的社会联结。共同体即人们在传统的和自然的感情纽带基础上的一致性和相互融洽。这种基于自然的意志而形成的结合形式是一种持久的和真正的共同生活。而与共同体相对应的社会这种结合形式则是社会分工的结果,它总是和劳动分工及契约联系在一起,是人们基于某种目的的联合。因而,共同体应该被理解为一种生机勃勃的有机体,而社会应该被理解为一种机械的聚合和人工制品。

伴随着西方现代文明的进展,传统社会中的那种休戚与共、相互依恋的社群性亲密关系遭到裂解,但是如果共同体播撒的种子不能存活下来,那文明即将衰落。在滕尼斯的理论框架里,共同体作为一个美好的概念,承载了一种对前工业社会基于血缘、亲情、共同习惯和传统纽带的共同体的眷恋。社会生活一是个人意识的相似性,二是社会劳动分工,而由相似性个人意识组成的集体意识是机械团结的精神基础,社会分工则是有机团结的物质基础。机械团结的社会基于所有群体成员的共同感情和共同信仰组成,强烈的集体意识将同性质的个体结合在了一起,而有机团结的社会基于功能上的耦合而连接起来,个体通过自己的专业和别人发生关系。原始社会或传统的共同体是机械团结的典型。机械团结的传统社会并不是有机体,社会分工基础上的现代社会才是有机体。有机团结的现代社会集体意识或者群体性价值、规范、习惯、情感会以分化的形式继续存在于不同层次。

英国社会学家鲍曼(2003)从现代性的视角讨论了共同体的现代意蕴。随着启蒙运动和现代化进程的不断推进,传统的共同体持续弱化,甚至其存在价值遭到质疑。所谓的个体解放却使人处于不安定的、碎片化的生活之中,没有归属感,社会呈现出一种单子化的状态。共同体是一种充满温馨的良好感觉,一个温馨的家,在这个家中,彼此信任、互相依赖。其基本功能是为其共同体成员提供生活的某种确定性和安全,而身居其中的成员则维系着一种紧密的社会关系,相互依存、信任和互助。然而,共同体并不是一个获得和享受的世界,而是一种热切希望栖息、希望重新拥有的世界。共同体成为人们追求更美好的生活和丈量现实社会变迁的一种理想形态。鲍曼的共同体所指广泛,它指社会中存在的、基于主观或客观上的共同特征而组成的各种层次的团体、组织,既包括小规模的社区自发组织,也可指更高层次上的政治组织,而且还可指国家和民族这一最高层次的总体,即民族共同体或国家共同体。20世纪初,社会学由欧洲传到美国,美国没有欧洲大陆深厚的文化传统,加上城市中各地移民具有不同的种族及语言文化背景,使得美国社会学研究很快把研究焦点放到了城市问题上。而如何研究城市问题,将城市生活和传统生活作比较是一个很自然会被选择的途径,除此,透过对某个地理范畴的人群聚落,尤其是不同种族的移民群体深入了解,则成了另一个研究途径。欧洲的共同体概念研究,在美国,由社会学研究逐渐演变成城市社会学中的社区研究。芝加哥学派的城市社区研究中,社区有着两种不同的意义:一方面是文化生态学中,在一定地域范围内被组织起来的生物群体,彼此生活在一个共生性的相互依存的关系中,并对这一地域范围内的资源展开竞争;另一方面,则主要是指城市移民或贫民的社会实体,如犹太人社区或贫民社区,在这些社区中,可以把地域群体内在的联系作为一种手段,让社区成为一个解决城市移民自身问题的方法,这是重建共同体的思路的体现。两种社区的含义构成了芝加哥学派的理论张力。在这种张力下,社区研究一是强调把社区视为一个特定地域范围内的群体研究,二是将其作为城市移民内在的社会关联进行研究。

从滕尼斯、鲍曼到芝加哥社会学派,欧美的第一代社会学者清楚地意识到一种新的生活方式正在形成,它是倾向个人主义及利益的结合,人与人之间的关系不再是同甘共苦的传统群体。现代工业社会可以透过职业团体的伦理及社会分工所产生的依赖关系加以整合。这样的工业社会使得个人获得更大的自主,同时也依附在社会秩序上,所以对共同体的研究不集中在整体社会关系上,而集中在更小的社会结构或群体中。

20世纪70年代后,在个人社区及社会网络成为另一种社区互动论后,美国社会学者以各种实证的方法去测量邻里之间的联系度,确定邻里群体是否还有互相支持,这使得社区的概念逐渐演变为一种社会网络的分析。90年代,社区研究不再只是争议定义、社会体系互动关系如何、场域的界定,而是把社区的研究提升到现代社会中一个公民对参与社区生活的积极与否。这不只是超出了滕尼斯的社会联系类型论,也超越了城市社会学对社区一般社会功能的分析,使社区成为参与式民主精神的基地。

随着传统社会向现代社会变迁,人类社会的交往范围不断扩大,社会联络网络深刻变动,人们对共同体概念内涵和外延的理解也在发生着变化。作为社会学的一个基础概念,共同体自被提出及流传以来,出现了许多有分歧的定义,由研究问题意识及研究途径不同所致。很显然,对共同体问题的研究可以激发不同的思考,形成不同的知识脉络与传统,从而使它成为当代社会科学中一个最重要的概念。

共同体概念的演变,不仅与其理论脉络有着紧密的关系,而且还与特定的时代和社会背景相关。共同体的定义和概念多达几百种,一般分为三类。一些学者强调地域性、自然生成性等原初特征,将在特定物理空间形成共同风俗、信仰、习惯和社会记忆当成共同体的基础,如邻里、村庄、城市等。而另外一些学者则在现代化和公民社会的语境下,把现代社会任何基于共享的价值、道德、种族、身份、遭遇、兴趣等形成的相对聚合、持续关系的人群都视为共同体,而不论其是否在特定的地理区域产生,如种族共同体、职业共同体、宗教共同体等。还有人把共同体视为一种心理状态,被认为存在于致力于实现共同目标的人类集体之中。尤其是互联网出现以后,跨地域空间的社会联系和聚合引起了越来越多的学者的关注,共同体的主要内涵和要素开始转向社会网络和社会资本。正是由于这种分歧的存在,在研究具体经验现象时,必需对共同体概念的使用要有深刻的把握和明确的界定。

Hillery(1955)研究了已发表的94个共同体的定义,结果表明除了人包含于共同体这一概念之外,有关共同体的性质,并没有完全相同的解释。

3.2 工程共同体的概念及组成

3.2.1 工程共同体的概念

李伯聪(2008)最早在国内提出工程研究、工程社会学学科建设和工程共同体的概念,认为工程共同体是工程社会学的核心概念。工程共同体是指集结在特定工程活动下,为实现同一工程目标而组成的有层次、多角色、分工协作、利益多元的复杂工程活动主体的系统,是从事某一工程活动的个人"总体",以及社会上从事工程活动的人们的总体,进而与从事其他活动的人群共同体区别开来。这就是说,工程共同体是现实工程活动所必需的特定人群共同体。该共同体是有结构的,由不同角色的人们组成,包括工程师、工人、投资者、管理者和其他利益相关者。工程共同体划分为工程活动共同体和工程职业共同体两种基本类型。工程活动共同体的组织形式或实体样式为各类企业、公司或项目部,它们是工程活动共同体的现实形态,并以制度的、工艺的、管理的方式或者以物流为基础的人流表现为一定的结构模式;工程职业共同体的组织形式为工程师协会或学会、雇主协会、企业家协会、工会等,它的显著功能在于维护职业共同体的整体形象及其内部成员的合法权益,尤其是经济利益,确立并不断完善职业规范,以集体认同的方式为个体辩护。

工程活动自古以来就是人们集体从事的活动,在工程建设过程中,从事工程活动的人们必须结成一定的关系,才能有目的、有计划、有组织、有步骤地展开工程,使工程活动表现出显著的社会性和集体性。这种社会性和集体性在科学技术迅猛发展的巨大牵引力下,意味着当代工程活动是集体行动的结晶。工程作为一项集体的,乃至全社会的活动过程,不仅有工程师的倾力加盟,而且还有投资者、管理者、决策者、工人、使用者等诸多层次人员的参与。可见,工程活动的主体不仅仅是个体的工程师、技术工人,也不是单纯的投资人、企业、政府,而是由多元、异质的角色构成的组织。工程活动共同体是基于工程活动过程而形成的业缘群体,是指为实现同一工程目标而集结于特定工程活动下,有层次、多角色、多元异质的工程活动主体所构成的组织。

工程活动的本质是行动而不是思想,是实践而不是设计,行动是在一个长长的复杂链中发生的。工程共同体作为工程活动中的行动者,通过集体行动的方式实现行动者的目标和利益诉求,并形成了行动者之间复杂的网络性互动关系。工程活动的集体性表现为个人的权力变得更加渺小,而变得更加伟大的无疑是集体的权力,集体性主体使无数个别行动者融入其整个工程行动当中。工程共同体集体行动既不同于工程共同体成员的个体行动,也不同于工程共同体内部群体的行动,而是工程共同体组织作为整个个体的行动,是体现集体理念的工程共同体行动。工程共同体集体行动在具体工程实施过程中,表现为人与人构成的行动之网的良性互动。

由于工程活动不是个体化的目的性行为,而是群体化的、有目的性的社会行动,工程主体的多元构成意味着个体之间存在互为主体性的交往行为、规范调节行为。一方面,工程作为工程共同体集体行动的产物,是由多个环节相互作用而形成的一个系统。首先是明确工程目标,其次是围绕目标做出具体的规划和设计,再次是工程实施阶段,最后是工程的完工和使用,所有这些过程缺一不可。在这些过程的具体实践中,工程共同体成员之间的分工与协作逐渐形成组织中人的行动网络的良性互动,塑造着工程共同体集体行动。另一方面,工程共同体集体行动也贯穿于工程全过程,离开工程共同体集体行动,工程便不复存在(陈雯, 2014)。

人类把握世界的三个基本维度是科学、技术和工程,这三种活动的产生和发展,都有赖于它们各自的活动共同体,即科学共同体、技术共同体和工程共同体。

科学共同体是从事科学事业的科学家群体。在科学共同体的维系机制上,科学共同体通过科学交流维系其存在,科学家参与成果交流的各个环节并对科学成果进行评价、分配、承认,保证科学这一社会系统的有效运行。

技术共同体是基于技术专家、工程师与科学家一样需要交流的意义上提出的,是在一定范围与研究领域中,由具有比较一致的价值观念、知识背景,并从事技术问题研究、开发、生产等的工程师、技术专家和技术人员通过技术交流所维系的集合体。这个集合体同样是相对独立的,有自身的评价系统、奖励系统等,可以不受外界的干扰。技术共同体的表现形式有很多,如国际技术共同体、国家技术共同体、行业技术共同体等。

工程共同体是指集结在特定工程活动下,为实现同一工程目标而组成的有层次、多角色、分工协作、利益多元的复杂的工程活动主体的系统,是从事某一工程活动的个人及社会上从事工程活动的人们的总体,进而与从事其他活动的人群共同体区别开来。工程共同体是现实的工程活动所必需的特定的人群共同体,该共同体是有结构的,由不同角色的人们组成,包括工程师、工人、投资者、管理者等利益相关者。

3.2.2 工程共同体的组成

工程共同体主要是由工程师、工人、投资者、管理者、其他利益相关者组成的。工程共同体的复杂性不但表现在它存在着复杂的内部关系,而且表现在它与社会的其他共同体存在着复杂的外部关系。

在工程共同体内部,各个成员和组成部分之间既存在着各种不同形式的合作关系,又不可避免地存在着各种形式和表现程度不同的矛盾冲突关系。在工程共同体的内部网络与分层关系中,既存在着合作与信任、领导与服从类型的关系,也可能存在着歧视与不信任、摩擦与拆台之类的关系。通过共同体成员和内部各组成部分之间的协调、谈判、博弈,工程共同体既可能成为一个和谐的或比较和谐的共同体,也可能是一个内部关系比较紧张甚至濒临瓦解的共同体。此外,在工程共同体的外部关系方面,也存在着类似的复杂情况。

工程活动共同体可以具体承担和完成具体的工程项目,是由各种不同成员所组成的合作进行工程活动的共同体。如果没有工人、工程师、投资人、管理者就不可能完成工程活动,可是如果仅仅有工人或工程师或投资人或管理者,也都不可能进行和完成具体的工程活动。在现代社会中的一般情况下必须把工程师、工人、投资者、管理者以一定的方式结合起来,一般以企业、公司、项目部等形式组织起来,分工合作,才可能进行实际的工程活动。如果没有企业、公司、项目部等组织和制度形式,工程活动是不可能进行的,于是,它们就成为工程共同体的第二种类型的组织形式和制度形式。

工程职业共同体和工程活动共同体的组织形式在性质及功能上都是有根本区别的。工会和工程师学会等职业共同体的基本性质与功能是维护本职业群体成员的各种合法权利和利益,它们不是而且也不可能是具体从事工程活动的共同体;而企业、公司、项目部等工程活动共同体的基本性质和功能是把不同职业的成员组织在一起具体从事工程活动,它们要兼顾不同职业群体的权利和利益,而不能仅仅代表某一个职业群体的权利和利益。

李伯聪(2008)认为工程活动共同体的维系纽带主要是:①精神 - 目的纽带,更具体地说就是某种形式或类型的共同目的,它有可能仅仅是一个共同的短期目标,也有可能是长远的共同目标,甚至是共同的价值目标和价值理想;②资本 - 利益纽带,资本不但是指货币资本(金融资本),更是指物质资本(特别是指机器设备和其他生产资料)和人力资本,而这里所说的利益则是指经济利益和其他方面利益的获得与分配等;③制度 - 交往纽带,包括共同体内部的分工合作关系、各种制度安排、管理方式、岗位设置、行为习惯、交往关系、内部谈判机制等;④信息 - 知识纽带,包括为进行工程建设和保持工程正常运行所必需的各种专业知识、知识库、指令流、信息流等。

工程活动共同体由工程师、工人、投资者、管理者和其他利益相关者等组成。

李伯聪(2006)对工程师这个词语的历史演变及工程师这个职业的历史发展进行了一些考察。18 世纪,工程师被用来称呼蒸汽机的操作者。法国第一个工程师的职业组织成立于 1672 年。1755 年出版的《詹森词典》把工程师定义为“指挥炮兵或军队的人”,

1828年出版的《韦氏词典》将工程师解释为“工程师是有数学和机械技能的人,他形成进攻或防御的工事计划和划出防御阵地”。对比这两本词典的词语解释,值得注意的是,后者不那么强调工程师是操作者,而更加强调工程师是能“形成计划”的人——尽管只限于军事防御工事方面。第一本工程手册是18世纪炮兵用的工程手册,第一个正式授予工程学位的学校于1747年在法国成立,也是属于军事的。1802年成立的美国西点军校(U. S. Military Academy at West Point)是美国的第一所工程学校。

John Smeaton(1724—1792年)是第一个称自己为civil engineer的人。1742年,他到伦敦学习法律,后来参加了皇家学会,开始研究科学。18世纪50年代后期他从事建筑事业,重建了Eddystone灯塔(见图3-1),原灯塔位于风化的前寒武纪片麻岩上,在英格兰Rame Head南14 km处。1768年,他开始称自己为civil engineer,以便在职业来源和工作性质上都与传统的军事工程师相区分。

图3-1　Eddystone灯塔

职业工程师的出现和形成是近现代社会经济发展、工程活动规模扩大、科学技术进步、社会分工细密的结果。人们看到,中世纪的工匠在近现代进程中发生了一个意义重大的职能和职业的分化。在现代的工程活动中,由于工匠的分化和许多其他因素与过程的共同作用,逐渐形成和出现了现代社会中的工人、工程师、资本家、管理者等不同的阶级或阶层。工程师的社会作用和地位问题绝不是工程师一己私利或小团体私利的问题,它是一个事关产业兴衰和工程师职业能否有力吸引优秀青少年的大事。我们应该深入研究和正确阐明工程师的社会作用和地位,应该使工程师像企业家和科学家一样在社会中获得应有的声望,我们应该从理论研究、政策导向、教学教育和舆论宣传等多个方面来扭转当前实际存在的某种程度轻视工程师的现象。

在现代经济和社会制度下,工程师受雇于不同类型的公司,这种公司雇员的身份和位置,使工程师在接受公司薪金时顺理成章地接受和认可了自己要忠诚于受雇公司这个伦理原则。忠诚于雇主就成为了工程师的一个重要职业伦理规范,而这个职业伦理规范又难以避免地使工程师在形成自己的职业自觉意识、独立的职业责任和真正的社会责任时,曾经出现过游移不定的现象。而在工人、资本家、科学家、政治家这些职业中却没有出现类似的现象。

工人是工程活动共同体中不可或缺的基本组成部分。在马克思主义理论中无产阶级和工人阶级是同一个概念,无产者和工人也是基本相同的概念。工程活动过程划分为三个阶段:计划设计阶段、操作实施阶段和成果使用阶段。从工程哲学和工程研究的角度来看,虽然我们不应把工程的三个阶段强行分割,但在现实生活中,确实又存在着许多仅仅停留在设计阶段而没有实施的工程设计方案,如果一项活动仅仅停留在设计或设想阶段,那么它就不是一项真正的工程活动。在一定的意义上需承认当工程进入实施阶段时,才成为了一个实际的工程。因此,在工程的三个阶段中实施阶段才是最本质、最核心的阶段,甚至可以说,没有实施阶段就没有真正的工程。这个实施行动或实施操作是由工人进行的,工人是工程共同体中一个关键性的、必不可少的组成部分。

工人是工程共同体中在一个或多个方面都处于弱势地位的弱势群体。从政治和社会地位方面看,工人的作用和地位常常由于多种原因而被以不同的方式贬低。轻视和歧视体力劳动者的思想传统至今仍然在社会上有很大影响,社会学调查也表明当前工人在我国所处的经济地位和社会地位都比较低。从经济方面看,多数工人不但是低收入社会群体的一个组成部分,而且他们的经济利益常常会受到各种形式的侵犯。近年引起我国广泛关注的拖欠农民工工资问题就是严重侵犯工人经济利益的一个突出表现。从安全和工程风险方面看,工人常常承受着最大和最直接的施工风险,由于忽视安全生产和存在安全隐患,工人的人身安全甚至生命安全常常缺乏应有的保障。

工人是劳动者的一个组成部分,是工程共同体的一个组成部分。从古代的手工工匠到现代的产业工人,再到未来生产模式和未来社会中的工人,工人在社会中的地位和作用及工人自身的水平和特点,都在不断地发生变化。我们不但要关心工人眼前的、现实性的种种问题,而且要研究历史性的和面向未来的问题。马克思高度关注工人的全面发展,现代社会中已显现普通工人向知识化、专业化方向逐步迈进的趋势,具有十分深远的社会和历史意义。

工程师与工人的关系是设计者、技术指导者、技术管理者与操作者的关系,而工程师与投资人的关系则是雇员与雇主的关系。工人和工程师都是被雇佣的劳动者,工程师是白领的知识劳动者,工人是蓝领的体力劳动者。工程师必须拥有专业性很强的工程知识,而工人大部分只拥有操作能力,这些形成了工程师与工人之间的界限。

对工程活动的本性和工程师的社会作用等重大理论问题的研究尚不完善。许多人都习惯性地把技术理解为科学的应用,又把工程说成是技术的应用,于是工程的独立地位就被否定了,工程被视为科学的二级“附属物”。在这种观点的影响下,有些人只承认科学的创造性,而几乎完全否认了工程活动中的创新性和创造性。在许多人的心目中,工程活动只是一种乏味的、执行性的、没有创造性的活动,而这种对工程活动和工程师工作性质的严重误解正是产生许多“派生误解”的重要原因。如果不能明确地从理论上解决工程活动的创造性、创新性问题,工程活动是很难不被误解为科学的二级“附属物”的。

工程活动是科学、技术、经济、社会、管理、制度、政治、伦理、心理、美学等许多要素的集成。对工程活动,不但要进行社会学角度的研究,而且还要开展经济学、管理学、哲学、伦理学等其他方面的研究。目前,除了工程社会学的研究外,还存在着工程科学、工程哲学、工程管理学、工程经济学、工程伦理学、工程心理学、工程美学等工程活动方面的研究。

科学活动的主要推动者是科学工作者组成的科学共同体，工程活动是包括政治、经济、文化、环境、科技、伦理等诸多要素在内的多维统一体，涉及决策者、投资者、工人、工程师、管理者、运营商等多元利益主体，工程活动是各主要利益相关者博弈的结果。因此，工程共同体这一范畴是否存在，即工程涉及的主要利益相关者之间能否形成一种共同体式的关系。田鹏等(2016)将工程共同体与科学共同体相比较，认为：①工程职业共同体是工程从业者的职业群体的有机联合，最常见的表现形式是协会或学会，但很难想象各协会之间会进行共同体式的社会互动，反而会出现利益冲突的现象，如旨在保障工人利益的工会与旨在维护资本家利益的雇主协会之间更多的是一种独立的关系，而非共同体式的关系。工程活动共同体是基于某一共同的项目而形成的利益相关者的联合体，最常见的表现形式是项目部，不同利益相关者对项目的利益诉求是不同的，甚至会发生利益冲突。②工程职业共同体和工程活动共同体是两个不同范畴的概念，前者的表现形式是职业或职业共同体，是一个中观范畴的概念；而工程活动共同体的表现形式是实施某一具体项目的组织，是一个微观范畴的概念。③工程共同体论并不能很好地分析工程社会影响。一方面，项目具有一定的周期性和阶段性，项目的立项、设计、施工、运营、评估等不同阶段涉及的主要利益相关者都在不断发生变化，如设计阶段主要利益相关者是设计单位，施工阶段则变为施工单位，而评估阶段的主要利益相关者是评估单位，运营阶段则变为运营单位，因此项目社会影响分析首先要包含时间维度；另一方面，不同类型的项目影响区域分布是不同的，例如，交通项目的影响区域呈“带状”或“线性”分布，而新能源项目，如建一座火力发电厂，其影响区域呈“块状”分布，同时，同一项目不同阶段的影响范围和受影响人群也会发生变化，如铁路、高速公路、公交系统等交通基础设施项目的不同阶段影响的区域和人群是不一样的，因此项目的社会影响分析也必须包含空间维度。但工程共同体能否很好地分析工程活动的社会影响是值得探讨的。

3.3　水利工程共同体的内涵

水是生命之源、生产之要、生态之基。兴水利、除水害，事关人类生存、社会进步，历来是治国安邦的大事。

我国人类社会的发展轨迹，首先是从治水开始的。大禹和先贤的治水，带来了华夏民族的聚合，带来了中华民族的振兴和发展。探索人类治水的历史，人类治水也首先是从水利工程的建设起步的。从防洪工程、灌溉工程、航运工程到供水工程，水利工程由点到面、由小到大迅速发展，哪里有人类生存，哪里就有水利工程。在辽阔的祖国大地上，既留下了像都江堰、京杭大运河这样名扬千古的古代水利工程，也增添了像三峡、小浪底、南水北调这样举世瞩目的现代水利工程。水利工程已经成了防洪安全的关键屏障，供水安全的主要源泉，生态安全的重要支撑。水利工程记载着人类社会发展的历史，也承载着人类社会发展的未来。水利工程是人民群众劳动智慧的结晶，也是人类社会赖以生存发展的重要依托。随着人类社会的迅猛发展，水利工程的过度建设，常常违背大自然的自身规律；水资源的过度开发，常常让自然生态不堪重负；建好的水利工程疏于管理，常常难以发挥正常的效益，不能良性循环。面对这样的残酷现实，人类在认知水利工程重要定位的前提下，也开始校正自身的治水思路。中国共产党第十八次全国代表大会明确提出要推进国家治理体系和治理能力的现代化。习近平总书记也提出了“节水优先、空间均衡、系统治理、两手发力”的治水思路。遵循这一思路，现代水利工程治理就是要以人水和谐为目标，从设计、建设到管理各环节，坚持创新、协调、绿色、开放、共享的发展理念，统筹处理好社会发展、自然生态、人类生存的关系，充分发挥水利工程防洪安全、供水保障和生态环境的综合效益，开拓出一条具有鲜明时代特色的现代水利工程治理新路径。

水利工程技术人员按照工作分工一般分为六类：①勘测，库区坝址区测量、勘察、搜集有关的水文、气象、地质、地理、经济及社会信息资料；②规划，根据社会经济系统的现实、发展规律及自然环境，确定除水害兴水利的总体规划部署；③工程设计，根据掌握的有关资料，利用科学技术，针对社会与经济领域的具体需求，设计水利工程（水利枢纽及水工建筑物）；④工程施工，结合当地条件和自然环境，组织人力、物力，保证按时完成建设任务；⑤工程管理，实现水利工程系统各项兴利除害的总目标，利用现代管理技术，对已建成的水利工程系统进行合理调度，保证该系统的正常运行，并实时对工程的设施进行安全监测、维护及修理、经营等工作；⑥科技开发，密切追踪科学技术的最新成就，针对水利工程建设中存在的问题，创造和研究新理论、新材料、新工艺、新型结构等，以提高水利工程的科学技术水平。

水利工程建设的全过程是一个系统活动，受到社会、经济、政治和自然环境的制约与影响。社会经济条件决定了水利工程的功能要求及资金、人力的投入量，自然环境条件将影响可能动用的物力资源、结构形式及工作特点。

从参加单位来看，水利工程共同体一般由项目法人（或政府机构）、施工单位、勘测设计单位、监理单位、第三方检测单位、设备材料供应商、运行单位等组成。参加工程活动的人员一般有工程师、工人、投资者、管理者、移民和其他利益相关者，水库移民是不同于一般工程共同体的组成部分。

3.4　水利工程移民

水利工程移民是由于水库淹没、工程建设和搭建施工临时设施等占用土地，需要原有土地的居民搬迁，对原有土地进行征用导致的人口迁徙及迁徙之后的社会重建，是综合涉及土地、房屋、企业、人口和社会经济的综合性迁移。1949 年以来，我国先后修建了许多大中型水库及水利工程设施，工程移民达 2 300 万人以上。目前，我国水利事业仍在高速发展，还将出现大量移民，需要妥善安置。倘若移民问题得不到妥善解决，将会引起更大的影响社会和经济发展的重大隐患。

移民有多种分类方式。根据利益效益原则将移民分为开发性、补偿性和虐夺性移民；根据起因分为工程移民、港口移民、城市移民等；根据移民意愿分为非自愿移民和自愿移民等。

水利工程移民涉及的土地较多，人口社会关系复杂，通常风险的种类及影响范围不是单一的、相互独立的。水利工程移民风险更是相互关联、互为因果、相互制约又相互发展的。某一个风险的产生通常伴随着其他风险的出现,将会导致更多的风险问题,而一种风险的降低也会带动其他风险的减弱。因此,在对风险进行管理时,要综合把握各种风险的相互联系,系统完整地解决风险问题。工程移民可能引起的风险涉及经济、政治、社会、环境和生态等方面,具有多样性。水利工程移民风险不仅体现在工程建设期和移民安置区范围内,其在建设期、使用期、甚至在更为长远的时间内都会对社会产生长远的影响,对迁入地、迁出地及与此相关的地区都将具有广泛的影响。

水利工程建设过程中必将有移民风险的伴随。其产生的主要原因是移民行为对社会、经济产生的不确定影响和由此产生的严重后果。将移民风险作为迁入地区社会问题和地区冲突的提前表现和预示。移民规划安置工作预期目标与实际情况的误差,导致了移民风险的存在。为更好地处理移民问题,消除或减弱移民风险,需要对水利工程进行移民风险分析和评价,并根据评价结果在不影响工程建设使用的同时,制定相关预防和规避措施,减小和减弱移民风险。因此,在进行水利工程移民之前,首先要分析可能影响到工程进展的各种移民风险的类别,预先评价各种风险级别,有针对性地采取相应措施,尽量降低损失,保证水利工程的顺利进行。

我国关于移民工程的研究起步较晚,虽然发展较快,但依然存在各种先天不足和后天缺乏问题,这使我国在水利工程移民理论层面的研究落后较多,我们仍需要学习国外的先进理念,并通过系统研究不断完善移民理论。我国现阶段的移民安置工程主要存在以下问题:

(1)移民后的土地赔偿问题。土地是兴建水利工程的基础元素,同时也是水利工程移民安置工作中最难得到补偿的关键点。水利工程建设本身是为了服务于社会而采取的对自然资源的再分配和重新利用,在这个过程中,衡量水利工程价值的主要因素是自然资源的使用。从社会学角度出发,兴建水利工程必将造福于人类生活和社会发展。从移民角度出发,为了水利工程的建设占有当地居民赖以为生的土地,迫使移民非自愿的迁移,使其为社会发展作出重大牺牲,在其后期的土地赔偿中应该给予适当合理的补偿。能否获得有保障意义的土地损失补偿是移民最为关心的问题。20世纪80年代前,移民安置主要采取就地后靠方式,搬迁前大多移民居住在河谷地带,耕地肥沃,生活相对宽裕;搬迁后,由于水库掩没、自然灾害、基础设施建设占用等原因,人均耕地面积比搬迁前减少,部分以土地为生的移民生计难以可持续。移民异地安置时,由于多方面原因,补偿的耕地比淹没土地质量差。

(2)移民后期扶持范围问题。移民在迁移后期经常面临各种生活危险,土地的缺失直接导致各种生活风险的上升。因此,应当对移民的生产生活进行必要的跟踪帮扶。对帮扶程度及帮扶力度范围等问题的不清晰,直接影响到帮扶效果。我国一些专家学者就帮扶的力度范围等问题进行了研究。帮扶力度范围的规定直接影响到移民后期的生产生活,移民之后其生产、生活习惯必将随着土地等资源条件的改变而发生转变。这种改变对移民的身心都有重大影响,因此应对移民后的生产生活进行针对性的帮助与扶持。土地不仅是一个群众的聚居地,更直接关系到移民的生活习惯、生产方式等,因此确定帮扶力度与强度也是关系到社会稳定的重要因素,体现了社会发展的公平性。结合水库建设影响因素,通过对移民帮扶力度范围的规定,做好相关政策的制定和实施工作。确保享受帮扶的人口能够按照国家相关规定确立,并按有关规定提供足够的帮扶资金,并纳入移民安置相关条款进行约束。

(3)移民后续帮扶方式方法问题。为了更好地满足移民利益,应当从组织、人员、经费、制度等环节落实移民的后续帮扶。认真研究论证库区的地理条件、历史状况、法律规定、执行情况等问题,将改善生态移民作为移民工作的关键点,推动移民安置的公平公正,达到社会的和谐、稳定。各项水利工程建设征地中大部分为农业用地,移民工作的重点应当是对移民后的农业用地进行妥善安置,努力寻求解决移民生产生活问题的各种途径。在进行农业用地补偿时,应当考虑移民对新环境的适应和原生产习惯,将移民生活质量作为影响移民工作好坏的总目标。国家现有的关于移民的法律法规在一定程度上保障了移民的权益,但在移民安置管理方式上的不足直接导致了移民的不稳定。移民资金是各方都比较重视的因素,因此对移民资金的使用和监督管理成为重中之重。能够尽快恢复移民原有的生产生活方式,使其达到或接近原有生活水平,是移民工作的难点。

(4)移民城镇就业困难问题。有些移民村地处偏僻,资源有限,绝大部分移民主要从事农业生产,生活来源主要靠种田、养殖、种植等,农业生产经营缺乏规模、标准、组织化经营,同时移民缺乏现代农业技术,生产方式单一,经济效益较低。移民安置按照限定条件和整户搬迁原则,势必会出现年龄偏大、贫困、疾病等弱势群体进入城镇的现象。由于移民平均受教育年限偏低、就业技能较差、适应生产方式和生活环境变化的能力较弱,他们难以在短时间内全面实现身份转换,难以顺利实现转移就业和全面融入城镇新生活。

(5)移民安置区基础设施不完善问题。水利工程移民安置区大多地处偏远山区,特别是部分库区没有修建完善的沿库公路、跨水库桥梁或码头,移民出行不便。部分移民安置区地形、地貌及地质条件复杂,生态环境脆弱,自然条件差,环境容量小,特别是山洪、泥石流、崩塌、滑坡等山地自然灾害频繁发生,这些因素加重了移民恢复生产生活和可持续生计的困难。

(6)移民可持续发展问题。20 世纪 80 年代以前,世界各国特别是发展中国家基本上都实行安置性移民,即按照水库淹没实物指标发给移民一次性的补偿,移民搬迁以后的生产生活由移民自己解决。安置性移民模式中劳动力配置的决策主体是政府,劳动力转移的动力是行政驱动,即通过行政动员,淹没区居民从大局出发搬出家园,政府对居民损失给以等价补偿;劳动力安置方式基本上是简单的复制式安置,提倡劳动力从农村到农村、从农业转到农业,没有形成多渠道、多层次安置移民并促进劳动力向非农业转移的发展理念。移民是为了满足工程建设的需要,移民的目标应当是工程目标,安置性移民与工程建设脱节,移民生产、生活安置与区域经济发展脱节,移民补偿与工程效益脱节。这种行政推动的补偿性移民模式未能从根本上解决移民的长期生活和生产问题,不能保证移民的可持续发展。特别是在发展中国家,由于经济欠发达,移民补偿少,产生的移民遗留问题较多。

经过 50 多年的努力,我国在水利工程移民安置方案编制上取得了一些成绩,有些方面甚至处于世界领先地位。由于我国水利事业的蓬勃发展,我国在世界水利史上有着举足轻重的地位。伴随着多项水利工程的建设,我国初步建立起了有关移民的法律法规体系,需要在此基础上进一步完善和健全法律法规,明确移民工程的管理方案,使移民工程的稳定实施向健康有序的方向发展。

水利工程移民安置不能简单、粗心、鲁莽地进行，应认真分析移民性质，从全面、客观、公正的角度考虑移民问题，应当由政府主导、合理补偿及妥善安置工程移民。这是一种衡量效益之后，满足主要及大众利益的自愿与非自愿相互结合的移民行为。搬迁移民经安置后，对一些较贫困移民有改善生存环境、提供发展机会的效果，能够在一定程度上起到脱贫致富的作用。尽管这样，在具体的移民安置实施中，也要特别注意移民对生产生活方式的改变及对风俗习惯的尊重，同时注意对已有财产的保护及补偿，做到合理合法，不失社会公允。

工程移民伦理问题是重大的社会问题。工程移民具有较强的破坏性，且时间长、规模大，冲突尖锐，影响社会稳定，甚至造成社会动荡。移民问题的实质在于为建设水利工程做出最大牺牲的人们应不应该、能不能得到合理的补偿。移民也是水利共同体的重要组成部分，许多移民不仅没有享受到水利工程带来的好处，反而为此做出了牺牲，当然应该得到合理的补偿，有权过上更好的生活，不能因移民而使生活下降。这是贯彻以人为本思想，构建社会主义和谐社会的道德准则。

移民安置要建立促进库区可持续发展的思想。在规划、实施及移民后期扶持等政府行为中从库区实际情况出发，选择合理科学的开发性移民安置方式，将移民投资作为开发资金，开发本地资源，调整库区经济结构，重新分配资源，发展生产力，为移民谋求一条新的生产、生活出路，促进库区社会经济的可持续发展。实行就地安置与异地安置、集中安置与分散安置、政府安置与移民自找门路安置相结合的政策，并且要理顺移民管理体制，健全管理机构，合理管理移民经费，加强人才培养和干部培训，加强环境保护，维护生态平衡，发展库区特色经济。

水利工程移民工作要有移民参与。在与移民利益相关的决策制定、实施过程中，强调移民的参与，将移民的知情权、监督权渗透到移民过程的始终，移民的各项权益也将得到更好的保护。①淹没实物调查分析阶段的参与：村组代表、移民和产权人将共同参与实物调查、测量、登记和统计工作。村组代表对集体土地及财产，移民和产权人对其拥有的房屋及其他财产进行确认，并签字、盖章。②移民安置规划编制过程中的参与：地方政府提出移民安置规划初步方案，初步确定移民去向和选择移民安置点后，广泛地征求淹没区及安置区乡政府和村民的意见，组织移民代表考察安置点，发表意见，最后由政府决策形成移民安置方案。对于村、组和移民提出的移民安置方案，也要经过实地查勘、分析论证和协商，最后做出决策。③移民安置实施过程中的参与：在直接涉及移民权益的诸项工作中，强调移民的参与及协商，商议的内容包括移民的具体安置去向和安置点的选择与确定、移民补偿资金的兑现、安置区的土地调整、移民村生产用地的分配、宅基地的分配、移民居民点及房屋的重建、村级移民资金的管理等。在组织实施水利工程移民过程中，强调通过大众传媒宣传、移民申诉和与移民座谈等方式，实现与移民的沟通、协商，确保移民参与和移民工作的顺利开展。

第4章

水利工程方法论

4.1 工程方法论

4.1.1 工程方法论的概念

工程方法论是工程哲学的重要研究领域和组成部分,对于深化和拓展工程伦理学研究具有重要意义,也是亟待开掘的跨学科研究领域。在跨学科视野下从方法论智慧层面对工程实践的历史、现实和未来进行系统参照,以准确提取位于工程方法背后的深层次逻辑和规律及工程实践的独特精神智慧,指导工程创新和发展。

李伯聪(2014)认为方法论是在分析、概括、总结各种各样的具体方法的基础上形成的理论概括和理论认识。方法论的理论不是凭空而来的,它是各种各样具体方法的理论总结和理论升华。一方面,方法论并不等同于各种各样的具体方法;另一方面,方法论研究又不能脱离各种各样的具体方法,方法论的内容具有现实性,方法论不是凭空而来的空中楼阁。

就国内外方法论研究的现状而言,虽然哲学方法论、科学方法论、技术方法论等领域都有不少研究成果,但总体而言,方法论的研究仍然是一个薄弱环节。如果说科学方法论、技术方法论、法律方法论领域的研究已经是薄弱环节,那么,工程方法论的研究就更加是薄弱领域中的薄弱区域了(李伯聪,2014)。

2014 年 4 月举办了中国工程院第 178 场论坛,本次论坛是关于工程思维与工程方法论的研究思路、研究内涵及其意义的框架性研讨。具体围绕以下几个内容展开了讨论:①工程思维与工程方法论研究的意义与价值;②科学方法论、技术方法论与工程方法论的关系;③工程方法论研究的立足点;④工程方法论研究的层次问题;⑤工程方法论的基本内涵。

科学、技术、工程三元论中的科学、技术、工程是三种不同的活动,它们有不同的性质和特征。一方面,三者有密切联系,不能忽视或轻视它们的联系;另一方面,它们的活动在本质上又有区别,不能把三者混为一谈。三者各有自身不同的方法论,即科学方法论、技术方法论和工程方法论。这三种不同的方法论之间存在着既有密切联系又有明显区别的关系。现代工程活动中使用了许多科学方法,特别是技术方法,与此同时,工程活动中运用了千变万化、因地制宜的工程方法,这些是科学方法、技术方法所不能涵盖的,这就使工程方法论成为一个与科学方法论、技术方法论并列的研究领域。各种各样的工程方法,需要通过分析、总结、概括形成工程方法论的理论系统,使其成为与科学方法论、技术方法论并列的领域。

工程方法论是工程活动方法的理论,对工程方法论的研究必须从工程活动的基本特征出发。工程方法论既是工程哲学的组成部分,又是方法论的组成部分。一般认为,工程是为了创造人工实物,在特定的自然环境和社会条件下,有计划、有组织地建造某一特定人工物,是构建一个新的人工存在的集成过程、集成方式和集成模式的统一。因此,工程活动体现着自然界与人要素配置上的综合集成和建构,以及与之相关的决策、规划、设计、施工、运行、管理等过程。工程的基本特征决定了工程方法论必然会涉及诸多方面的方法与方法论,如需求目标的选择与决策,要素选择与配置优化,相关要素间的整合、集成与结构化,动态运行与功能优化,适应环境与效率化运行,价值评估,环境优化与生态评估等。

4.1.2　工程方法论的研究对象

工程方法论最基本的研究对象是工程活动及其工程方法。由于工程本体论揭示了工程活动的根本性特性,这也就理所当然地要成为工程方法论的重要理论基础,离开了这个理论基础,就不可能把工程方法论建设成为一个有理论、有方法、有特色、自成系统的学科分支。

工程方法论可分为哲学工程方法论、一般工程方法论和具体工程方法论三个层次。哲学工程方法论是根据工程的基本内涵和特征来研究一般意义的工程方法论;一般工程方法论则是对具有专业性、行业性的不同专业领域工程方法的研究;具体工程方法论是对具有当时当地性的具体工程项目的工程方法研究。因此,工程方法论是在分析、概括和总结不同类型的具体工程方法和工程方法论的基础上形成的理论概括和理论认识,工程方法论离不开具体的工程方法,同时又不等同于具体的工程方法。

工程活动是一个现实生产力的实现过程,其内在特征是集成和构建。集成、构建是指对构成工程的要素进行识别和选择,然后将被选择的要素进行整合、协同、集成,构建出一个有结构的动态体系,并在一定条件下发挥工程体系的功能、效率、效力。工程活动集成、构建的目标是为了实现要素的协同、持续优化,但工程活动的实际过程和效果往往是非常复杂的,因而是需要组织管理的。在认识和评价工程问题时,不但必须要重视目的问题,而且必须要高度重视对工程活动的过程及其效果、后果问题的研究。

4.1.3　工程方法论的基本内涵

工程方法论的基本内涵为体系结构化、协同化、非线性相互作用和动态耦合、程序化、和谐化。

(1)体系结构化。主要是指整体性思维进路与要素、过程、集成结构性思维进路的结合,这是工程要素进入工程体系结构化所必需的。体系结构化的内涵应包括形成静态性的结构和动态协同运行过程两个部分。工程活动包括静态性的结构和动态性的过程。静态性的结构涉及工程设计、构建活动,而动态性的过程直接体现出工程体系的功能、效率和环境友好。整体性思维进路与要素、过程、集成结构性思维进路相结合的方法是以工程体系整体优化为主导,通过解析－集成、集成－解析的方法,以工程的结构优化、功能优化、效率优化为目标,反复整合、集成,形成一个结构最佳化的工程体系,从而使工程具有应有的、可靠的、卓越的功能。还原论方法曾经长期主导着科学方法论。在工程实践中,也曾有过以还原论方法为主导的时期。这种方法的特征是将工程系统,单向地向下分解、切割,形成不同的离散化的单元,然后将这些离散化的单元机械地堆砌、拼接,做出一个体系结构,再体现出功能。这样的还原论方法在已有的产业工程设计、建造和运行过程中经常出现,虽然应该承认还原论方法的作用和意义,承认其能达到一定的目的;但也必须看到它的局限性、不协同和低效率,并且它在很大程度上限制了工程系统整体的结构优化、功能优化、效率优化,妨碍了工程体系的市场竞争力和可持续发展能力的发挥(殷瑞钰等,2011)。

(2)协同化。工程的构成要素从质的角度看是多元的、多层次的,而从量的角度看,有的具有确定性,有的具有不确定性,因而工程是复杂系统。要把这种复杂的工程系统综合集成并运行起来,使其体现出稳定的、有效的功能,必须重视协同论的方法和相关的数学方法,从而达到工程整体的结构优化、功能涌现和效率卓越。

(3)非线性相互作用和动态耦合。工程系统中的技术性要素是由许多相关的、异质异构的技术单元集成、建构而成的。正是由于技术的异质、异构性,不能简单地用线性相关的方法来处理,所以不同技术(工艺、装备)单元之间的关联,必须要通过非线性相互作用的方法来处理,并实现在不同时空条件下的动态耦合,从而形成一个动态—有序、协同—连续运行的工程整体。非线性相互作用和动态耦合是形成工程动态结构并体现卓越、稳定功能的重要方法和一般方法。

(4)程序化。由于工程系统的集成、建构过程复杂,所以必须有科学化的程序,其一般程序往往是理念—决策—规划—设计—建造—运行—管理—评价。这一程序化过程和方法,实际上所有工程都会经历,只不过是自觉程度不同、认真程度不同、科学化手段不同或价值维度的权重不同而已。反之,如果在程序化过程中对某一或某些环节有所忽略或是出现失误,将对工程的成效甚至成败产生影响。对工程的决策、规划直到设计、建造、生产运行和管理等过程而言,程序化是一种具有共性意义的方法。

(5)和谐化。工程涉及资源(土地、劳动力)、能源、时间、空间、市场、环境、生态相关的各类信息,进而必然涉及自然、社会和人文,这些因素反过来影响工程的可行性、合理性、市场竞争力和可持续性。因此,从方法论角度看,工程与自然、社会和人文维度上的适应性、和谐化是十分重要的。

4.1.4 工程方法论的研究内容

工程方法论的基本内容是研究工程方法的共性特征。从哲学角度看,工程方法的以下四个共性特征是需要给予特别注意的:①工程方法的整体结构包括硬件、软件和斡件三种成分;②工程方法以提高功效(效力、效率、效益)为基本目的和基本标准;③工程实践中不可能仅仅使用单一的工程方法,必须把所需要的诸多方法集成为一个工程方法集,才能真正在工程项目中发挥作用;④由于所谓的工程方法集实际上也就是解决工程问题的答案,而工程问题的答案必然具有多解性,这就使具体项目的工程方法集都具有时域性和作为工程问题多解的个性特征,必须按照因时、因地制宜的原则核查和评价它们运用的适当性和适用性。

工程活动的本性使得工程方法的整体结构必须包括硬件、软件、斡件。硬件是进行工程活动所必需的工具、设备、机器等。软件是指机器的操作方法、程序、工序等。没有硬件,没有适当的工具、机器等,工程活动主体就不能进行实际的工程活动。如果没有相应的软件,任何工具、机器也都不能进行实际的工程活动,只有使硬件与相应的操作软件、操作程序相互配合,才能进行实际的工程活动。

斡件是英文 Orgware 一词的中译,出现于20世纪70年代,其含义是指工程组织管理艺术,已被中国工程界所接受。国外又称为组织件,研究在生产和其他社会活动中,如何协调人、自然和社会的内部及相互关系,使有效管理和科学决策转化为现实的物质文明和精神文明成果。斡件是经特殊设计,综合利用人、规章制度和技术诸因素,能使技术和外部系统产生和谐的相互作用的组织安排。斡件在宏观层次上是指一套经济和法律制度等,在运行层次上是指组织结构、管理方法、人员培训、供应服务和与其他系统交流的一些专门方法,它与硬件、软件一起出现在组织化的技术中。随着社会和科学技术的发展,组织化的程度会越来越高。提高工程质量和效率要依赖于硬件、软件和斡件三方面的改善和进步。购置新的装备、革新工作手段、改善工作环境等属于硬件范围;采用自动化工作程序,广泛应用计算机辅助设计、试验、分析、制造等是软件范畴;而科学管理,包括目标决策、力量组织、协调调度、人事和工资管理、市场开发系统称为斡件。

一般地说,科学问题的答案具有唯一性,在不同时间、不同地方的科学家对于同一个科学问题,他们所得到的答案必然是相同的,这才使作为科学问题答案的科学理论具有了放之四海而皆准的普适性。可是,工程问题的答案不具有唯一性,对于同一个工程问题,不同的工程活动主体往往会提出不同的工程方案、不同的工程方法解决同一个工程问题,更由于不同的工程方案、不同的工程方法都各有自身的个性,这就使每个作为个别工程方案的个别工程方法具有其特殊性和自己的个性,作为具体工程问题答案的工程方法在不同的时间、不同的环境和不同地域具有不可用性,而不像科学理论那样可以放之四海而皆准。在选择工程方法时,须特别注意工程方法的这个特性。

任何现实的工程活动都离不开相应的可行而具体的方法。在这个意义上,可以说,许多人都认识到和承认了方法的重要性,具有了一定的方法意识。可是,许多人并没有对形形色色的关于具体方法的深层问题,如方法的结构、场境、功能、意义等理论问题进行更进一步的分析和思考,换言之,人们常常忽视了方法论的思考,未把形形色色、种类众多、千变万化的方法本身当成分析思考、理论研究的对象和领域,很少进一步思考有关方法的理论、原则和方法问题,很少研究作为方法的理论、方法和原则的方法论问题。

在工程方法论研究中,经验、科学、技术与工程方法的关系是重要而复杂的问题。

在人类历史上,远古时代就有了工程活动,如新石器时代、青铜器时代等;而科学的形成和出现则是晚近的事情。在科学出现之前,工程方法都来自经验。在科学出现之后,随之出现了科学与工程方法的关系问题。对于科学与工程方法的关系,对于现代科学对工程活动和工程方法发展所产生的深刻影响,国内外已有许多分析、总结和研究。在科学与工程方法的关系中,虽然基础科学的发展也会对工程方法的发展产生影响,但影响最直接的是工程。

水利工程活动是具有时代性的活动,特别是不同的工程项目往往是具有当时、当地性的专业活动。工程活动往往是确定性因素和不确定性因素混杂在一起的实践过程,是复杂系统的活动,在这类活动的过程中,经验仍是很重要的,是不能摒弃的知识和方法。

从哲学角度看,经验是人们在同客观事物直接接触的过程中,通过感觉器官获得的关于客观事物的现象和外部联系的认识。辩证唯物主义认为,经验是在各种社会实践中产生的,是客观事物在人们头脑中的反映。有时,经验亦指对感性认识所进行的概括,或指直接感受客观事物的过程。

科学研究的对象往往是典型的、有规则的,甚至是经过抽象、简化了的现象。这种抽象、简化的方法有时是在假定的、孤立的、无背景的条件下进行的。然而,工程实践、工程活动都是在不同的现实背景下,甚至是不清晰的背景下进行的。在复杂的特定条件下展开工程活动,仅靠理性的、确定性的方法往往是不够的;同时应该说,工程活动是不能完全脱离不同专业的经验,应认识到经验也是一种方法。

各种不同专业的经验,实际上是未经理论化,或是难以理论化的知识和方法。经验应当看成是现实的知识和方法。中国古代所说的只可意会的知识,其中就包括了许多微妙的、难以言传的经验性内容。对于工程而言,经验是有用的、有益的,但同时要防止经验主义,墨守成规阻碍进步与革新。

工程师在工程活动中常常总结和运用各种各样的经验公式,在工程活动中根据工程实践经验合理地确定安全系数的数值,这些都是反映经验方法重要性的事例。经验方法是工程从业者长期积累的、有实践依据的有效方法,强调经验方法在工程方法体系中占有重要地位和作用是非常必要的。在认识经验重要性的同时,还需要强调指出,随着时代的进步,经验的内容、形式和水平也是在不断提高的。在现代社会中,科学的水平在不断提高,经验的水平也在不断提高,可以说经验在社会活动和工程实践中的作用与意义永远不会消失。

4.1.5 技术与工程的动态关系

技术与工程的相互关系密切而复杂,具有相互区别、相互关联、相互作用的动态关系。

殷瑞钰等(2011)将技术分为四种类型:实验室技术、中间试验技术、工程化技术和商业化技术。重视技术和工程之间的相互关系。一方面技术引导和限定工程的发展,另一方面工程又选择、集成和促进技术的发展。

在技术史、工程史和现实社会中,新技术引导工程发展方向的事例不胜枚举。例如,在现代技术引导新生产业发展的时期,技术对工程的引导作用表现得非常典型和突出。在这些情况中,人们看到了技术对于工程的重要性、主动性,甚至是决定性的。同时人们也要看到,由于无论在任何时候活动主体的技术能力都是有限的,这就使技术能力成为工程范围、规模、类型和功能的限定条件，可以认为，这种情况也是在从负面表现技术对于工程的重要性和限制性。

在技术与工程的相互关系中，工程也不仅仅是被动的。在进行工程活动时，往往会有多种技术路线和技术方案可供选择，这时必须立足工程，依据工程目的和要求对相关技术进行选择和集成，这就又显现了工程对于技术的主体性和主动性。工程对于技术的主体性和主动性不但表现在那些使用技术的选择上，而且还表现在工程对于技术的集成活动和集成方式上。

在工程设计中，常常遇到如何处理先进技术与成熟技术的相互关系问题。由于必须立足工程，解决实际工程问题，于是，在不同的工程类型不同的工程项目中，工程主体和设计师可能按照不同的方式处理先进技术与成熟技术的关系和相应的选择性、集成性等问题。

在认识和处理技术与工程的相互关系时，一个关键问题是技术的嵌入性问题。作为工程的要素，技术可能合理、有效地嵌入工程之中，也可能无法嵌入工程之中，而只得游离在工程之外。很显然，游离在工程之外的技术不能发挥作用，技术必须嵌入工程才能发挥作用。所谓的技术的嵌入性，主要包括适合选择性和可协调集成性两重含义。前者是指对某一工程活动而言，应该选择哪种工程化技术和哪种更适合工程需要的技术，后者是指在诸多适合工程化需要的技术之间如何才能相互协调、相互配合而集成为一个技术体。

在认识技术和工程之间的动态关系时，技术类型和形态的转化常常是一个关键问题。对于从实验室技术向生产技术转化环节和转化问题的重要性，虽然人们已有深切体验，但对这个转化过程和转化问题的理论分析和理论认识似乎仍然不足。在工程活动和市场经济中，实验室技术不能成功转化为工程技术，中间试验失败，工程化失败的情况屡见不鲜。在现实社会中，能否成功地把实验室技术转化为工程化技术、能否在中间试验中取得成功、如何在工程化和市场化条件下取得成功往往成为关键性问题。在这些转化过程中，不但需要解决许多新的技术问题，需要在技术方面有新的发展和新的进展，而且要解决许多非技术方面的问题。

技术和工程的关系常常表现为可能性和现实性的关系。一方面，技术为工程提供了可能性条件和可能性空间；另一方面，工程又表现为从可能性向现实性的转化，成为实现过程。从哲学上看，技术可能转化为工程现实性，但也可能在某些情况下出现不能转化为现实性的情况。在经济发展和现实生活中，在技术和工程的相互关系中，形形色色的技术能否转化为工程活动，转化的条件、进程和后果如何，这些都不仅仅是重要的理论问题，更是重要的现实问题。

4.1.6 系统工程方法论

系统论是研究系统一般模式、结构和规律的科学方法，它研究各种系统的共同特征，用数学方法定量地描述其功能，寻求并确立适用于一切系统的原理、原则和数学模型，是具有逻辑和数学性质的一门新兴的科学。在系统论中认为，整体性、关联性、等级结构性、动态平衡性、时序性等是所有系统共同的基本特征。这些既是系统所具有的基本思想观点，又是系统方法的基本原则。目前，系统论已经显现出几个值得注意的趋势和特点：

①系统论与控制论、信息论、运筹学、系统工程、电子计算机和现代通信技术等新兴学科相互渗透、紧密结合的趋势;②系统论、控制论、信息论正朝着综合的方向发展,系统论是其他两论的基础;③耗散结构论、协同学、突变论、模糊系统理论等新的科学理论,从各方面丰富发展了系统论的内容,有必要概括出一门系统学作为系统科学的基础科学理论;④系统科学的哲学和方法论问题日益引起人们的重视。

系统工程方法是根据系统论的观点,从整体出发,辩证地处理整体与部分、结构与功能、系统与环境、功能与目标的关系,找到既使整体最优,又不使部分损失过大的方案,使之作为决策的依据,实现整体最优化的方法。系统工程方法并不是一种单一的方法,而是由许多方法溶合和综合在一起形成的一种复合方法。它有着不同的表现形态、类型和特殊变种。目前,人们正在试图把系统工程方法发展成由不同层次构成的工程方法论体系。

系统工程方法把研究对象和过程视为一个相互联系、作用的整体,并且将整体作形式化的处理。系统方法所处理的对象,都是由种种关系和相互联系交织起来的网络,采用系统方法时,可将网络作组织化的科学抽象,从而具体地反映和把握客观世界。

系统工程方法同传统工程方法相比,有着明显的特点:①整体性是系统工程方法的核心。系统是由诸多部分或要素组成的有机整体,系统的整体性质和规律,存在于组成它的诸要素的相互联系、相互作用之中,而不等于各组成部分或要素孤立的性质和活动规律的总和。因此,必须从整体出发,立足于整体来分析部分及部分之间的关系,再通过对部分的分析达到对整体的深刻理解。②动态性。工程实际存在的系统,无论是在内环境的各要素或子系统之间,还是在内环境与外环境之间,都有物质、能量、信息的交换与流通。所以系统总是动态的,处于运动变化之中的。③最优化。系统方法通过研究系统的要素、结构及其与环境的关系,经过科学的计算、预测,做出系统目标的多种方案,从中选择最佳的设计、实施方案及能达到的最佳功能目标。④综合性是系统方法的一个突出的特点。综合性就是把任何整体都看作是以诸多要素为特定目的而组成的综合体,要求当研究任意对象时都必须从它的成分、结构、功能、相互联系方式、历史发展等方面进行综合的考察。系统工程方法的综合性具体表现在它在观察和处理事物时,把事物的各个部分、各个方面、各种因素、各种联系和相互作用结合起来全面地加以考察,不但考察事物的成分和结构,而且考察事物的功能和产生、发展、运动、变化的历史,从不同的侧面、层次和状态综合地研究工程活动。⑤模型化。运用系统方法,需要把真实系统模型化,模型包括实物模型、理论概念模型、数学模型、符号系统模型或其他形式化的模型等。整体性、动态性、最优化、综合性、模型化,是系统方法的基本特点,也是运用系统方法的基本原则。系统工程方法的广泛应用推动了工程学科的新进展,同时也带来了人们思维方式的变革。

4.2 水利工程决策方法论

决策是指在一定的环境下,结合系统的当前状态和将来的发展趋势,依据系统的发展目标在可选策略中选取一个最优策略并付诸实施的过程,整个决策过程可以简化为对目标的选择过程和对方案的选择过程。从哲学角度看,决策是人的主观能动性的集中表现,从时间方面看,决策常常是决定各种行动成败的关键环节。在工程活动中,决策具有重要的地位和作用。虽然在工程活动中,决策仅仅是整个工程活动中的一个环节,但是它对工程活动的影响却是全局性和决定性的,其正确与否直接决定着工程的成败,并由此可能影响到整个社会的稳定和发展,为此,工程决策者必须掌握科学决策的理论和方法,站在工程全局,甚至是国家战略的高度,审时度势,权衡利弊,做出客观的决断。

工程决策是工程活动的首要环节,工程决策决定工程的整体,尤其是国家的大型水利工程,正确的决策可以造福百姓,而错误的决策则可能带来灾难。因此,工程决策的失误是不容许发生的。

4.2.1　工程决策的基本原则

(1)系统原则。决策应该坚持系统论的原则,坚持局部效果服从整体效果、当前利益与长远利益相结合,谋求决策目标与内部条件及外部环境之间的动态平衡,使决策从整体上最优或令人满意。

(2)科学原则。决策要尊重客观规律,采用科学的决策方法和先进的决策手段。要善于运用各个学科的知识,尤其是运筹学、概率统计等知识,掌握各种决策的一般原理、方法及基本规律,来达到提高决策质量的目的。然后对拟定的多个实施方案进行分析、判断。

(3)民主原则。在当今社会,一项重大决策涉及的领域很广泛,我们要避免单凭个人主观经验的决策,要充分发挥集体智慧,重视智囊和信息作用的现代化民主决策体制。在新型的民主决策体制下,做出的任何决策都是集体智慧的结晶,是科学的,是符合实际的。民主原则也是科学原则的前提和基础。

(4)效益原则。第一,只有成本耗费少、经济效益高、社会效益好的方案,才是值得追求的最佳方案。第二,决策者在进行决策时,要尽可能地减少决策的时间,保证决策方案实施的及时性,同时要降低决策费用,提高决策过程的经济性。

4.2.2　工程决策的基本步骤

工程决策是由科学的决策步骤组成的,科学的决策步骤的整体性称为科学的决策过程。一个合理、科学的决策过程必须具备以下五个步骤:发现问题、确定目标、拟定方案、选择方案和实施方案。

(1)发现问题。发现问题和认识问题是决策过程的第一步,所有的决策都是为了解决问题而进行的。弄清问题产生的原因、背景,是保证做出正确决策的基础,切忌凭个人喜好片面地分析问题,做出符合个人意愿而不符合客观事实的结论。因此,及时地发现问题既要求决策者具有丰富的经验和敏锐的洞察力,也要求决策者掌握一定的方法和技巧。

(2)确定目标。目标是在一定的环境和条件下,决策系统所期望达到的状态。它是拟定方案、评估方案和选择方案的基础,也是衡量问题是否得以解决的指示器。只有先明确了目标,方案的拟定才能有依据,并且目标还决定着方案的选择。因此,确定目标在决策过程中有着至关重要的作用。

(3)拟定方案。拟定方案就是寻找解决问题、实现目标的方法和途径,决策者应在客观环境及自身条件的允许下,根据决策目标及收集整理的相关信息,尽可能地拟定多个可行的备选方案。决策者要保证备选方案的可行性，提高决策的效率；还要勇于创新，大胆探索，充分利用智囊系统及群众的力量，集思广益，倾听不同的意见，拟定有价值的备选方案。

(4)选择方案。选择方案是决策过程中最重要的一步。在多个备选方案中，需要进行比较、分析和评价方案，得出备选方案的优劣顺序，从中选出几个较为满意的方案供最终抉择。根据决策准则，在对备选方案进行分析评价的基础上，综合考虑各个方案的利弊、得失，从中选出最优或最满意的方案。

(5)实施方案。方案选定后，决策的过程并没有结束，因为决策方案的可行与否最终要受实践的检验。要保证方案最终可行，必须将方案付诸实施，在实践中检验方案的优劣。在方案的实施过程中，要对方案的实施进行追踪控制，当方案在实施中遇到新情况、新问题时，我们要及时对方案进行修正。

4.2.3　工程决策的一般方法

(1)定性分析法。定性分析法就是指决策者在据有一定的事实资料、实践经验、理论知识的基础上，利用其直观判断能力和逻辑推理能力对决策问题进行定性分析的方法。在决策的过程中，决策者经常遇到所掌握的数据不多、决策问题比较复杂并且难以用数学模型表示的问题，如生态平衡、环境污染等问题，都是无法从定量的角度来考虑的问题，只能凭借决策者的主观经验，运用逻辑的思维方法，把相关的资料加以综合，进行定性的分析和判断。这种方法简便易行，是一种不可或缺的灵活的决策分析方法，但是，此方法不同于科学的定量计算，主要依靠和取决于决策者自身的经验、理论、业务水平，因此不同的决策者由于其理论水平和实践经验的不同，对同样的决策问题会做出不同的判断，得出不同的结论，在准确度上很难进行把控。

(2)定量分析法。定量分析法是指决策者在具有历史数据和统计资料的基础上，运用数学和其他分析技术建立数学表达关系的数学模型，利用数学模型分析、计算、决策。以勘察、试验、调查统计的资料和信息为依据，建立数学模型，对决策问题进行科学的定量分析，从数量关系上找出符合决策者目标的最优决策，这也是运筹学研究的主要内容。运筹学就是为决策者提供定量的决策分析方法的工具。但是，这种方法的使用要求外界环境和因素要相对稳定，因为其不能考虑定性的因素，一旦外界环境或影响因素发生变化，定量分析的结果就会出现误差。

(3)综合决策方法。不论是定性分析还是定量分析都有其一定的局限性，在实际工作中，应该把这两种方法结合起来使用，提高决策的质量，使决策结果更加切合实际，这就形成了定性分析与定量分析相结合的综合决策方法。在实际工作中，有一些复杂的问题，并不存在大量的数量性指标，这些问题的指标很难量化，只能定性分析；通过数学等分析技术建立起的数学模型是一个理想化的模型，按照数学模型得出的最优解不一定在实际中也是最优的，这时候就需要运用定性分析方法，让决策结果更接近实际。因此，定性分析是定量分析的基础，定量分析又可以使定性分析更加深入和具体。综合决策方法使定性方法和定量方法各取所长，互相补充，能够用可量化的指标建立精确的数学模型，同时考虑到了不能量化的因素，是一种切合实际的较优的决策分析法。

4.3 水利工程设计方法论

工程设计是在工程决策的基础上进行的。在工程活动中,设计工作具有特殊的重要性,因为人的主观能动性集中地表现在了工程设计上。从工程哲学的角度看,设计工作中也有许多需要研究和探讨的哲学问题及方法论问题。因为开展对工程设计问题和设计方法论问题的研究,有助于丰富工程哲学研究的内容,有利于工程师把握和运用新的概念、工具和思维方式,把工程设计提升到一个新的高度。

工程活动不是人的本能活动,而是有目的、有组织、有计划的人类行为。我们可以通过马克思的一段话来体会一下工程设计工作的本质。马克思说,蜘蛛的活动与织工的活动相似,蜜蜂建筑蜂房的本领使人间的许多建筑师感到惭愧。但是,最蹩脚的建筑师从一开始就比最灵巧的蜜蜂高明的地方,是他在用蜂蜡建筑蜂房以前,已经在自己的头脑中把它建成了。劳动过程结束时得到的结果,在这个过程开始时就已经在劳动者的表象中存在着了,即已经观念地存在着了。他不仅使自然物发生形式变化,同时他还在自然物中实现自己的目的,这个目的是他所知道的,是作为规律决定着他的活动的方式和方法的,它必须使他的意志服从这个目的。工程设计是一个影响工程活动全过程的贯穿性环节,可以说,设计实质上是将知识转化为现实生产力的先导过程,在某种意义上也可以说设计是对工程的构建、运行进行先期虚拟化的过程。在不同的工程领域,其设计方法不尽相同,如土木工程、水利工程、机械工程等,在设计方法上就有其各自的特点。从哲学的角度分析并研究不同工程领域的各种不同的设计方法,对其进行哲学分析,将其提炼到一个更高的层次上,探究一般意义上的设计活动的特点和本质,这对于工程伦理学具有重大的理论意义和现实意义。

4.3.1 工程设计的特点

工程设计,是指设计师运用各学科知识、技术和经验,通过科学方法统筹规划、制订方案,最后用设计图纸与设计说明书等来完整表现设计者的思想、设计原理、外形和内部结构、设备安装等。所以,工程设计是一种创造性的思维活动,除了创造性,工程设计还表现出了其他几种重要的特点。乔治·戴特在《工程设计》中论述了工程设计的基本特点:①创造性。工程设计需要创造出那些先前不存在的甚至不存在于人们观念中的新东西。②复杂性。工程设计总是涉及具有多变量、多参数、多目标和多重约束条件的复杂问题。③选择性。在各个层次上,工程设计者都必须在许多不同的解决方案中做出选择。④妥协性。工程设计者常常需要在多个相互冲突的目标及约束条件之间进行权衡和折中。

4.3.2 工程设计的程序

工程设计从提出设计要求到完成设计,一般需要经历以下几个阶段:概念设计、初步设计和详细设计。概念设计主要做任务分析和设计方案确定这两件事。研究项目的目的、要求和所需的资源,将其转化为基本的功能要求,进而提出设计方案的初步概念和设想,形成一个具有战略指导意义的大框架,这是整个工程设计中重要的一环,是整个工程设计过程的基础。它体现了总设计师对工程项目的理解,代表了他们的水平和能力,在很大程度上决定了工程未来的命运。初步设计要验证基本方案设计的可行性,并进行认真的功能分析,把系统的技术要求准确合理地逐级分解及分配到各子设计系统中去。初步设计完成时,工程项目的具体设计方案已经确定,并且用规范的文件详细地确定下来。详细设计或施工设计中,设计人员要把选中的各技术方案变成可以加工、制造的图纸和文件,这些图纸和设计文件要详细到可以满足完全按图施工的要求。

4.3.3 工程设计的方法

工程设计师把自己的专业知识转化为设计产品,要通过一定的表现形式和方法来实现,科学的设计方法是设计师的基本功,不仅要学习它、应用它,更重要的是要不断总结新经验、新方法,使工程设计方法不断完善和发展。

(1)创造性思维的方法。创造性思维,是工程设计的基本方法,所谓创造性思维,就是对过去的经验和知识进行分解与综合,使之成为新事物的过程。工程设计本身就是创造性思维,没有创造性思维,就谈不上设计。发散与收敛式思维是创造性思维中的一种思维方式。发散性思维提倡设计师开阔思路,思路越开阔,思维的发散量越大,有价值的答案出现的概率就越大。设计师多方案思索和试探性地构思草图,就是思维流畅和发散性思维活动的真实记录。收敛式思维就是指遵循逻辑推理,进一步完善发散思维设想的方案。收敛的过程,就是综合的过程、评价的过程。创造性思维的发散与收敛是对立统一的辩证关系,创造性思维一般以发散性开始,以收敛性结束。

(2)系统设计的方法。系统理论、系统工程已经渗透到当今社会实践的各个领域,工程设计也不能例外。系统是由相互作用、相互依赖的若干组成部分结合成的具有特定功能的有机整体,那么系统方法就是从系统的观点出发,从事物的整体与元素之间及整体与外部环境相互联系、相互作用的关系中,综合地考察和研究对象,来达到最佳解决问题效果的一种方法。那么系统设计方法,就是设计师进行工程设计时的一种思维方法和工作方法,系统设计是按所要求的目标或目的,运用最优化的方法建立一个最佳方案的过程。系统设计的顺序是确定目标、进行系统设想、按照设计原理进行分解和全面分析、选出最佳方案、进行评价和具体的设计。

(3)经验积累的方法。一个优秀的设计师,应该有一套自己的设计方法,并做到不断采用新技术和新方法来完成优质的工程设计。设计师在设计方法上不断积累、概括和总结,提炼出科学的设计方法,在此基础上积累自己的设计方法,同时,还愿意毫无保留地传授给他人。设计师应正确地评价自己,既要看到自己的进步又要看到自己设计方法的不足;并且要善于进行实践,首先设计方法的积累是建立在实践的基础之上,其次要将积累的设计方法投入到实际设计活动中去检验。

(4)BIM 技术。BIM 是建筑信息模型(building information modeling)或者建筑信息管理(building information management)的英文字母缩写,它是以建筑工程项目的各项相关信息数据为基础,建立起三维的建筑模型,通过数字信息仿真模拟建筑物所具有的真实信息。具有信息完备性、关联性、一致性、可视化、协调性、模拟性、优化性和可出图性等特点。建设单位、设计单位、施工单位、监理单位等项目参与方在同一平台上,共享同一建筑信息模型。它利于项目可视化、精细化建造,从 BIM 设计过程的资源、行为、交付三个基本维度,给出设计企业实施标准的具体方法和实践内容。BIM 不是简单地将数字信息进行集成,而是应用数字信息,用于设计、建造、管理的数字化方法。这种方法支持建筑工程的集成管理环境,可以使建筑工程在其整个进程中显著提高效率,减少风险。BIM 技术在项目策划、运行和维护的全生命周期过程中进行共享和传递,使工程技术人员对各种建筑信息做出正确理解和高效应对,为设计团队及包括建筑运营单位在内的各方建设主体提供协同工作的基础。BIM 通过建立 5D 关联数据库,将时间因子和施工工序因子纳入数据库,可以准确快速计算工程量,提升施工预算的精度与效率。BIM 数据库的数据粒度达到了构件级,可以快速提供支撑项目各条线管理所需的数据信息,有效提升施工管理效率。

4.4 水利工程实施方法论

无论多么好的计划和方案都不会自动地变成现实,任何计划和方案都必须通过人的实践、通过人的操作实施才能变成现实。可见,工程实施过程才是工程活动最核心最关键的环节。在工程共同体中,负责实施操作的人员,要合理地组织安排各专业劳动力、技术人员、管理人员及机械设备,合理地选择各类施工工艺,创造出能保证工程顺利开展实施的各种有利条件,并且有计划地安排好施工阶段与周期,安排好各种工种、专业的施工工序等一系列问题。

需要明确和强调的是工程实施过程中,无论机械设备多么先进,在特定场域与情境条件下,工程都必须通过实施操作者的实际操作来实现。在实施操作行动境域中,人的活动与操作也充满了原发的创造性,为工程目标的最终实现而努力。

4.4.1 工程实施的特征

工程是不同于科学和技术的,工程实施是有它自己的形式和规则的。工程实施的特征主要有以下几个方面:

(1)工程实施有明确的目标性。工程实施与科学家的探索、发现和揭示等研究活动不同,工程实施从一开始就有明确的目标、具体的实现步骤和预期的工程结果。科学实践活动没有明确的时间限制和确定的结果要求,但是工程活动从一开始就规划、预定整体目标。

(2)工程实施有鲜明的价值性。工程实施是为了使人们的物质和精神需求都得到满足,工程实施的根本目标是实现它的价值意义,工程实施结果的好坏取决于我们的评判标准。

(3)工程实施过程中的资源约束性。工程实施活动是为了改变世界和人们自身的实践活动,但是我们知道,改造和构建都离不开客观规律的约束。在科学、技术、经济、社会、生态和环境众多方面的多重规律相互作用和资源约束的条件下,工程实施活动才能进行构建性活动。

4.4.2 工程实施的组织方式

常见的组织方式有以下几种:①平行承发包模式。工程业主将工程项目进行分解,分别委托几家承包单位进行建设,有利于提高效率,但不利于组织管理。②总承包模式。工程业主把工程系统实施任务委托给一家施工单位,然后该承包施工单位再将其承包任务的一部分分包给其他施工单位,这种方式大大减少了工程业主组织管理的工作量,但是由于业主不与分包单位有直接的承发包关系,这就增大了成本和质量控制的风险。③承包联营模式。这种模式又称作共担风险,是目前国际上比较流行的一种承包组织方式。它是指若干个企业为了完成某项项目的施工任务,聚集各企业的人力、财力、物力,临时性地成立一个联营机构,以便和业主签订承包合同,等工程施工完成后,联营体解散。这种方式使这个临时联营体实力增强、资源丰富,有利于工程的顺利实施。④承包监理模式。工程业主将施工任务全包或分包给承包商,然后与社会监理机构签订委托监理的合同,委托监理机构对工程承包单位进行监督管理。

4.5 水利工程评价方法论

工程在运行之前及运行过程中都会涉及工程的评价问题。工程系统是一个复杂的系统,所涉及的变量与关系空前庞杂,在工程评价中,倡导整体性、和谐性、系统性价值思维和生态价值观,要从多视角、多维度进行综合考察和评估。工程评价主要包含对工程的技术、质量、环境保护、投入产出效益、社会影响等多方面的综合评价,可以说是对工程的再认识问题。

工程评价按照时间划分,可分为事前评价与事后评价。事前评价是指方案的预评价,其目的是确定项目是否可以立项,它是站在项目的起点,主要应用预测技术来分析评价项目未来的效益,以确定项目投资是否值得以及是否可行。事后评价是在项目建成或投入使用后的一定时期,对项目的运行进行全面评价,即对投资项目的实际费用、效益进行审核,将项目决策初期效果与项目实施后的终期实际结果进行全面、科学、综合的对比考核,对建设项目投资产生的财务、经济、社会和环境等方面的效益与影响进行客观、科学、公正的评估,通过项目活动实践的检查总结,确定项目预期的目标是否达到,项目的主要效益指标是否实现,通过分析评价达到肯定成绩、总结经验、吸取教训、提出意见、改进工作、不断提高项目决策水平和投资效果的目的。

事后评价能使项目的决策者和建设者学习到更加科学合理的方法及策略,提高决策、管理和建设水平,也是增强投资活动工作者责任心的重要手段。对工程项目进行后评价的重要作用在于它有利于投资项目的最优化控制,有利于提高以后对项目进行投资决策的科学性。

项目评价必须遵循以下基本原则:①保证评价资料的全面性和可靠性;②防止评价人员的倾向性;③评价人员的组成要有代表性、全面性;④保证评价人员能自由地发表言论;⑤保证专家人数在评价人员中占有一定比例;⑥项目评价的内容要能满足审批项目建议书和设计任务书的要求;⑦项目评价不但要考虑经济评价,还应结合工程技术、环境、政治和社会各方面因素进行综合评价;⑧项目评价必须确保科学性、公正性和可靠性,必须坚持实事求是的原则,不允许实用主义和无原则的迁就。

工程后评价采用的基本方法包括:①资料收集。资料收集是工程项目后评价中的一项重要内容和环节,可以召开专题调查会,请到会的人员针对某专题广开思路,各抒己见,争取获得有价值的信息。②预测。为了与事前评价进行对比分析,后评价需要根据实际情况对项目运营期全过程进行重新预测,可以聘请有经验的专家,对工程项目做一个定性的预测和分析。③分析研究。资料的积累和经验的借鉴,都必须经过专家的加工处理,采取一定的方法深入分析,发现问题,提出改进措施。

水利工程后评价的内容包括:①目标评价;②执行情况评价;③成本效益评价;④影响评价;⑤持续性评价。

第5章

水利工程师伦理规范

Davis(1998)认为职业是指一些拥有相同工作的个体自主地组织起来,通过公开声称服务于一定的道德理想,并以超越法律制度、市场规则、道德规范及其他职业所必需的公共理想,以一种合乎道德的方式而获得生计。从职业的定义来看,伦理标准已经成为职业的一个必要特征,职业发展的道德理想、职业人员应当遵守的道德标准将转化为职业道德规范,职业道德规范是职业伦理的重要载体。工程伦理规范是工程职业社团中的工程师向社会公开做出的承诺,作为工程职业社团制定的伦理标准,它是职业成员表达其权利、义务及责任的正式文件,为工程师的职业行为提供一定的指引作用,引导工程师履行职业责任。工程伦理规范是工程成为职业的一个重要条件,其完善程度也将决定工程职业化水平的高低。

1933 年,中国工程师学会颁布了我国历史上第一部工程伦理规范。自 1949 年中国工程师学会迁往中国台北后,中国工程伦理规范的发展出现了分化。中国台湾的工程伦理规范随着时代的变化及工程职业自身发展的需要不断进行着相应的调整,逐渐趋于完善。而中国大陆的工程职业社团在近 70 年的发展过程中,虽已形成了一定的规模,但大部分社团仍未制定相应的工程伦理规范,仅在部分社团章程的宗旨中隐隐出现了一些工程职业伦理意识。直到 21 世纪初,少数几个工程职业社团才制定了引导工程师职业实践行为的工程伦理规范。总体上看,我国的工程伦理规范发展比较缓慢,工程伦理规范体系建设仍不完善。

我国正处于现代化建设的重要时期,是名副其实的工程建设大国,但我国工程伦理规范的发展却没有跟上时代快速发展的步伐,其滞后性已经阻碍了我国工程职业的发展,我国的工程职业化发展水平仍然不高。因此,我国工程职业的发展现状迫切需要加强工程伦理规范方面的关注,尽快建立一套适合我国工程职业发展的伦理规范体系。

美国是世界上工程伦理规范最完善的国家之一,也是工程伦理规范发展非常具有代表性的国家。1911 年 6 月 23 日,美国顾问工程师学会(American Institute of Consulting Engineers, AICE)制定了美国历史上第一部工程伦理规范,之后美国的各个工程社团都开始陆续建立自己的伦理规范。美国的工程伦理规范在发展过程中不断修正、完善。工程伦理规范在其工程职业进程中发挥着重要作用,促进了美国工程职业不断向良性发展。借鉴国外工程伦理规范的发展历史,对工程伦理规范发展的内在机制、特点、规律进行总结,探讨工程伦理规范与工程职业的内在关系,建设适合我国国情的工程伦理规范。在实践方面,通过提出对策建议,明确工程师的职业责任,规范工程师的职业行为,提高工程师的道德素养,从而为降低工程事故、推进我国的工程职业化发展作出一定贡献。

5.1　工程伦理规范

伦理规范是从伦理理论中逐渐演绎出来而形成的相应的规范体系,伦理规范的内容服务于伦理理论。工程职业伦理不应避开一般的伦理理论,更不应反对一般的伦理理论,伦理理论在制定职业标准中具有重要的作用,有助于规避主观主义、相对主义等有害形式。伦理理论可以为道德选择和解决道德难题提供一个框架,通过参考更广泛的道德原则来为工程伦理规范中的要求提供基础。评价一个工程师的行为,对工程实践做出合理的判断,功利主义、义务论及美德伦理理论是非常重要的,这三种伦理理论对于工程伦理规范的制定、实施及评价有着重要的影响,探讨伦理规范的理论依据显得尤为必要。

一般从三个角度评价一个道德实践行为:行动者、行为、结果。美德伦理的道德评价对象为"行动者",关注"我应该成为什么样的人",其认为对道德做出合理判断的最高评价标准是行动者个人的品质,按照美德来行动就是有道德的行为;功利主义的道德评价对象是"结果",认为行为正当与否取决于我们行为的好坏结果,其强调行为产生的后果是善的,并且努力寻求效用的最大化。义务论强调"行为"本身,强调行为不仅要产生好的后果,其本身也应当符合规范,具有内在价值;三种伦理理论的价值评价标准在特定的情况下,通过规范来规定哪些行为应当做,哪些行为不应当做。伦理规范即从三个基本理论逐渐演绎出来并形成相应的伦理规范体系。伦理规范具有一定的道德约束力,成为负责任的行为指南,是伦理理论、原则的普遍化、具体化,成为实现三大伦理理论的具体手段。

工程伦理作为一种职业伦理,与功利主义、义务论及美德伦理理论有着密切的联系,它们通过广泛的道德原则为工程伦理规范提供了合理的基础。综合义务论的内容可知,工程师的行为是否正确取决于其行为是否符合规范,不符合规范的不要做,工程伦理规范应该明确规定工程师不应做什么,这是现今工程伦理规范中的基本内容。功利主义则通过成本-效益分析帮助工程师在结果和行为之间进行权衡以便最大限度地获得效用。例如,"将公众的安全、健康、福祉置于首位"即是功利主义的具体体现。综合美德论的内容可知,工程伦理规范强调工程师的美德和良心,提倡工程师做什么,理想的、好的工程师是什么样的。对于工程师而言,诚实、诚信、公正、非歧视、关注公众的利益,提供有用的技术产品等品质都是美德伦理在工程伦理规范中的具体体现。

国内对于工程伦理规范的研究集中于以下方面:对于工程伦理规范的内涵、作用与局限性,工程伦理规范与工程职业关系的研究。对于工程伦理规范的内涵,学者认为工程伦理规范是由职业社团编制的一份公开的行为准则,它为职业人员如何从事职业活动提供伦理的指导。潘磊在《工程职业中的利益冲突问题研究》中谈及伦理规范的四个作用:保护公众并为之服务、提供需要考虑的因素、道德甚至法律支持、展示职业形象。伦理规范有积极作用的同时,也存在着局限性与不足。程新宇在《工程伦理中的职业社团与伦理章程建设研究》中指出,工程伦理规范并非总是合适的或完整的,它只能提供一般指导,不能给每一个实际问题提供具体答案,还有可能造成专业人员的自满等。

在工程实践活动中,不可避免地要出现人与自然、人与社会、人与人之间的关系问题,工程活动过程都涉及伦理评判。把工程作为一种职业来看待,势必要求在工程职业化的进程中建立工程伦理规范,工程伦理规范已经成为工程职业化的内在性要素。丛杭青等(2015)指出,"社会治理的一个重要方面是职业的自我管理,工程职业建设是社会治理不可或缺的环节。因此,工程职业需要不断完善自己的职业建设。工程职业的技术标准和伦理标准是工程职业建设的两个最主要的方面,技术标准是职业在工程质量方面的承诺,而伦理标准是对职业人员职业行为的承诺"。毛天虹认为,"工程是一种职业,并且工程职业包含两个层面:其一,高度专业化的知识和技能;其二,公众的福祉"。可见,工程伦理规范已成为工程职业的内在性要素,其完善程度决定着一个国家工程职业化水平的高低。

欧美国家经过 100 多年的发展,工程师的数量不断增多,专业分工不断细化,每个专业都成立了自己专业的组织,每个职业组织都有符合自己专业特色的伦理规范,大多数工程职业组织除了执行自己的规范外,都会定期修改自己的伦理规范,工程伦理规范处于不断的修订和完善之中,逐步进入建制化阶段。20 世纪早期美国制定了第一部工程伦理规范,现在各工程师协会不仅都已经制定了符合自己专业特色的伦理规范,而且这些伦理规范也一直处于调整和完善之中。美国土木工程师学会(ASCE)在 1913 年发布了第一版工程伦理规范,2017 年已发布第六版。1979 年德国工程师学会编写了技术评估政策的指导方针,2002 年制定了《工程伦理的基本原则》。工程伦理的发展历史一般划分为三个阶段:前工程伦理时代(1900 年以前),工程学研究中几乎没有对伦理的考量;20 世纪初到 70 年代是工程伦理的孕育时代,伦理问题开始凸显,工程伦理规范开始起步;从 70 年代开始,工程伦理进入建制化阶段,在这一阶段,工程伦理规范逐渐完善。虽然美国工程伦理规范的发展取得了丰硕的成果,但也存在一些问题。当代西方工程伦理规范也存在一些问题,如工程伦理规范本身存在缺陷,工程伦理规范自身存在冲突性,以及工程伦理规范的扩散性所带来的多样性与复杂性等。

1856 年 5 月 12 日德国工程师协会成立,1950 年发布了《工程师的声明》,随着德国工程伦理研究的深入,德国工程师协会在原有的《工程师的声明》基础上,于 2002 年制定并实施了《工程职业的伦理守则》。守则与相关法律法规呈互动关系:一方面守则必须在遵守法律的前提下,专门针对工程师在技术活动中所应遵循的行为规范而制定出来;另一方面,守则也反过来作为国家法律法规的能动性补充,起到资料、记录、证据的作用,并可以在需要的时候被收录进正式的法律大典中。《工程职业的伦理守则》是受德国工程师协会委托,由德国工程师协会人与技术专业委员会里的哲学家提出草案后,经由各行业专业人士及社会公众充分讨论论证,最终批准通过的。《工程职业的伦理守则》包括序言、责任、方针、在实践中的应用四个部分。序言首先强调了科学和技术是构建当代与未来生活和社会的重要因素,而作为科学技术主体的工程师对此负有特殊的责任。在第一章"责任"中进一步明确了工程师"应对他们的职业行为及其后果与他们基于专业知识所承担的特殊义务负责”。

欧洲水协会(European Water Association,EWA)2001年制定了伦理规范,期望水协会的个人成员充分利用他们的影响,并以下列方式,尽力保护可持续的水环境:①促进水资源利用的公正、公平及可持续,并考虑到环境变化的需要;②永远不要故意过度开发水资源;③绝不明知或故意使水环境受到破坏或损害,不排放任何形式的不符合要求的物质或能量;④应当认识到供水服务为人类福祉做出了重要贡献;⑤促进水环境的使用,不要危害水环境、尽可能提高或不影响其生命力;⑥拥抱共同体需求;⑦促进更广泛环境管理一体化的概念;⑧用自己的智慧为共同体服务,并不断努力学习;⑨为他人树立保护环境的榜样;⑩永远不参与行贿,保持高标准的职业行为,并成为别人的榜样。

我国的工程伦理规范发展缓慢,工程职业社团没有形成完整的伦理规范体系。苏俊斌等(2007)考察了中国工程师学会提出的《中国工程师信守规定》,特别是1933~1996年之间的历史变革,并指出中国的工程伦理规范早在1933年就制定了,但是经过几十年的发展,由于种种历史原因,中国大陆目前并没有形成成文的工程伦理规范。中国注册工程师制度中体现了工程师伦理意识,但中国工程师的伦理意识处于模糊、凌乱的状态,缺乏清晰完整的自觉伦理意识。

针对我国工程伦理规范及工程师伦理意识的发展现状,我国学者对国外的一些研究给予了密切关注,对如何制定我国的工程伦理规范进行了积极有益的探索。我们可以在社团下成立一个伦理道德委员会,由其成员负责起草伦理规范,伦理规范制定后还要不断完善。同时伦理道德委员会成员还要定期检查社团内部成员是否遵守伦理规范。张恒力等(2009)指出,制定我国的工程伦理规范,一方面需要研究工程伦理规范的标准和制定方法,另一方面还应注重工程伦理规范本身的可行性和现实性。制定工程伦理规范首先要了解工程活动职业团体所处的外部环境,它包含了文化、职业、经济等各方面的因素。肖平(1999)指出制定我国的工程伦理规范可以借鉴发达国家和地区的做法,但不能照搬,必须本土化。他们认为“本土化”可从以下方面入手:改革工程管理制度;厘清我国工程实践中的价值关系与伦理主题;确立中国特色的工程价值观;建立有体系的行为规范。

工程伦理规范经过100余年的发展,并不断完善。无论是研究还是实践方面,都已经取得了丰硕的成果,逐步走入建制化。不少学者探索了工程伦理规范的内涵,并强调了工程伦理规范的重要作用。从理论上讲,伦理规范是职业行为最广泛的指导方针,这些规范的目的是帮助专业人士坚持伦理行为的最高水平,维持实践标准和有关他们专业职责的完整性。通常,这些准则包括但不仅限于保护公共利益、展现专业能力、保守秘密、处理利益冲突及持续的社会责任感。虽然在不同国家的不同工程职业社团有不同的职业伦理规范,但它们都存在一些共同的正确或错误的基本教义,都存在如何将它们应用在决策过程中的问题。世界工程组织联合会(World Federation of Engineering Organizations,WFEO)提出了一个全球性的工程伦理规范范本,为职业伦理规范制定提出了框架结构范例。工程师职业伦理规范应该作为界定、鼓励和支持工程师伦理行为的一个积极因素,而不是禁止和惩罚不道德行为的消极因素。

Davis(1998)以挑战者号失事案例(见图5-1)为引入,对美国的工程伦理规范的历史、现今及使用进行了详细的梳理。美国的工程伦理规范起步于20世纪初,美国的各主要工程职业社团在那一时期都开始建立自己的工程伦理规范。这些早期的工程伦理规范都把忠诚于雇主置于首要地位,虽然不同的工程领域都有着各自的规范,但他们还是为建立一部共同的伦理规范而努力。美国在发展职业伦理规范的过程中,职业社团做出了很多的贡献。Charles 等 (2000) 阐述了职业社团在促进工程伦理规范建设时存在的局限性,但他同时也提出了一些较为具体的建议,以使职业社团更好地促进工程职业伦理的发展。

图 5-1 美国挑战者号航天飞机载 7 名宇航员空中失事(据 Davis,1998 年修改)

伴随着工程伦理的发展,工程伦理规范在不同的时代背景下做出了相应的调整,Mitcham 等 (2000) 认为工程伦理规范的发展经过三个阶段。各阶段的主导理念为企业忠诚论、专家治国论、社会责任论。从开始的注重雇主利益,忠诚于雇主,发展为把公众的安全、健康、福祉置于首要地位。大多数工程职业社团随着社会观念的变化,定期修改自己的规范,许多伦理规范都经过了不止一次的大修改。美国的工程伦理规范数量非常多,不可避免地出现了一些问题。由于许多不同的职业工程协会有着不同的伦理规范,如果一个人同时是几个协会的成员,这些不同的伦理规范常常使成员感到伦理行为规范比实际更多变。

5.2 工程伦理规范范本

世界工程组织联合会(World Federation of Engineering Organizations,WFEO)于 1968 年成立,由世界各国工程社团联盟组成,是联合国教科文组织(United Nations Educational Scientific and Cultural Organization,UNESCO)倡议和支持下成立的世界上最大的非政府工程组织,设国家会员、地区会员、联系会员,还有一些非正式团体和个人会员,现有 90 个国家会员、1 个地区会员、2 个联系会员和 9 个国际组织，拥有会员 2 000 多万人。WFEO 下设技术创新、信息与通信、工程与环境、工程教育、灾害风险管理、能源等共计 10 个专业委员会，各专业委员会为推动 WFEO 各项工作的核心机构，独立开展学术活动。

1986 年，WFEO 颁布了《工程师环境伦理规范》，对工程师应承担的环境责任做了规定。要求工程技术人员要意识到：生态系统的相互依赖性、物种多样性的保持、资源的恢复及其彼此间的和谐形成了我们持续生存的基础，这一基础的各个部分都有可持续性的阈值，执业时不容许超越该阈值。

1990 年，WFEO 责成加拿大的 Donald Laplante、新西兰的 David Thom、美国的 Bud Carroll 负责，与其他会员一起制定了《工程伦理规范范本》，作为各成员组织制定伦理规范的参考依据，反映了国际工程社团的伦理考量。

WFEO 的《工程伦理规范范本》经 2001 年修订后的内容包括四部分。第一部分为总则，在阐明伦理概念的基础上，指出工程职业伦理规范不仅是工程师操守的最低标准，而且是一系列用以指导日常工作的原则；第二部分为伦理实践条款，列出了九条伦理实用条款；第三部分为环境工程伦理，列出了七条环境工程伦理条款；第四部分为总结，进一步概括工程伦理规范的理念。下面重点介绍第二部分和第三部分。

第二部分规定职业工程师必须在与可持续发展原则一致的前提下，高度重视公共安全、健康与福利，保护自然与人造环境；在工作场所促进健康与安全；仅在自己能力和业务范围内，以谨慎和勤勉的方式，提供服务、建议或者执行工程作业任务；忠实于客户或者雇主，恪守诚信，披露利益冲突；持续学习，以保持专业能力，在业务范围内努力提升知识结构，并为下属与同僚从业者提供职业拓展的机会；为人公正；对客户、同事及他人信守承诺，对财物收入和付出予以信用，职业批评诚实公平；确保客户与雇主明白其行动或项目的社会及环境后果，努力以一种客观与实事求是的方式向公众解释工程论题；向雇主和客户明确告知否决或无视工程决策或判断的可能后果；向所在社团或适当机构报告任何非法、不道德工程决策、工程业务或其他不正当行为。

第三部分提出了环境工程伦理的七条准则。工程师在从事任何职业活动时，必须以他们最大的能力、勇气、热情及奉献，努力获取技术成就，为所有人贡献并促进健康宜人的户外和室内空间；尽可能以最低的自然物质和能源消耗和最低的浪费和污染代价，完成工作目标；特别讨论其方案和行动对人民健康、社会公平及地方价值体系所带来的直接或间接、近期或长期的后果；仔细研究将会涉及的环境，评价工程项目在相关生态系统的结构、变化和审美意义中，以及在相关社会经济系统中产生的影响，并做出一个既环境友好又可持续的最佳发展选择；对那些旨在恢复和改善可能被扰乱环境的行动，要达成清晰的谅解，并将其包括在项目提案当中；拒绝任何对周边人民和自然环境造成不公平伤害的相关事项，并寻求技术上、社会上、政治上的最佳解决方案；必须认识到，生态系统的相互依赖、多样性保持、资源恢复及相互关系和谐等原则共同构成了人类持续生存的基础，并认识到，每项原则都是可持续能力的基本要求，不可以逾越。

伦理范本最后总结对工程师的要求：永远牢记战争、贪婪、穷困、无知、自然灾害、人为污染和资源破坏，是日益加剧的环境损害的主要原因，而工程师作为社会成员，必须运用自己的才能、知识及想象力来帮助社会排除邪恶，并为人们提高生活品质。强调“做好的工程”责任优先于“把工程做好”，赋予了工程师超越职业限制的社会责任和道德义务。

2001 年修订的《工程伦理规范范本》从伦理基本概念的理解出发，在讨论工程伦理的作用和定位之后，提出了工程师应该承担的九条职业伦理责任和七条环境责任，最后又升华到对公共道德的认识，从而实现了从道德理念到职业伦理规范又回归到道德理念的过程。

2010 年，WFEO 在 2001 年《工程伦理规范范本》的基础上进行了较大的修改。最新修改的规范范本共四部分，每一部分有三项条款。在工程实践中，职业工程师应：①正直诚实。避免欺诈、腐败或犯罪行为；做到客观、诚实；对待客户、同事和其他人要公平、真诚。②培养胜任力。为培养胜任所在专业领域的能力，应认真、勤奋地锻炼自己；按照公认的工程实践、标准和规范进行执业；不断努力提高从事工作的知识水平。③具有引领作用。通过实践，提高生活质量；努力促进从事职业的知识体系进步，并为通常的工程领域进步做出贡献；培养公众对科学技术问题的理解和工程作用的认识。④保护自然环境和建筑环境。为可持续的未来创造和实施工程解决方案；注意行为或工程对经济、社会和环境带来的后果；促进和保护公众的健康、安全、福祉和周边环境。

作为工程专业人员，应利用其掌握的知识和技能为世界造福，为可持续发展创造工程解决方案。在从业过程中，应努力为共同体服务，而不是为任何个人或部门利益服务。成功需要伦理行为。根据工程专业人员的义务，希望作为工程师所做的选择能够使我们做一些“有益”的事情，同时希望确保我们以一种“正确”的方式来做这些“有益的事情”。

WFEO 的工程伦理规范旨在协助各成员组织通过制定自己的伦理规范，指导会员的伦理行为。伦理规范必须做两件事：一是应为工程师行为准则中要遵循的价值观提供指导，二是确立在应用这些价值观时必须遵循的原则，以便以一种正确的方式做事。

进行专业判断往往是困难而复杂的。“专业化”的内在本质是工程师总是对他人负有责任，并有义务“做正确的事”。“其他人是谁”和“正确的事情”到底是什么，这将是一个不断平衡的问题。我们期望取得平衡，但我们也知道每一种情况都是不同的，需要根据具体情况做出具体的选择。

伦理规范不会告诉我们所有的答案，也不会告诉我们在任何情况下该做什么。伦理行为反映了一个人对正确和错误的认识，是由他们的良知和所坚持的价值观引导的。WFEO 在编制《工程伦理规范范本》的过程中，已经采取了许多措施试图平衡义务和权利，而不发表当狭隘解释时可能会误解的陈述。

在 WFEO 的《工程伦理规范范本》中，其价值观和原则是普遍适用于工程实践的，规范范本提供了一个框架，用于分析和决定特定行为或行为的适当性。

工程从业人员在社团中出现的责任的普遍问题，最好在工程伦理规范中涉及。WFEO 鼓励其成员组织基于 WFEO 的《工程伦理规范范本》中设定的价值观和原则，发展和制定一套与该组织相应的伦理规范，将价值观和原则传授给会员，并通过伦理支持使项目在会员从业的决策过程中得到帮助。

与 WFEO 的伦理规范相比较，目前中国工程师职业伦理意识在理念上还停留在“把工程做好”，而不是服从整个社会利益、“做好的工程”；在内容上欠缺“告知”责任和“举报”责任两项重要内涵。中国工程师伦理意识在定位上还存在一定的模糊性，既有抽象程度过高的一般伦理准则，又有过于具体的行为规定。

2013年，WFEO发布了《可持续发展和环境管理行为规范》和解释说明，从实践角度为工程师和世界工程组织提供了在一个或多个隶属世界工程组织联合会的下设机构就职的执业工程师的解读。对世界工程组织工程师行为准则进行补充说明，行为规范和解释性指南有助于世界工程组织联合会实现促进全球工程行业发展的愿景，从而进一步促进联合国千年发展目标的实现。

WFEO定义可持续发展是一种既满足当代人对社会、经济与环境的需求，又不损害子孙后代满足其需求的发展模式。定义环境管理为最大程度上审慎地利用有限的自然资源来创造最大的效益，同时保证在可预见的未来保持一个健康的自然环境。

环境管理涉及“保护我们所拥有的”，而可持续发展涉及“获取我们所需要的”。可持续发展不仅关注当下的情况，更关注我们是否有能力在未来继续获得我们的需求。与之类似，环境管理不仅关注过去，更关注在未来继续维持我们已获得的东西。这两种概念都关注当下，又共同展望着未来，但我们对此无法做到兼顾。事实上，当环境遭受巨大压力，受到破坏时，从长期的可持续发展角度来讲，促使环境的恢复对我们有极大益处。

开采不可再生能源这一现象的出现是合理且不可避免的。但这种能源始终是有限的，我们最终还是会被迫去寻找新能源或充分利用我们已有的资源，或者同时采取这两种行动。保护常常被视为另一条出路，但是这个概念对于不同人来说有着不同的含义。保护只是一个起点，如果我们想满足未来的需求，在这个有限的世界里，我们务必要朝真正的可持续发展努力前行。

缺少环境管理，无法实现可持续发展。发展始终对环境产生着影响，而且实现真正的可持续发展还需要将“环境需求”考虑在内。不仅仅是保护那些在发展后仍留存下来的自然环境，虽然该做法有时会产生一定的问题，但这对可持续发展来讲是非常有必要的。反过来，缺少可持续发展，环境管理也寸步难行。环境管理可能局限于保护或改善部分自然环境，并且这个过程不涉及发展问题。因此，环境管理不一定包括与可持续发展某方面直接相关的内容，但必须要考虑在为实现未来可持续发展所做出的努力中包含的固有危险。如果为实现可持续发展所做的努力中包括环境管理的一些陈旧过时的做法，就算这种努力再出于好意，也是不适当的。

工程这一行业在经济发展中和在保护环境的过程中发挥着至关重要的作用。由此，工程在可持续发展中扮演重要角色是再合适不过的。工程师的工作要与当代和后代人的生活密切关联，并且要为社会提供指引和领导，就必须采取前瞻性的可持续方略。工程师凭借其专业技能及其在设计管理过程中所扮演的角色，有机会影响到许多长远结果的形成，这往往都是为了提高经济效率与资源利用率。短期的环境影响通常被视为设计瓶颈。长期的环境影响则更难预测，也许会产生意想不到的后果，这也因此会给工程师带来极大的挑战。例如，他们通常会在压力下采取削减成本的措施，但是这会以牺牲可持续发展为代价，又或者会造成一些超出他们当下任务范围的长期结果。

人们通常认为主要是环境工程师负责保护环境，使环境免受人类活动造成的危害，同时使社会免受环境因素的负面影响。从不同的工程领域来看，这种理解不免有些狭隘。事实上，所有工程师都要考虑他们的工作对环境可能造成的影响。

《可持续发展和环境管理行为规范》主张“全球性思考,本地化行动”,提出了10条准则:①保持并不断加深对环境管理、可持续原则及所从事实践领域的有关问题的了解和理解。②当自身的知识不足以解决环境和可持续发展问题时,应借用他人在这些领域的专业技能技巧。③纳入与自身工作相适应的全球性、局域性、地区性社会价值观,包括社会群体问题、社会质量问题,以及伴随着传统文化价值观的、与环境影响有密切关系的其他社会问题。④运用与可持续发展和环境有关的适宜标准及原则,尽早实施可持续成果。⑤评估工作的经济可行性时,通过适当考虑环境变化和极端事件,对环境保护、生态系统的组成部分及可持续问题的成本与收益做出评定。⑥将环境管理和可持续计划纳入生命周期的规划及影响环境的管理工作中,同时采取有效的、可持续的解决方案。⑦寻求适宜的革新方法旨在于环境、社会和经济各因素之间找到平衡点,同时为创造健康良好的建成环境和自然环境做出贡献。⑧因地制宜地推进外部和内部的利益相关者的参与,以公开透明的方式实现更多利益相关者的加入。及时并以与自身从事的任务范围相一致的方式回应任何利益相关者所关切的问题,包括经济、社会和环境问题。向相关权威机构报告有助于保护公众安全的必要信息。⑨确保工程项目符合相关法律要求和监管要求,并通过采取最易获得,最有经济可行性的技术手段和程序来尽力完善这些项目。⑩遇有严重或不可逆转损害的威胁时,即使不完全确定其危害程度,也要及时采取缓解危机的措施来降低环境的恶化程度。

5.3 美国土木工程师伦理规范发展史

1852年,美国土木工程学会(ASCE)成立。ASCE作为美国最早成立的全国工程师学会,对工程伦理规范的早期探索有很强的代表性。ASCE成立时,试图建立“一个被认可的职业角色”,并且使用他们的社会身份“来向可能的雇主表明他们具备最基本的能力水平”,并不断寻求方法来建立他们的职业荣誉。为了使自己的学会成为“精英式组织”,它们采取了一系列行动:制定严格而高标准的入会条件,并规定只有著名的、成功的工程实践者才能加入学会,同时ASCE为了建立职业荣誉,在发展伦理规范方面进行了一些初期非正式的讨论。

1877年10月18日,ASCE秘书长G. Leverich第一次建议ASCE编撰行为的伦理规范。早期ASCE主要关注保证会员的权威性,当工程师面临与雇主的冲突时,学会采用下面的立场:“职业伦理被认为是严格意义上的个体责任——荣誉事情的问题。”工程师应该坚持自己的职业判断,ASCE认为这仅仅是工程师自己的事情,无需学会提供指导意见。这个观点的理由是工程师学会成员自身是有名的工程师,否定工程师个体的判断就是否定工程师学会整体的判断。

在ASCE讨论制定规范的过程中,在1892~1893年发生了大范围的关于伦理规范的争议,新闻报道也对制定规范起了很大的推动作用。这次争论起源于Austin坝的设计人的更换,事件中对工程师的行为是否能够促进职业荣誉,引起了人们广泛的论战。

Joseph Frizell是一个有经验的工程师,1890年作为总工程师,负责德克萨斯州奥斯汀市Austin坝(见图5-2)的设计工作。他和公共工作理事会在大坝设计上开始没有达成一致意见。理事会招聘了第二位工程师 John Fanning。根据公共工作理事会的要求，Fanning 没有联系 Frizell 而直接向理事会提交了他的报告。公共事务理事会聘请 Fanning 负责设计工作，Frizell 对同事在没有事先沟通的情况下替代自己的工作非常愤怒，随后就辞职了。

图 5-2　Austin 坝(1900 年溃坝，1940 年在原址重建)

当时的新闻媒体《工程新闻》(Engineering News)和《工程记录》(Engineering Record)进行了一系列的报道，指出设计换人事件表明职业协会应有一部伦理规范。《工程记录》还刊登了“职业伦理和行为规范”系列社论，鼓励工程师学会制定伦理规范。《工程记录》的编辑认为伦理规范应该突出“职业尊严、职业荣誉，以及职业伦理”。他认为伦理规范能够帮助工程师来处理特殊境遇，能够达成一致性意见，帮助工程师走出道德困境。

ASCE 为了引导成员行为，责成辛辛那提分会主席 Whinery 组织讨论制定一部可行的伦理规范。Whinery 组织编制了伦理规范，共分为五部分，并提交给 ASCE。ASCE 领导层依旧普遍认为不需要伦理规范，他们认为虽然在一系列伦理规范的作用下，一个职业工程师能够为公众提供更好的服务，但是那些 ASCE 的精英工程师倾向于反对告诉他们怎么做，即使是他们自己制定的规范也不可接受。第二次大范围的讨论失败了，但大部分工程师开始思考制定一部职业伦理规范。

早期美国的工程职业社团为了提升自己的身份，建立职业荣誉，对制定伦理规范进行了一系列的尝试，但是制定一部伦理规范是否能够促进职业荣誉的提升，工程师大多采取了反对的态度。工程职业组织也不认为一个正规的伦理规范是其所必需的，其对职业伦理的考量主要局限于相信工程师个人的判断、强调工程师的个体责任，不干涉工程师个体的工程活动及相应的工程判断是工程师学会的主要观点。

1913 年 1 月在 ASCE 年会上，成员 P. Churchill 建议 ASCE 顺应 ASME(美国机械工程师学会)和其他几个工程师学会的做法，制定本学会的工程伦理规范。支持者重新指出其他行业已经制定了伦理规范，ASCE 在工程职业发展上不能落后于其他学会。1913 年 2 月，ASCE 任命一个委员会草拟了工程伦理规范。经过几个版本的修改之后，在理事会的建议下,ASCE 的工程伦理规范在 1914 年 9 月的会议上以 1997 票(参会 2162 人)的高票通过。

20 世纪初的工程伦理规范常常作为一种工具来提升职业发展和荣誉,职业伦理规范已成为各个职业协会关注的重点。这一时期工程伦理规范的主要内容涉及工程师与雇主、同行与职业的关系。因为职业荣誉大多集中于商业利益和公司忠诚,所以工程伦理规范的重点是许多形式的忠诚都是其最基本的要求,忠诚于雇主是这一时期伦理规范的重要特点。例如,ASCE 伦理规范第一条就要求工程师“作为一个忠诚的代理人或受托人”开展工作。

工程师不仅应该忠诚于客户或雇主,还应当维护社会公众的利益,其在认识自身职业责任和伦理方面进入了一个新的阶段,现今基本上所有的工程伦理规范都把公众利益置于首要条款。工程伦理规范中工程师伦理责任的转变有着重大意义,它可以更有效地指导工程师进行职业活动,当公众利益与雇主利益发生冲突时,工程师在采取伦理行动时有了制度上的保障。

随着工程活动的不断发展,工程对于环境的负面影响也越来越大,迫于这些压力,ASCE 于 1977 年率先修改其规范,第一次将“工程师应该有义务提升环境以改善我们的生存质量”包含在内。在这一条款中“应该”不等同于必须,排除了条款的强制性,弱化了条款的执行力度。通过修订,1996 年的伦理规范包含了更多的涉及环境的条款,对环境的陈述所涉及的关键术语变成了“应”或“必须”,“应”或“必须”的意义是如果工程师不以这种态度推进他们的工作,他们将违反伦理规范,并因此受到惩罚。

2017 年 7 月 ASCE 又进一步修订了伦理规范,把维护公众安全、健康和福祉置于首位。工程伦理规范分基本原则四条、基本准则七条,在实用指南中增加了准则 8(见附录 A1)。

工程师应通过基本原则保持和促进工程职业的正直、荣誉和尊严:①运用他们的知识和技能改善人类福祉和环境;②诚实、公平和忠实地为公众、雇主和客户服务;③努力增强工程职业的竞争力和荣誉;④遵守职业和技术协会的纪律,积极支持本领域的职业和技术协会。

基本准则:①工程师应把公众的安全、健康和福祉置于首位,并且在履行职业责任的过程中努力遵守可持续发展的原则。②工程师应仅在其能胜任的领域内从事职业工作。③工程师应仅以客观、诚实的态度发表公开声明。④在职业事务中,工程师应作为可靠的代理人或受托人为每一名雇主或客户服务,并规避利益冲突。⑤工程师应将职业声誉建立在自己职业服务的价值之上,不应与他人进行不公平的竞争。⑥工程师的行为应维护和增强职业的荣誉、正直和尊严,对贿赂、欺骗和贪污零容忍。⑦工程师应在其职业生涯中不断进取,并为在他们指导之下的工程师提供职业发展的机会。⑧工程师应在与他们的职业相关的所有问题上,公平对待所有人,鼓励公平参与,而不考虑性别或性别认同、种族、民族、宗族、宗教、年龄、性取向、残疾、政治归属、家庭、婚姻或经济状况。

虽然工程伦理规范开始逐渐加入环境条款,但是环境问题依旧任重而道远。进入 21 世纪,工程职业出现了许多新的问题和挑战,工程伦理也将在新的时代背景下反思技术发展所带来的关键问题,如进入大数据时代,计算机发展所带来的计算机伦理问题,工程伦理也需要更加关注人类多样性的话题，如越来越受到重视的性别与少数群体歧视问题；以及全球化所带来的问题，不同国家的工程师跨国工作时如何制定一套标准来规范不同文化背景下的工程师等。

5.4　中国工程师信条

1912 年，中华工程学会、中华工学会及路工同人共济会等三个工程师社团先后在广州、上海等地成立。不久，三会合并，改名为中华工程师会，推举詹天佑为会长。1914 年，中华工程师会改名为中华工程师学会。1917 年，在美国的华人留学生发起成立了中国工程学会。

随着 1919 年詹天佑的逝世，中华工程师学会逐渐走向衰落。与此同时，另一个工程师团体正发展壮大。1918 年，中国工程学会在美国纽约正式成立，推举陈体诚为会长。随着留美留学生回国发展，中国工程学会于 1920 年转移国内，开始了在国内发展的新历程。到 1931 年，中国工程学会发展迅速，生命力很强，受西方职业社团的影响很大。这一时期，学会编辑出版会刊，始发于 1923 年的会刊《工程》是中国工程学会及之后中国工程师学会长期存在的重要刊物。刊物的发行对于后期伦理规范的刊登、交流都起到了重要的作用。

1931 年，中华工程师学会与中国工程学会在南京举行联合年会，决议合并，正式更名为中国工程师学会，成为当时国内唯一的综合性工程学术团体。中国工程师学会共有 15 个下属组织：中国建筑师学会、中国电机工程师学会、中国机械工程师学会、中国土木工程师学会等，中国工程师学会与下属学会是总会与分会的关系，各下属学会有各自的独立性。

中国工程师学会成立后，致力于推进我国工程事业的发展，在工程史上发挥的作用不可小觑。中国工程师学会积极发展会务，联系全国工程技术人员，举办演讲，宣扬工程师对社会的重要作用，唤起社会对这一职业的重视；同时还制定了一系列工业标准等。

随着社会的不断发展，中国工程师学会逐渐认识到工程师的职业活动对社会的重要影响，因此，“为恢复我国固有道德”而“参照他国先例”，中国工程师学会开始着手制定工程伦理规范。1932 年在中国工程师学会天津年会上，李书田、王华堂等提议成立“工程师信守规条委员会”，用以制定“工程师信守规条”。提案通过后，由会员李书田、华南圭、邱凌云三人成立了“工程师信守规条委员会”。中国工程师学会于 1933 年制定了《中国工程师信守规条》，这是最早成文的中国工程师职业伦理规范。其内容包含六条准则：①不得放弃或不忠于职务；②不得授受非分之报酬；③不得有排挤同行之行为；④不得直接或间接损害同行之名誉或者业务；⑤不得以卑劣之手段，竞争业务或者位置；⑥不得有虚伪宣传或者其他有损职业尊严之举动。这六条准则中有四条准则是关于工程师对同行的责任，这是针对当时刚刚出现的工程师群体情况而提出的，带有明显的同行自律性质，同时也是“参照他国先例”的产物。从其内涵看，这份工程师信条与当时其他行业公会的职业伦理信条并没有不同之处，这也反映出正在形成中的中国工程师职业群体还没有清楚意识到自身与其他职业群体的区别。

1933年《中国工程师信守规条》是我国历史上成文最早的工程伦理规范，从其内容可以看出，这一时期工程师的责任对象主要为雇主或客户、同行以及职业。

1937年7月7日卢沟桥事变，抗日战争的全面爆发打断了中国科学技术发展的进程，许多社团都受到沉重的打击，中国工程师学会也受到制约被迫内迁。战争使得工业的重要地位得以凸显，这一时期工程师的国家观念和民族观念成为社会关注的焦点。虽然大后方条件艰苦，但抗战时期的中国工程师学会仍在各领导者及会员的努力下积极开展会务、参与抗战。在这样的背景下，中国工程师学会设立了军事工程委员会，开除参加敌伪组织及违反民族利益的会员，慰劳抗日殉职的工程师家属等。学会将工业发展与军事战争联系起来，服务抗战的思想也被要求在工程伦理规范上予以彰显。1940年，中国工程师学会第九届成都年会上，会员提议对“1933年《中国工程师信守规条》”进行修改，提出了工程师对于国家、民族的责任。

1941年，中国工程师学会第十届年会通过了修订案，将《中国工程师信守规条》更名为《中国工程师信条》，增加了工程师对国家、民族的责任，并修改了原规条内容。修订后的八条准则是：①遵从国家之国防经济建设政策，实现国父实业计划。②认识到国家民族之利益高于一切，愿牺牲自由，贡献能力。③促进国家工业化，力谋主要物质之自给。④推行工业标准化，配合国防民生之需求。⑤不慕虚名，不为物诱，维持职业尊严，遵守服务道德。⑥实事求是，精益求精，努力独立创造，注重集体成就。⑦勇于任事，忠于职守，更须有互助、亲爱、精诚之合作精神。⑧严以律己，恕以待人，并养成整洁、朴素、迅速、确实之生活习惯。1941年《中国工程师信条》与1933年《中国工程师信守规条》相比，一方面提高了精神理念的高度，强调国家民族利益，具有较强的政治色彩；另一方面减少了对职业群体的指向性，也使得该信条缺少现实约束力。

抗日战争胜利后，由于国共内战，中国工程师学会的各项工作受到很大影响，国内的工程技术人员有的选择跟随国民党军队迁往台湾，有的选择留在大陆，贡献自己的力量。在中国工程师学会解散后，一些留在国内的学会会员开始着手恢复重建学会，一些学会相继成立，如中国机械工程学会、中国土木工程学会。它们在新的环境下积极发挥自己的作用。同时，迁往台湾的会员于1951年在中国台北重设总部，进行职业活动。至此，中国工程伦理规范的发展路径走向了分化。

1976年将《中国工程师信条》第二条中的“自由”修改为“小我”。

1994年，中国工程师学会成立了工程伦理委员会来修订工程师信条及研究工程职业伦理，其多次会集工程业界与工程教育界人员制定了新的《中国工程师信条》，1996年信条内容依次涵盖工程师对社会、专业、雇主及同僚四个方面的责任。

1996年信条包含四则八条，详细内容如下：①工程师对社会的责任。守法奉献，即恪守法令规章，保障公共安全，增进民众福祉；尊重自然，即维护生态平衡，珍惜天然资源，保存文化资产。②工程师对专业的责任。敬业守分，即发挥专业知能，严守职业本分，做好工程实务；创新精进，即吸收科技新知，致力求精求进，提升产品品质。③工程师对雇主的责任。真诚服务，即竭尽才能智慧，提供最佳服务，达成工作目标；互信互利，即建立相互信任，营造双赢共识，创造工程佳绩。④工程师对同僚的责任。分工合作，即贯彻专长分工，注重协调合作，增进作业效率；承先启后，即矢志自励互勉，传承技术经验，培养后继人才。

1996年再次修订的《中国工程师信条》,在中国台湾地区一直沿用至今。为工程师在职业活动中提供指导方针。与之前的信条相比,1996年信条责任内涵更加丰富,基本涵盖了当今工程伦理规范的所有要点,它不仅强调工程师对专业、雇主的责任,更将工程师的社会责任、环境意识放在第一位,1996年信条与当今世界上成熟的、建制化的工程伦理规范已经同步。为了使1996年信条更具有操作性,中国工程师学会还制定了《中国工程师信条实行细则》,将1996年信条中规定的工程师四个方面的伦理责任更加细化、具体化。至此,中国工程师学会的工程伦理规范发展逐步趋于完善,经历了从雇主、客户到国家、民族再到公众、环境的演变过程,促使中国工程师学会成为一个不负社会信托的工程师团体。

1996年修订的《中国工程师信条》,是一个体系完整而且具有可操作性的工程师职业伦理规范。从《中国工程师信条》的制定和几次修订的历史变迁中,我们看到中国工程师早在1933年已有成文的伦理规范,规范经过1941年、1976年的修订,到1996年趋于完善。然而,由于种种历史原因,中国工程师的职业伦理演化路径出现了分岔,并形成了两条不同的轨迹。在某种程度上,中国大陆工程师的伦理意识还处于1941~1976年《中国工程师信条》的水平。

中国工程师学会在工程伦理教育、方法等多方面也都取得了很大的进展。中华工程教育学会颁布了《工程及教育认证规范》,积极推动工程教育、工程认证,目前中国台湾已经成为华盛顿协议(Washington Accord,WA)的正式会员。此外,工程伦理教育已经成为各大学的通识教育课程。中国台湾工程伦理各方面都有了很大的进展。随着社会形态逐日开放,台湾工程界人士逐渐开始重视公共利益,但学会成员内的自聚或自律机能尚显薄弱,专业社群的伦理监督或自律机制则尚未建立。很多工程人员不能诠释或身体力行这些信条。为此,在《中国工程师学会110年发展策略白皮书》中,中国工程师学会推出四项行动方案来推动工程伦理体系的发展,最终建立一个有伦理观念的工程环境。

5.5 中国注册工程师制度

中国工程咨询协会于1999年制定了《中国工程咨询业职业道德行为准则》,后随着工程咨询行业发展的变化、国家可持续科学发展观的提出以及国际咨询工程师联合会职业道德的重新修订,中国工程咨询协会于2010年12月第四届会员代表大会暨2010年年会上对其职业伦理规范进行了第二次修订。修订后的《中国工程咨询业职业道德行为准则》内容简洁,共有10条,分别规定了咨询工程师对于社会、客户、同行、职业等几个方面的责任。

中国建设工程造价管理协会于2002年6月18日通过了《造价工程师职业道德行为准则》以规范造价工程师的职业道德行为,内容共九条,责任对象包含公众、同行、客户等几个方面。中国设备监理协会于2009年2月18日颁布了《设备监理工程师职业道德行为准则》,准则内容共五条,内容涉及设备监理工程师对社会、客户、同行的责任。中国勘察设计协会于2014年1月20日通过了《工程勘察与岩土工程行业从业人员职业道德准则》,内容较为全面,以四项准则、八条具体条款依次规定了工程勘察与岩土工程行业从业人员对客户、职业、社会及同行的责任,中国勘察设计协会的工程伦理规范适用人员非常广泛,不仅包括工程师,还包括其他人员。此外,中国建设监理协会为了加强监理人员的职业道德建设,树立良好的职业形象,在调研的基础上,也开始起草工程伦理规范。通过征求各省、市监理协会和行业专业委员会的意见,逐渐修改形成了《建设监理人员职业道德行为准则》(试行)审议稿,其责任对象涵盖客户、公众及同行。

工程伦理规范是工程成为职业的一个必要条件。间隔近半个世纪,中国大陆工程伦理规范的发展重新起步,虽然工程伦理规范的发展水平仍然很低,但也进入了一个新的发展历程。中国大陆的工程职业社团陆续出台成文的工程伦理规范,中国工程职业逐步发展。

2004 年,作为中国工程科学技术界的最高荣誉组织——中国工程院在中国苏州召开的第八届中日韩(东亚)工程院圆桌会议上与日本、韩国工程院达成了一个共识,联合发出《关于工程道德的倡议》,建议亚洲的工程界对自己的成员做出指导,呼吁工程师做到“在做出工程决定时,要承担保证社会安全、健康和福利的责任”,并且要“为实现可持续发展,做出应有的努力”。这份倡议已经纳入了当今比较重要的两个伦理责任。当时的院长徐匡迪在大会上做报告时就提及:“现代工程师面临的问题之一就是社会经济发展与生态环境之间的矛盾日益突出,工程科技不仅要满足人们在物质文化生活方面的需求,还要满足人们对保护生态环境的需要。”此外,中国工程院院士钱易教授指出,工程师是一个城市和国家的建筑者,在工程实践中应该以节约资源与能源为准则,不再破坏岌岌可危的生态环境,开发并应用环境友好技术,将废物变成可再生的资源。这些人的言语、行动反映出工程师已经开始注意工程师所承担的伦理责任。

2001 年 1 月,人事部、建设部正式出台《勘察设计行业注册工程师制度总体框架及实施规划》(人发〔2001〕5 号),标志着我国注册工程师制度的全面启动。总体框架将我国勘察设计行业执业资格注册制度分为三大类:即注册建筑师、注册工程师和注册景观设计师,其中勘察设计注册工程师又分为 17 个专业。我国从 2010 年起全面实行注册工程师制度,目前有一些专业已经实施或者正在筹备实施,例如,《中国注册建筑师条例》早在 1995 年就已经颁发,率先推行了中国注册建筑师制度。至于中国总共实施了多少个专业的注册工程师,目前尚无全面的官方统计,表 5-1 列出了 17 个专业共 20 项注册工程师制度法规状况。

“当人们能够做到别人不会做的事情时,事情一开始就产生了他们对使用其服务的人们的义务和责任。这是解释职业伦理存在必要性的共同依据。”“工程师的伦理责任远远大于做好本职工作。”因此,义务和责任是工程师职业伦理的核心命题,也相应地成为注册工程师执业资格标准的一项重要内容。上述 17 个专业的注册工程师制度法规中,无一例外地都具有规定工程师道德义务的条款。此外,有 4 个专业的注册工程师条例中规定了工程师的法律责任。然而,唯独《注册咨询工程师(投资)注册管理办法(试行)》(发改投资〔2005〕983 号)规定了对注册工程师进行监督检查的条款。

对中国注册工程师制度和工程社团章程所体现的伦理意识有以下几点认识:①中国工程师职业准入制度反映出社会已经对职业工程师群体提出了明确的伦理要求,但是这个伦理意识还处于要求工程师“把工程做好”的阶段,而不是要求工程师要“做好的工程”。②工程社团缺乏成文的伦理规范文本,其章程中的伦理意识还处于模糊和凌乱的状态。总体而言,工程师群体还缺乏清晰完整的自觉伦理意识。③中国工程师职业伦理意识还处于第二次世界大战期间的观念,即当国家和民族的生存面临挑战时,工程师作为掌握技术力量的群体,应该奉行国家和民族利益高于一切的原则,献身经济建设和学科发展,这在当时是非常必要的。然而,在当今强调可持续发展的全球化时代,在我国提出实践科学发展观、全面建设和谐社会的语境下,对工程师的要求就不仅仅是把“工程做好”,而是首先要选择有利于社会和谐与可持续发展的“好工程”。在这种情况下,中国工程师职业伦理意识就显得滞后了。诚然,工程伦理不能完全归结为工程师的职业伦理,而且工程伦理的制度化建设也并非仅仅表现在职业准入制度和社团章程两个方面。

表 5-1　中国注册工程师义务和责任的规定条款(苏俊斌等,2007)

工程师专业类别		有无义务条款	有无责任条款	规定颁布年份
建筑师		有	无	1995
结构工程师		有	无	1997
土木工程师	岩土工程	有	无	2002
	港口与航道工程	有	无	2003
	水利水电工程	有	无	2005
	道路工程	有	无	2007
化工工程师		有	无	2003
公用设备工程师		有	无	2003
电气工程师		有	无	2003
环保工程师		有	无	2005
机械工程师		有	无	2005
石油天然气工程师		有	无	2005
冶金工程师		有	无	2005
采矿/矿物工程师		有	无	2005
咨询工程师(投资)		有	无	2001
注册计量师		有	无	2006
监理工程师		有	有	2006
造价工程师		有	有	2006
安全工程师		有	有	2007
注册测绘师		有	无	2007

然而上述认识仍然可以反映出现实存在的问题:目前工程伦理意识的落后情况与当下中国工程实践的蓬勃发展局面严重不符。伦理意识况且如此,更不用说与伦理意识还存在一定距离的伦理实践。工程伦理意识落后往往是引起重大工程实践问题的深层原

因,需要引起国内工程理论界与工程实践界的重视。

5.6 中国水利工程师伦理规范

中国水利工程师目前没有专门的伦理规范。

中国水利学会成立于1931年4月,前身是中国水利工程学会,1957年更名为中国水利学会,是由水利科学技术工作者和团体自愿组成、依法登记成立的全国性、学术性、非营利性社会团体,是发展我国水利科学技术事业的重要社会力量。学会现有个人会员86 000人,43个专业委员会和工作委员会,80多个单位会员。

2009年5月25日第九次全国会员代表大会通过了《中国水利学会章程》,其中宗旨部分为:作为发展我国水利科学技术事业的重要社会力量,团结广大水利科学技术工作者,遵守国家宪法、法律、法规和政策,提倡实事求是、与时俱进的科学态度,弘扬尊重知识、尊重人才的优良风尚,贯彻“百花齐放、百家争鸣”的方针,倡导“献身、创新、求实、协作”的精神;以科学发展观为指导,坚持以人为本,民主办会,为广大会员和科技工作者服务;实施科教兴国和可持续发展战略,促进水利科技的繁荣、发展、普及和推广,促进人才成长,为实现水利现代化,保障我国经济社会可持续发展做出贡献。

中国水利学会章程2004年版的宗旨部分包含“遵守社会道德风尚”内容,2009年版又删除了。

中国水利工程协会于2005年8月18日成立,是由全国水利工程建设管理、施工、监理、运行管理、维修养护等企、事业单位及热心水利事业的其他相关组织和个人,自愿结成的非营利性、全国性的行业自律组织。中国水利工程协会经中华人民共和国国务院批准,在民政部注册,由水利部主管。协会的宗旨:团结广大会员,遵守宪法、法律、法规,遵守社会道德风尚;贯彻执行国家有关方针政策;促进社会主义物质文明、精神文明和和谐社会建设;服务于政府、服务于社会、服务于会员;维护会员的合法权益;起到联系政府与会员之间的桥梁与纽带作用,发展繁荣水利事业。

2016年12月23日中国水利工程协会第三次全国会员代表大会通过了会员职业道德准则,即:爱国守法,诚实守信;根植水利,兴水惠民;爱岗敬业,恪尽职守;开拓进取,精益求精;热心公益,奉献社会;廉洁从业,风清气正。

同时,为加强诚信建设,规范水利建设市场主体行为,推进行业自律,维护行业秩序,塑造良好形象,促进水利事业健康发展,根据民政部、中央机构编制委员会办公室等八部委《关于推进行业协会商会诚信自律建设工作的意见》(民发〔2014〕225号),水利部、国家发展和改革委员会《关于加快水利建设市场信用体系建设的实施意见》(水建管〔2014〕323号)和《中国水利工程协会章程》,会员代表大会通过了八条会员自律公约:

第一条 依法经营。严格遵守法律法规、规范标准,履行主体责任,规范经营行为,自觉接受监督。

第二条 公平竞争。坚持公平正义,抵制不良行为,遵守市场秩序,维护行业声誉。

第三条 诚实守信。坚持诚信经营,恪守社会公德、职业道德,履行社会责任,践行社会主义核心价值观。

第四条 保证质量。树立质量第一理念,健全质量管理机制,落实质量责任,确保工程质量。

第五条 安全生产。落实安全生产主体责任,树立安全发展理念,强化安全防范措施,确保安全生产。

第六条 绿色发展。坚持生态文明,自觉节约资源,优化结构布局,崇尚绿色发展。

第七条 勇于创新。积极研究、推广、应用新技术、新工艺、新材料、新设备,不断推动行业科技进步。

第八条 强化管理。健全管理制度,强化内部约束,重视企业文化,夯实立业之本。

《注册土木工程师(水利水电工程)制度暂行规定》(国人部发〔2005〕58号)说明了水利工程师的义务和权利。注册土木工程师(水利水电工程)享有下列权利:①使用注册土木工程师(水利水电工程)称谓;②在规定范围内从事执业活动,并履行相应岗位职责;③保管和使用本人的注册证书和执业印章;④对本人在工程勘察、设计领域的活动进行解释和辩护;⑤接受继续教育;⑥获得与执业责任相应的劳动报酬;⑦对侵犯本人权利的行为进行申诉。注册土木工程师(水利水电工程)应当履行下列义务:①遵守法律、法规和有关管理规定;②执行技术标准和规范;③保证执业活动成果的质量,并承担相应责任;④接受继续教育,努力提高执业水准;⑤在本人执业活动中完成的主要设计文件上签字、加盖执业印章;⑥保守在执业中知悉的国家秘密和他人的商业、技术秘密;⑦不得准许他人以本人名义执业;⑧在本专业规定的执业范围和聘用单位业务范围内执业。⑨协助注册管理机构完成相关工作。

工程伦理规范已经发展成为工程师职业行为的标准和活动指南,并决定着工程职业化发展水平的高低,这些伦理规范的制定与完善不仅促进了工程师职业道德水平的提高,更推进了工程职业化发展的进程。与美国等国家和地区工程伦理规范的制定完善过程相比较,我国的工程伦理规范总体上比较传统、保守而且滞后,工程社团也没有形成完整而系统的伦理规范体系,而仅仅是表面而模糊的总体表述,缺乏宏观的指导性方针、操作原则与实用标准。目前工程师社团并没有专门的工程师职业伦理规范;在大多数工程社团的章程中间接反映出来的工程师职业伦理意识,还缺乏对社会福祉、自然环境等重要伦理原则的重视。可见,制定适合我国的工程伦理规范就显得尤为紧迫而必要。

美国著名工程伦理学家 Michael Davis 指出一个伦理规范的标准必须包括四个方面:①是一个伦理规范;②应用于一个职业的成员;③应用于这一职业的所有成员;④只应用于这一职业的成员。其实,这四个标准主要说明了两个方面的内容,一是要求为伦理规范,而不是其他的规范,如制度规范、法律规范等;二是适用范围是其所属的职业成员,而且是唯一的所有的职业成员。

应依据世界工程组织联合会《工程伦理规范范本》,参照美国土木工程师学会工程师伦理规范(见附录 A1)和美国国家职业工程师学会工程师伦理规范(见附录 A2),遵循中国水利学会章程和国家有关法律法规等,制定中国水利工程师伦理规范。

建议的中国水利工程师伦理规范有4项基本原则,12条基本准则。

水利工程对人民群众的美好生活有直接和重大的影响,水利工程师要诚实、公平和公正,致力于保护人民群众的健康、安全和福祉,应按有关国家标准和行业规范履行工作职责,要高标准地遵守伦理规范。

水利工程师在履行工作职责时应遵循的基本原则和准则如下。

(1)**基本原则1:遵守公民基本道德规范**。其基本准则为:

①做到正直、诚实;

②对腐败、欺诈和犯罪零容忍;

③诚实、公平和忠实地为公众、雇主和客户服务,维护水利工程共同体的利益。

(2)**基本原则2:维护和增强水利行业的荣誉和尊严**。其基本准则为:

①努力进取,终身学习;

②按照公认的标准、规范和工程实践经验进行执业;

③执行最严格的水资源管理制度,运用自己的知识能力在防汛抗旱中做出贡献。

(3)**基本原则3:不断提高胜任力**。其基本准则为:

①仅在能胜任的领域从事职业工作;

②依靠高质量专业服务的价值提高自己的声誉,不与同事或他人进行不公平竞争;

③以客观、科学的态度公开发表论文、报告和声明,不应在不了解的报告、文件和图纸上签字。

(4)**基本原则4:保护环境和资源**。其基本准则为:

①创造和实施可持续发展工程方案;

②关注工程实施对经济、社会和环境可能带来的后果;

③促进和保护人民群众的健康、安全与福祉。

第 6 章

水利工程师的责任

工程师的责任问题，是水利工程伦理学的重要问题。工程师作为一个职业群体，是人类的各种工程活动中的关键角色。在工程活动中，工程师研究和开发了各种技术和产品，设计、建造和实施了各种工程项目，对所有利益相关者的健康、安全和福祉产生了重要影响，应该承担与之相应的责任。这种责任不仅是适用于普通公民的法律责任，而更重要的是与工程师的社会角色相对应的道德责任。

从前瞻性维度看，工程师在社会分工中获得了工程师这一职业地位，就意味着要承担与这一职业地位相应的社会责任。这种责任具有道德责任的性质，它不仅超出了适用于普通公民的法律责任的范围，而且也不同于其他主体如工人的责任。由于工程师与工人在工程活动中的地位和作用的差异，工程师的责任不可避免地要高于工人的责任。很多工程师的职业伦理规范都规定了工程师的一些基本责任。对于这些责任的性质，不应该只看成职业义务的履行，而更应该理解为一种德性的实践。在涉及利益冲突的情况下，责任与良心和美德的关联就会凸现出来。在职业活动中，工程师经常会面对这样的局面，雇主为了经济动机而牺牲产品的安全性，或者是对环境造成危害，由此导致产品的直接消费者和受产品使用影响的其他公众的健康、安全和福利受到损害。工程师是否应该拒绝执行雇主的指令，甚至向社会揭露这一问题呢？为此，工程师可能会面临雇主的诱惑、压力乃至惩罚，使道德选择与工程师的切身利益发生直接联系。在这种局面下，就会拷问工程师的道德水准，呼唤工程师的良心。

从后视性维度看，工程师的职业活动不仅要有良好的动机或善的出发点，而且要对其活动的后果有合理的关照。康德的义务论伦理学主张：道德原则不能来自于经验，而是出自于人的理性，道德原则和道德义务是无条件的；行为的道德价值不在于由此达到的目标，只在于是否出于义务动机；幸福于道德无益，它不能起不变的指导作用。然而，这一传统认识并不能适应现代工程活动发展的现实。近代以来，人类以科学、技术和工程活动，展现出了强大的力量，不可逆转地改变了自然和人类社会的面貌。这种力量虽然强大，却常常导致两面性的后果。例如，环境问题、健康和安全问题、工程灾难问题、社会伦理问题，就足以表明科学、技术和工程不仅可以极大促进人类的幸福，也可以招致严重的灾祸。

科学、技术和工程力量的强大性，与其社会后果的两面性伴生在一起，给自然和社会带来了巨大的风险和不确定性。工程师的行为能够产生深刻、深远和持久的影响，可能有难以预料的副作用和意外后果。工程师必须在良好动机的基础上，对工程活动的直接和间接后果，以及由此对社会公众的健康、安全和福利产生的影响有合理的关照。虽然工程活动的一切负面后果不应该，也不可能全部由工程师来负责，这就如同工程活动的一切成就和荣誉不能全部归于工程师一样，但是工程师至少要负有一部分责任，而且是非常重要的责任。承担这一责任，也正是工程师的良心和美德的体现。

6.1 工程师的伦理责任

工程师伦理责任是指工程师在工程活动中依据工程师伦理规范，应当自觉地为自主选择的行为对工程利益相关者的利害承担责任。从工程师诞生至今的300多年间，由于受到社会各种因素变化的影响以及科学技术本身的不断进步，工程师伦理责任发生了多次变化，从最初的忠诚责任经历了三次转向，分别形成了普遍责任、社会责任和自然责任的伦理责任观念。早期的工程师责任就是绝对服从军队的命令。随着社会的发展和工程师手中技术力量的不断加强，其伦理责任开始由最初的忠诚责任向普遍责任扩展，并引发了专家治国运动。由于社会制度和自身的局限性，工程师的伦理责任又由乌托邦式的无限责任回归到现实的社会责任。到了20世纪中期，伴随着全球生态危机的产生，工程师从对社会的责任延伸到了对自然的责任。

工程师职业的特殊性，决定了工程师伦理责任有其自身的特殊性，它的特殊性是由工程的本质属性决定的。一般来说，工程活动是带有明显功利性的，这种功利性常常与工程利益相关者的利益冲突交织在一起。作为工程活动的工程师应该怎样依据自己的道德标准对公众的安全、健康和福祉负责，有效调节工程利益相关者的利益冲突，以及对工程给其利益相关者乃至工程涉及的生物圈所带来的眼前、未来后果承担责任？这不仅是一个理论问题，也是一个实践问题。工程师伦理责任作为应用伦理学的一个范畴，是工程实践中面对众多的道德冲突、伦理悖论时，寻求这些悖论与冲突的解答方案，并以此来指导行为主体，解决所面临的责任问题。

工程师伦理责任的主体既包括工程师个体，也包括工程师团体。工程师作为现代工程活动的主体之一，往往隶属于某个职业团体或公司，他们必须具备两个基本条件：一是工程师必须具备自由意志。对于一个无法根据自己的意志来规定其行为方案的工程师来讲，也就根本谈不上他对自己的行为应当承担什么责任。法律对人的自由意志的保障，是责任意识之所以存在的必要的社会前提条件，或称客观条件。二是工程师必须对工程中的伦理规范及自己的行为后果拥有最起码的认知能力，即在工程活动中具有起码的职业判断能力。在现代工程实践中，工程师团体性、整体性的行为已经扮演着越来越重要的角色。与此相适应，行为及责任主体的范围也就由工程师个体扩展到工程师团体，即不仅工程师个体是责任主体，工程师团体也是责任的主体。而作为团体的行为主体也同样能够满足作为责任主体的行为者应当满足的所有先决条件，具备作为责任主体的行为者应当具备的所有基本特征。特别需要指出的是，工程师团体的责任与工程师个人责任有关，但绝不可简单地归为工程师个人的责任。

工程师伦理责任的对象是工程活动的利益相关者。工程活动的利益相关者是与工程师行为相关的人、社会、自然,甚至是整个生物圈,这里所指的对象既不可能是一个人,也不可能是一组人,而是作为总体的人类及与之密切相关的自然,即目前的和未来的有理性生灵的整体和无理性生灵的自然。尽管这个整体只是作为理念存在,而不是一个实在性的存在,但工程师仍然必须把它看作真的存在一样。因为工程师能够有洞见、有能力地去理解这种责任关系及这种关系中的对象,所以他们必须有意识地履行这种关系中的对象所赋予的任务。工程师伦理责任的发生不是依靠外力,而是工程师处于内在的善的动机、意志和目的,把外在的他律性的伦理责任要求内化为自己的信念,自觉地去做能够做而又应当做的事情。

伦理责任产生的条件首先是因果力,即我们的行为都会对世界造成影响;其次,这些行为都受行为者的控制;最后,在一定程度上他能预见后果。也就是说:在工程活动中工程师伦理责任产生的条件是工程师的行为对工程利益相关者造成了影响,并且工程师的行为与影响之间存在因果关系;工程师的行为是在其意志自由的情况下所做出的选择,没有受到自身之外的力量的干预;工程师具有职业判断的能力,能够预见其行为可能产生的后果。如果这三个条件中的任何一个缺乏的话,那么工程师伦理责任就不成立。

工程师既要思考、预测、评估自己在工程实践中的行为可能产生的后果,并为可能的后果做好预防和告知的准备,并在合适的时候督促实施,又要对自己的行为在工程实践过程中实际产生的后果承担责任。即对工程的勘察、设计、施工、监理等各建设阶段实施责任跟踪。

工程师伦理责任的核心是公正。公正是人们在社会共同生活及处理冲突的过程中所遵循的基本伦理规范,一是体现着正义感的公正可以被称为道德直觉之公正,二是体现着相互性、对等性的公正则可称为理性博弈之公正。公正原则自古以来一直被看作是社会关系的恰当性的最高范畴和社会道德责任的典范。由于一个工程项目涉及诸多利益相关者的利益,工程师的伦理责任原则也应该首先考虑工程利益的公正配给。

工程师在工程中涉及的价值、义务和伦理原则,在其他职业活动里也存在。但工程是很独特的人类活动,工程师在工程活动中所涉及的伦理责任问题不同于医学、律师等行业的伦理责任问题,工程师的伦理责任有属于自己的独特性。首先,伦理责任的影响范围不同。一方面,不像医生、律师的行为一般只影响单个人或有限数量的人们的利益,工程师的行为主要通过人工事物,时时刻刻直接或间接地与大多数人甚至每一个人的工作、生活息息相关。对于大的工程项目,特别是三峡工程等超大规模工程项目的规划、设计、决策和组织实施,一旦发生技术事故,其后果极其严重,如核电站的核泄漏、化工厂的毒气泄漏、航天飞机的爆炸等工程灾难等。另一方面,工程师的行为不仅影响当下人们的利益,而且还影响生态环境的状况及未来人们可持续发展的利益。工程师肩负的责任范围远远超出医生、律师的责任范围。其次,伦理责任明晰程度不同。由于医生、律师直接服务于个人,而且他们是以个人为主要单元来展开专业服务的,具有比较大的独立的职业判断空间,一般来说,一旦出现了问题,责任比较明确。然而,工程师就大大不同了,在一个工程项目中产生严重的后果难以确定其中单个工程师的责任。工程师一般都隶属于或受雇于专业团体,由于工程本身的复杂性及组织决策因素的复杂性,工程师作为个体在整个工程活动中起的作用是有限的,分工造成了个人的责任难以确定。工程师一般不直接与消费者发生关系。这些原因决定了一旦工程项目出现事故,责任的承担主体就比较模糊,谁承担责任及承担什么样的责任很难说清楚。

6.2　工程师的道德责任

道德责任的学说是伦理学的基本理论之一。道德责任在伦理学上有两个不同方面:其一是职责义务担当,这指向行为主体应当担当或履行的道德义务、职责,旨在揭示自由意志行为者应当做些什么,这个意义上的责任概念与义务概念大致相当。其二是行为后果担当,这指向自由意志行为主体对自身行为及其结果负责,旨在揭示自由意志行为者应当在何种意义上对自己的行为及其结果负责。应当做什么与怎样对行为后果进行评价,构成了道德责任的两个不同方面。尽管道德责任理解的这两个方面具有内在相关性,但是两者的区别仍然是明显的。

道德责任是社会关系的产物,它是在人与人的社会交往中产生的。人和人之间的关系是一种社会关系,他们不仅意识到了这种关系的存在,而且还可以主动地去调节。这种在社会交往中自主形成的、主动的、可以自我调节的、合理的社会关系就是伦理关系。道德责任是伦理关系双方之间的规定,这种客观存在的关系则是道德责任的内容。道德责任是人在社会交往中与他人、社会之间关系的规定,它规定了应当怎样对待这样一种关系才是合理的。道德责任是相互的。没有认识到客观伦理关系的规定,或者违背了各种伦理关系的规定,或者单方面地履行责任,都容易导致行为尽不到责任或者不负责任。道德责任是主观与客观的统一。客观性体现为特定伦理关系中的职责和任务,主观性体现为对职责、任务的意识,即责任意识、责任感。仅仅有客观伦理关系的存在和职责、任务的规定还不能成为道德责任,道德责任的形成有赖于主体对这种客观伦理关系规定的职责和任务的主观认同,即把客观伦理关系规定的职责、任务内化为自我自觉的认识,形成一定的责任意识、责任感。责任感是道德行为的强大精神推动力,它把冷冰冰的强制性的职责和任务转化为活生生的充满激情的使命感。在道德责任中,既有客观的要求又有主观的意识,既有他律又有自律,道德责任的实现是一个主观与客观、自律与他律、内在与外在相互结合和相互转化的过程。

道德责任作为一种责任承担方式,是相对于法律责任而言的,它以道德情感和评价为基础,依靠精神上的自制力,主动对自己的过错或过失行为承担不利后果。道德责任表现为行为主体对责任的自觉认识和行为上的自愿选择。

职务责任与道德责任不同。一方面,职务责任是因一个人的工作或职务而赋予他的责任,职务责任可能要求一个人做合乎道德的事情,也可能要求他做不合乎道德的事情。但是必须指出,职务责任绝不是不道德行为的正当理由。另一方面,当职务责任的要求在道德上可以接受时,职务责任概念的作用方式与道德责任也不相同。首先,职务责任是排他性的,即如果一个人有特定的职务责任,那么另一个人就没有。其次,职务责任及与它相伴随的权利、义务和责任要求,都是可以转给别人或被别人接替,相反,道德责任则不是这样。例如,如果一个人有通知公众某个事情的道德责任,那么即使他能够把这个责任委托给别人,他还必须确保这个责任得到履行,也就是说一个人即使把职务责任转给了别人,但他还是不能摆脱道德责任。

伦理责任与其道德责任既有区别又有联系。它们的区别主要表现在:从承担责任的时序性来看,工程师道德责任是强调对工程后果的责任即事后责任,对道德行为后果的承担是道德责任的核心所在。工程师伦理责任是强调工程事前责任,兼顾事后责任,也就是说它以未来的行为为导向承担前瞻性责任,同时也对其行为后果承担追溯性责任,亦即传统的过失性责任。从承担责任的主体来看,工程师道德责任的主体是个人。工程师伦理责任的主体既可以是个人也可以是团体。从承担责任的理据来看,工程师伦理责任比较注重行为主体选择使用伦理的哪个系统或者哪个思想体系来对自己的行为作价值决定,其价值目标的核心是正当,其最本质的东西是协调工程的投资方与工程其他利益相关者互惠互利,或工程与社会的整体和谐共生。而其道德责任比较注重选择道德价值来定位自己的行为,道德价值是指导我们达到满足、成功或目的的那些选择标准或选择模型。道德责任价值目标的核心是德性和善,其最本质的东西是把追求工程最高的善作为自我完善、自我实现的主旨。从两者的对象来看,道德责任的对象是自己,伦理责任的对象是他人。道德是一种内在的意志、良知或心态,没有对外在的行为作出具体的规定,因而道德使人获得的是内在精神或抽象意志的自由,而不是外在行为中的具体自由。工程师道德责任是工程师应当对其自主做出的选择承担相应的义务,强调的是对自己。伦理则使人的意志与外在的行为都获得了理性的规定,既是外在行为的规定,也是内在意志的规定,是内、外为一体的规定,因而包含了并超出了只是内在意志规定的道德。所以,工程师伦理责任是指工程师对与自己在工程实践中的行为相关联的他人负责。从两者的范围来看,工程师伦理责任范围比道德责任范围更为宽泛,伦理责任蕴涵着道德责任,而且伦理责任要高于道德责任。在黑格尔的哲学体系中,伦理之所以高于道德,其原因是伦理具有更大的客观性、实体性和现实性。从承担责任发生的机制来看,伦理责任是与人们特殊的社会角色和社会身份相联系的,因而,它应当是一种客观存在,你具有什么样的社会角色和社会身份,你就应当遵循与这一角色和身份相宜的责任或义务。因此,工程师伦理责任在一定意义上体现的就是社会的要求,具有他律性。工程师就是将社会的要求内化为自我的要求,伦理责任的他律也就成了工程师的自律了。此时,工程师对伦理责任的履行完全是出于内心的自觉自愿,而其道德责任是一种自觉的行为,始终是对自己自觉与自愿的要求,是自律的。

社会公德是社会主义公民道德的重要组成部分。社会公德是公民在社会生活中应遵循的基本道德。遵守公共秩序、爱护公物、爱护环境、助人为乐、遵纪守法、尊老爱幼、扶危济困等都属于社会公德。社会公德实际指出了公民在社会生活中对社会生活的文明、有序具有道德上的遵守、维护、增进义务,有与他人、自然环境等友好相处的道德责任。

工程师道德责任的分配具有复杂性。一是众多的个人的行为会发生聚合效应,产生严重的后果,难以确定在这其中某个人的责任。二是在组织化的机构和分工合作的社会里,劳动分工造成个人的责任难以确定。例如,日本广岛受到原子弹袭击责任在谁这一责任问题,承担责任的是轰炸机的驾驶员吗?是设计原子弹的科学家和工程师及其领导者奥本海默吗？是命令投掷原子弹的美国总统杜鲁门吗？是批准进行制造原子弹的曼哈顿项目的罗斯福总统？还是1939年向罗斯福致信提醒注意制造原子弹可能性的费米和爱因斯坦？个人行为是社会总体活动的基础，而且从伦理学的角度讲，道德的作用恰恰在于道德主体的自觉，关键在于道德主体的道德责任意识的强化。所以，对于工程伦理学来说，首要的是工程师能够了解自己肩上的道德责任是什么。

从严格意义上分析，工程师伦理责任不同于其道德责任，但由于两者存在着包含关系、交互关系及递进关系，所以在工程教育与工程实践中常常两者是互换使用的，很多学者没有刻意去区分它们。其区别主要表现在：当论及工程师在公共领域的行为、规范、理论的时候，倾向于用“伦理责任”一词；而当指称工程师的一些行为现象、问题，尤其是工程师受教育等带有主观、主体、个人、个体意味的时候，倾向于用“道德责任”一词。

6.3 工程安全和质量责任

6.3.1 产品质量

在工程实践中，工程师的一项主要工作就是设计和负责监督制造产品。所以，与工程师关系最密切的责任之一当属产品责任。我国已经加入了世界贸易组织(World Trade Organization，WTO)，产品责任观念也正在逐渐向国际惯例靠拢。所以，考察西方发达国家产品责任演变的历史和现状，对于增强我国工程师的产品质量责任意识是有益的。应当指出，这里介绍的产品责任主要是法律责任，而不限于道德责任。但是正如哈里斯等所指出的，既然存在履行法律责任的道德责任，那么工程师在法律上的责任就无疑具有道德意义。

在西方历史上，直到19世纪，关于产品责任法律的主要思想是由用户当心，即用户在决定购买某一产品时，都是假定他已经对该产品的情况有充分的了解，购买后在使用该产品的过程中若发生事故，则由用户自己承担责任，产品的生产者没有任何责任，这样就基本上解除了制造商对由有缺陷或有危害的产品引起的伤害的法律责任。在那个时候，商品的特性和功能都很简单，购买者和用户都能了解，而且人们相信市场竞争优胜劣汰，制造和出售有缺陷的产品的卖主最终会被市场淘汰出局，所以上述责任观念有其合理性。

但是，从19世纪中期开始，随着工程发展为具有重大商业意义的专业，上述观念也开始发生改变。因为蒸汽机、汽车、电器等产品的技术越来越复杂，普通用户越来越难以判断机器和产品的性能安全性究竟如何，所以对有缺陷或危险的技术和产品造成的危害后果的责任问题，社会的认识开始逐渐改变，出现了由卖主当心，甚至由发明者当心的思想，即要求由制造者甚至发明者对产品使用造成的伤害或事故负责。与此同时，在资本主义国家，工厂中的产业工人运动不断高涨，他们要求工业机器的设计、制造不仅要考虑资本家的商业利益，还要考虑到使用和操纵机器的产业工人的安全。因此，在这种情况下，生产厂家对自己生产的产品和机器的质量、安全必须越来越给予注意，政府也采取强制措施要求生产企业达到产品质量和安全标准。例如，在1830～1850年美国发生了多起汽船锅炉爆炸事故，造成重大人员伤亡和财产损失，于是美国政府通过并施行了ASME(美国机械工程师学会)制定的锅炉安全标准。1883 年,美国农业部化学局开始对食品纯度进行一系列的科学研究,并且于 1906 年成立了管理食品和药品安全与质量的政府部门——食品药品管理局。制造厂及工程师责任的扩大趋势,在英美等国家的民法领域更为明显。在《罗马法》中,只承认在下列三种情况下一个人可以被控告赔偿损失:一是故意伤害,二是故意损坏财产,三是由于疏忽造成损失。在促进社会对产品责任形成新的认识的历史过程中,还有两件法院官司很有影响。其中第一个官司是:麦克弗森的别克牌汽车轮胎发生故障导致了一场车祸,他在这次车祸中受伤。1916 年麦克弗森为此向法院起诉别克汽车公司。法官判别克汽车公司败诉,并在判决书中写到,制造人如果知道一件存在危险的产品会被购买人以外的第三人不经检验而使用,则不论当事人之间是否存在契约关系,制造人均负有注意义务,制造人未尽注意义务时,应就由此而产生的损害承担赔偿责任。这一判决突破了无合同就无责任的普通法原则,开始将产品责任纳入侵权法系之中,从而确立了美国产品责任法上的过失责任原则。

工程师在工程活动中,只是做到不故意伤害,避免设计、制造和销售技术产品中的疏忽,已经不够了。按照严格责任的观点,制造商及为制造商工作的工程师还负有超出任何书面合同载明的、更进一步的主动责任,他们必须认真考虑其产品可能的使用状况,甚至要考虑产品被误用的情况。也就是说,工程师要考虑到产品的最终用户和最终使用情况,负有在工作中养成关心的义务论责任。

6.3.2　加拿大工程师之戒

加拿大工程师戒指是世界上最贵重的戒指,其实它是一枚不起眼的、由扭曲的钢条打造的戒指。1925 年,多伦多大学在采矿工程专业 Herbert Haultain 教授的见证下,举行了第一届授予工程学科毕业生工程师铁戒的仪式。接受铁戒的学生并不是成为专业工程师的先决条件,戴上它只是时刻提醒工程师对于公众的责任。从此以后,工程院校的毕业生在领到毕业证的同时,都会领到一枚耻辱戒指(见图 6-1)。凡是想成为工程师的人,都必须参加一个隆重的仪式,大家手握一条铁索链宣誓:自觉、自愿接受工程师章程的规范,敬于、忠于工程师这严谨、严肃的称号。

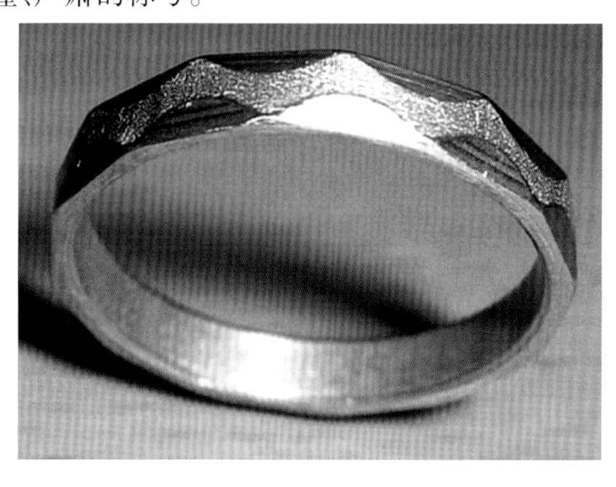

图 6-1　加拿大工程师戒指

这枚小指环规定必须戴在“优势手”小拇指上,就是用右手写字的人戴在右手,用左手写字的戴在左手。使工程师在握笔描绘图纸,准备为一个工程勾画线条、开列数据、标注文字时,小拇指首先就有“受硌”的感觉,由此显示它的存在,进而提醒执笔者意识到自己设计的每个细节都将影响深远,从而不忘自己所负的重大责任。这一枚枚的工程师戒指成为世界上最昂贵的戒指。它们不是金,不是银,却无比珍贵。它们虽不及钻石珍贵与永恒,可是它们却随时提醒着工程师所背负的责任。工程师身上担负着保护他人脆弱短暂生命的责任。

1922 年,加拿大七大工程学院出资买下魁北克大桥倒塌后的所有残骸(见图 6-2),决定把这些废钢材打造成一枚枚戒指,颁发给工程学院的毕业生。为了铭记这次事故,也为了纪念事故中的死难者,戒指被设计成如残骸般的扭曲形状。

图 6-2　魁北克大桥 1907 年 8 月 29 日垮塌

加拿大魁北克大桥由三跨的钢桁架梁组成(见图 6-3),主跨 549 m,建造历经 30 年,施工期间两次发生垮塌事故:第一次在 1907 年 8 月 29 日压杆失稳,75 人丧生;第二次是中跨合龙时起吊设备局部构件断裂,11 人丧生。大桥最终于 1917 年竣工运营。

1905 年 7 月 22 日开始桥梁上部结构施工。1906 年钢桁架梁施工过程中,工人发现一些弦杆出现明显挠曲。当试图铆接这些弦杆时,发现钻孔排列并不在直线上,而且最不利受压杆件也出现了明显的弯曲变形,其挠度随时间的推移不断增加。1907 年 6 月中旬就发现了杆件挠度,并报告给了常住在纽约的顾问工程师库珀。因为压杆有预拱度,大部分杆件已预先被铆接在一起了,但仍然有一些杆件无法铆接。库珀等都认为相对小的挠度问题不大。8 月,变形的弦杆越来越多,情况不断恶化,受压构件弯曲变形不断增加。这些杆件都是采用缀条连接腹板的组合杆件,当腹板应力增加后,缀条及铆钉的受力也不断增大。库珀认为弦杆在架设过程中产生了弯曲,但现场没有证据支持这一点。现场的工程师则认为情况不严重。杆件制造商坚称杆件出厂前都是符合要求的。

图6-3　三跨钢桁架梁结构的魁北克大桥

库珀虽然很有经验,但似乎也对面临的问题很困惑。他60岁时接受了魁北克大桥工程咨询工程师的工作,也接受了钢构件制造和安装的监理工作。因健康原因,他无法到现场工作,只能基于其他人报告的信息来做决定。库珀依赖在施工现场的年轻工程师马可鲁尔的汇报,很难准确及时做出决策。马可鲁尔坚持认为,杆件弯曲变形是架设后受力过大造成的。一些工人也观察到弦杆变形,但并没报告。然而,当马可鲁尔和库珀对变形原因的看法不一致时,马可鲁尔没有足够信心去质疑库珀,施工继续进行。

1907年8月29日下午5时30分,魁北克大桥倒塌了,声音传到了10 km外的魁北克市。整个南跨桁架梁约19 000 t钢材在15 s内全部落到河里,当时86位现场施工的工人,仅11人幸存。已经弯曲的南跨下弦杆在桥梁荷载不断增加的情况下发生屈曲失稳,荷载转移到对面的杆件上,同时也随之屈曲,然后全桥垮塌,只有桥墩完好无损。

魁北克大桥第一次垮塌后,政府提供资金进行新桥的设计和施工。新桥设计很保守,构件尺寸急剧增加,新桥的受压控制构件截面面积为旧桥的2.5倍。1916年施工中通过驳船来运输及提升悬臂中跨,而非悬臂拼装,因此悬臂长度减少了,杆件受力也减小了。悬臂中跨长度为195 m,超过5 000 t,需提升至水面46 m的设计位置。1916年9月合龙跨预制完工后,船运至桥址处,固定驳船后,提升作业开始。首先是合龙跨四角连接于吊杆,随后用液压千斤顶按每步60 cm提升,当升至水面9 m时,有个角的支点突然断裂,其他支点无法承担全部荷载,产生了扭曲和变形,整个悬臂中跨落进河里,11名工人死亡,原因归结为连接细节强度不够。

魁北克大桥垮塌主要原因如下:①主桥墩锚臂附近的下弦杆设计不合理,发生失稳;②杆件采用的容许应力水平太高;③严重低估了自重,且未能及时修正错误;④过于依赖个别有名气和有经验的桥梁工程师,导致了桥梁施工过程中基本上没有监督;⑤当时的工程师不了解钢压杆的专业知识,没能力设计如魁北克大桥那样的大跨结构。

一般悬臂梁桥上下弦杆都设计成直杆,这样容易制造。魁北克大桥下弦杆出于美观考虑,设计成微弯,增加了制造难度,也增大了杆件次应力,降低了屈曲强度。架设过程中连接节点设计不当。所有杆件端部设计是基于杆件在最大荷载作用下产生小挠度。弦杆的拼接板采用栓接,可以产生较大变形。开始时这些接头只有一端紧密接触,除非变形足够大,否则拼接板无法传递荷载。从这一点上看,拼接板应该永久铆接,形成刚性接头,承担轴向荷载。因此,在拼接板铆接前,必须特别关注这些节点。

魁北克大桥顾问工程师西奥多·库珀于 1839 年出生于纽约州。1858 年 19 岁时毕业于美国伦斯勒理工学院土木工程系。1861 年参加了海军,在内战的最后三年里在一艘军舰上当助理工程师,随后又到海军院校内任教。1872 年 7 月,他从海军退役,受聘于伊兹船长,监理圣路易大桥钢结构构件的制造。伊兹很欣赏库珀的才能和勤奋,任命库珀负责大桥上部结构的组装工作。1874 年 1 月 19 日,库珀吃惊地发现大桥第一跨已合龙的管状拱肋有两处出现断裂。库珀发加急电报报告给在纽约的伊兹。伊兹于当天午夜收到电报后,将处理指示也通过电报告诉库珀。库珀及时地进行了处理并避免了一场灾难,可是 35 年后库珀却未能得到像他为伊兹所提供的那样的及时服务。

1874 年,圣路易大桥完工后,库珀的名声也树立起来了,很多单位邀请他去工作。1879 年,他在纽约成立了独立的顾问工程师事务所,承接了很多重要的铁路桥梁工程项目。他还在 ASCE 的年会上和学报上发表了大量的论文,并两次以他的论文获得学会的诺曼奖章,还一度出任学会的主席。他在铁路桥梁设计上的一项影响深远的贡献就是将铁路荷载概括为代表机车的一系列固定间距的集中轮压和代表列车的均布荷载,即所谓的库珀 E—荷载。这在当时铁路荷载日益增加而常须对很多旧桥进行复核的背景下非常有用。库珀还发表了大量的图表以简化铁路桥梁桁架的内力分析,这些图表一直应用到 20 世纪中叶。

1900 年 6 月,库珀被正式任命为建桥期间公司的顾问工程师,他终于成为一座历史性工程项目的主持人。库珀是一位傲慢、自信的人,为使魁北克大桥成为当时世界上跨度最大的桥,建议将原设计 488 m 的主跨加大到 549 m。为了降低上部结构由于跨度加大所增加的成本,他又推荐另一项重要技术设计变更,提高规定中钢材的许可应力。由于他的声望,他的建议在魁北克几乎被作为当然的事情而批准。库珀是魁北克公司聘用的顾问工程师,虽不能对设计和施工直接下命令,但对设计和施工有审批决策的权威。库珀的事业随着大桥的倒塌而终结,他在这场事故的阴影中度过了他的余生,于 1919 年 80 岁时死于纽约家中。

6.4 保护生态和环境责任

6.4.1 工程与环境的关系

工程师是能够独立完成某一专门技术如勘察、设计、施工、监理和咨询等工作的专业技术人员,责任重大。因为他的工作是公开的,无法否认他所做过的事情。他对于生态环境的责任也是如此,尤其是他对这种责任的认知和履行,对于促进工程建设与环境保护的良性互动关系起着十分关键的作用。工程师的工作是直接地面对大自然,他们有能力通过自身的技术及所持有的环境伦理观来减少废物的制造、垃圾的产生、空气质量的下降等问题。

ASCE 在 1914 年最早提出了工程师的工程伦理规范。第一条基本标准就指出:工程师在履行他们的职责时,应当将公众的安全、健康和福祉放在首要位置,且在 1977 年进行的修改中又增加了:工程师应当有责任改善环境,从而提高生活质量,工程师在提供服务时,为了当前和后代人们的利益,应当精心保护世界资源、自然和文化环境。1983 年,规定又加强为:工程师应当以这样的方式提供服务,即为当代人和后代人的利益节省资源、珍惜天然的和人工的环境。在 1996 年修改时,又明确增加了关于环境的规定:工程师得把公共的安全、健康和福祉放在首位,在履行其专业职责时努力遵守可持续发展原则。世界工程组织联盟也在 1985 年通过了《工程师环境伦理准则》,强调人类"在这个星球上的生存和幸福取决于对环境的关心和爱护"。工程师伦理责任不仅要求在环境污染对人类健康构成直接的或者明显的威胁时,要关注环境,而且要求当人类健康没有受到直接影响的时候,工程师也应该对环境表示关注。

工程是人类以利用和改造客观世界为目标的实践活动,是人类将科学、技术的知识和研究成果应用于自然资源的开发、利用,创造出具有使用价值的人工产品或技术活动的有组织的活动。工程活动是科技改变人类生活、影响人类生存环境、决定人类前途命运的具体而重大的社会经济、科技活动,通过工程活动改变物质世界。工程活动是科学技术转化为生产力的实施阶段,是社会组织物质文明的创造活动。科技特征和专业特征是工程的本质基础。工程活动历来就是一个复杂的体系,规模大,涉及因素多。现代社会的大型工程都具有多种理论学科交叉、复杂技术综合运用、众多社会组织部门和复杂的社会管理系统纵横交织、复杂的从业者个性特征的参与、广泛的社会时代影响等因素综合运作的特点。工程活动能够最快最集中地将科学技术成果运用于社会生产,并对社会产生巨大而广泛的影响。这一影响是全方位的,不仅有社会政治的、经济的、科技的影响,也有社会文化道德的影响。

工程与环境存在着相互依存的关系。工程活动作为一个社会系统,只有与环境系统不断进行物质、能量和信息的交换,才能实现自身的生存与发展。从工程系统的输入看,环境为工程系统提供所需的一切物质资源,如生态资源、生物资源、矿产资源等,它们最初都来自自然界。离开了环境所提供的资源,工程系统只能是无水之源。从工程系统的运行过程看,工程活动的整个过程都与自然环境密不可分。因为现代工程活动是在一定的环境空间中进行的,离开了环境空间,工程活动将无立足之地。从工程系统的输出看,环境成为承载工程活动产品和副产品的主要场所。工程活动输出产品和副产品后,自然界以其巨大的包容能力消化、吸收。在工程系统与环境系统进行物质、能量和信息的互动过程中,大致存在着两种性质不同的互动方式:一种是良性的互动方式,即在工程系统的输入、输出过程中,基本上没有造成环境的破坏,良好的环境为工程系统的进一步发展提供了条件;另一种是恶性的互动方式,即在工程系统的输入、输出过程中,环境被严重地损害、被掠夺,而被损害、被掠夺的环境反过来又对工程系统的发展造成直接或间接损害。

在工程与环境的互动发展中,具有主观能动性的工程活动的主体,如政府、企业家、工程技术人员等负有重要的责任。而他们对这种责任的认知和履行,对于促进工程与环境的良性互动关系起着十分关键的作用。

在有关工程伦理责任的研究中，人们对政府和企业责任的研究已经取得了十分丰硕的成果。而对工程师的责任研究还处于拓荒阶段。工程师必须承担对环境的责任是由他们独特的社会角色决定的。科学家是一种独特的智力角色、专业角色，工程师也是一种独特的专业角色。在古代社会，工程师前身多是巫师，工程师的社会角色并未得到公众的认同。西方文艺复兴时代出现了工程师，他们摆脱了行会的束缚，用大胆的想象开发新技术。随着现代工程技术发展到电子、信息时代，大规模的技术设备被用于机器化大生产，生产的发展又为技术革新提供了物质基础，工程技术与经济的紧密结合成为时代的要求。这时，从近代工匠中分离出来的工程师开始构思工程技术、设计工艺、制定标准、规定操作程序等，工程师的作用在工程创造中得到了很大的提高。工程师这一职业获得了比较独立的社会地位，形成了工程师共同体。

工程师在现代工程活动中始终扮演一个极其重要的社会角色。在国家发展和经济发展的过程中，大量的项目几乎都由工程师亲手建成。工程师是现代工程活动的核心，工程的勘察、设计、施工和操作都是由技术人员即工程师去完成的。换言之，工程师是工程活动的设计者、管理者、实施者和监督者。工程师这种独特的社会角色决定了他们的职业活动与一般人的职业活动具有显著的不同特征。工程师的职业活动领域主要是自然界，其他的职业活动如政治家、律师、医生、教师等的职业活动主要是在社会领域进行。工程师职业活动的性质是运用科学技术知识直接干预自然和改造自然界的活动，其他的职业活动主要是直接干预社会和改造社会的活动。工程师的职业活动对自然界的影响更大，其他的职业活动可能或多或少会对自然界产生一些影响，主要是对社会直接产生影响。工程和环境的互动方式可能会朝着两个方向发展：一方面工程师在履行自己的社会角色中，重视并且正确履行其应承担的社会责任尤其是环境责任，就会减少对环境的破坏，形成工程与环境的良性互动关系；另一方面工程师忽略其应承担的社会责任尤其是环境责任，就会增加对环境的破坏，从而形成工程与环境的恶性循环关系。工程师的社会角色及其所从事的职业活动决定了工程师与自然环境结下了不解之缘，从而也就决定了工程师比一般职业活动的人们对生态环境承担更多的责任。

工程师职业活动中承担的生态环境责任是多方面的。一方面工程师要承担环境法律责任，另一方面工程师在职业活动中又必须要承担环境伦理责任。

6.4.2 环境伦理责任

环境伦理责任是一种非国家强制性的责任。环境法律责任是借助物质的力量来保证实施的，它使用暴力为自己开辟道路，工程师遵守它的要求，就获得了在社会生活和工程活动中行动的权利，否则就会受到惩罚。与此不同，环境伦理责任的实施不使用武力为自己开辟道路，它是借助于精神的力量，如传统习惯、社会舆论和工程师内心的信念良心来维系，是工程师道德上的自律。环境伦理责任作为一种非国家强制性的责任，必然要求工程师真心诚意地接受它，并且转化为工程师的道德情感、道德意志和道德信念。

环境伦理责任是一种近距离和远距离相结合的伦理责任。所谓近距离的伦理责任是指工程师对当代人的生态责任，更确切地说是对当代人的生态伦理责任。在当今时代，科技高度发达，经济生活之间相互依赖明显，生态条件之间的联系越来越紧密。工程师远距离的伦理责任是对未来人类的尊重、责任与义务。从时间上看,不仅目前活着的人是工程师责任的对象,而且那些还没有出生的未来的人的子孙后代也是工程师环境伦理责任的对象。工程师对未来的人们有着不可推卸的责任,他有义务在自己与未来的人之间把握住一个正确的尺度。

环境伦理责任是工程师在工程活动全过程中的责任。在工程活动进行之前,工程师应该对工程活动实施后可能造成的环境影响进行分析、预测和评估,提出预防或减轻不良环境影响的对策和措施,选择最好的、对环境可持续发展最合理的工程方案。任何一项工程,都有其规划期,工程师不仅应遵循将公众的安全、健康和福利放在首要位置的功利主义原则,而且也应当有将非人类存在物视为道德共同体的扩大成员的环境伦理思想,站在公正、客观的立场上分析、预测和评估工程实施后可能受到的环境影响,评价所有生态系统可能受到的短期的、长期的、动态的、静态的,甚至是文化传承、景观审美上的影响,并提出相应的、行之有效的对策,制定对环境影响最小、最符合工程建设可持续发展的建设方案。工程师应具有排他性的技术能力,要求他们在规划期的环境影响预测中,必须担负起尽可能全面地审视可能发生的环境危害,尽可能多地将动植物的生存权利考虑进去的环境伦理责任。三峡工程规划阶段,一方面对可能出现的环境问题,如泥沙淤积、水质变化、濒危生物生存环境的改变等不良环境影响都做出了分析、预测和评估,确保环境分析评估的结论是利大于弊的。另一方面对这些预期可能出现的环境问题,三峡工程在规划期也由专家学者提出了相应的对策。三峡工程在规划阶段对环境影响的研究非常充分,不仅进行了大量试验和分析计算,而且环境影响报告成功地将环境伦理引入了工程中,工程师在工程的规划阶段承担起了他们应当负起的环境伦理责任。在工程活动实施过程中,要分析并采取行动以减少工程活动中可能发生的环境影响,尽量采用生态生产技术,使不断进步的生态生产技术能够发挥真正的效力。同时实行清洁生产,使整个生产过程保持高度的生态效率和环境的零污染,生产出绿色产品。在工程活动之后,对工程活动的产品进行跟踪和监测,做好环境反馈工作。环境伦理责任要求工程师在工程活动中始终关注其行为对环境的影响,并随时做出调整,向有利于协调工程与环境关系的方向发展。工程师的环境义务在于在实施工程建设的过程中,始终关注其行为对环境的影响,在自己的权力范围内,尽可能少地采用会对生态环境造成伤害的施工方案及过程,尽可能地减少由工程造成的短期及长期的负面环境影响。在工程建设完成之后,因为工程师职业具有特殊的排他的专业性,因此补偿工作也必须要有工程师的参与。此时,工程师所负有的环境伦理责任主要是补偿性质的。它包括对工程建设的成品进行跟踪和监测,做好环境反馈工作,进一步制定、修订补偿措施等责任。这种补偿性质的环境伦理责任,不仅要求工程师要有高度的道德自觉性,还要求他们有直面错误的勇气。工程师的环境伦理责任,作为一种全过程的责任,要求工程师在工程建设初期、工程建设中期及工程建设完成后,始终都要以高度的伦理道德自觉性来关注其行为对环境的影响,保障工程建设与环境保护向着可持续发展的方向延伸。

环境伦理责任是工程师的崭新的社会责任形式。工程师传统的社会责任局限于人际道德领域,例如:对雇主真诚服务,互信互利;对同事分工合作,承先启后;对社会守法奉献,服务公众。近代以来,工程技术活动,特别是大型工程技术活动,对自然环境产生了巨大影响,涉及生命和自然界的利益,因而产生了工程师对自然环境的责任。工程师的社会责任由人际责任扩展到生态责任。如果说人们对工程师的生态责任在遥远的古代还处在无意识阶段,在近代仍然处于朦胧认识阶段的话,那么,随着现代科技发展所带来的生态问题的日益严重,人们对工程师这种崭新的责任已经有了相当程度的认识和了解。然而工程师本人对社会赋予他们的这种崭新的社会责任认识不够,知之不深。事实上大多数工程师对自身承担的环境法律责任有相当程度的了解,而对生态伦理责任的认识还处在一个低水平的认识发展阶段,有的甚至处于尚未觉醒阶段。环境伦理责任作为十分重要的崭新的责任形式,要求工程师应该主动认识和自觉履行。同时,社会也有义务通过各种渠道、各种形式为工程师认识和提高自身的生态责任意识提供方便和条件。从专业教育角度讲,这为我国工科教育提出了一个崭新的教育课题,即工程师的生态意识和环境责任意识的教育问题。

人类通过工程技术将天然资源转换成物质财富,促进了社会、经济的发展和劳动生产率的提高。但是随着工业化的进程,不可再生资源的大量消耗、环境的严重污染、对生态的无情破坏,给人类的生存和发展造成了严重的威胁。1992 年在里约热内卢召开了联合国环境与发展会议,将可持续发展确立为人类社会的共同发展战略,在世界各国引起强烈反响。人类社会已经进入追求可持续发展的新时期。我国国情决定了中国必须走可持续发展的道路,从而决定了工程活动也必须走可持续发展之路。工程活动是一种经济活动,是人类重要的物质生产活动。一方面,作为发展中国家,为了实现经济社会的快速发展,建设高度的物质文明,中国社会在相当长的时间内需大规模开展各种工程活动。另一方面,可持续发展要求人们在进行工程活动时必须从道德的角度重新审视工程与自然的关系,协调好人与自然、工程活动与环境的关系,避免高投入、高能耗、高排放,实现低投入、低能耗、低排放,要求人们既要实现经济社会的快速发展,又要保护好人们赖以生存和发展的环境。同时经济发展和环境保护这一对矛盾将出现在我国现代化建设的全过程中,并且困扰着政府、企业和工程技术人员。由于人们生态意识的逐步加强,环境保护措施改善,经济发展和环境保护的矛盾有所缓和。但是工程活动所带来的环境问题仍然十分突出,有些问题亟需人们去解决。工程师作为工程活动的设计者、管理者、实施者和监督者,在解决环境问题中扮演着重要角色,他们是促进我国社会可持续发展的中坚力量。可持续发展战略呼唤工程师勇于承担环境保护责任。

环境伦理把道德关系推及自然界,推及动植物。不仅要做到"己所不欲,勿施于人",还要做到"己所不欲,勿施于物"。让道德和伦理原则惠及自然界,保护生态环境的平衡发展,保护生物物种的多样性,是环境伦理的责任所在。由于我国是发展中国家,大量工程的兴修是势在必行的,但工程建设有利有弊,从三峡大坝的修建就可以看到,工程建设尤其是对环境方面的不利影响非常突出。环境伦理责任旨在关爱环境,旨在促进人与自然和谐发展,工程师作为工程建设的设计者、管理者、实施者及监督者,其特殊的地位决定了其应当担负的环境伦理责任的范围。

6.4.3 阿斯旺高坝工程案例

20 世纪 70 年代,埃及国内外公众舆论与期刊中的许多系列文章把尼罗河阿斯旺高坝描绘成全世界最著名的环境和生态灾难,认为其存在许多灾难性问题而受到全面谴责,尤其是工程建设造成了血吸虫病增多、水库淤积、地中海渔业捕捞的衰落、地震、尼罗河三角洲浸没和土壤盐渍化导致减产等。这些环境和生态问题被大量引述和再引述,以讹传讹,且常被认作已确有其事。人们忘记了这些问题只是20世纪60年代建坝前做出的一些预测,而且如其他任何预言一样,是可能出错的。还有很多学者的学术论文或学位论文是不实之词。

Monsef等(2015)基于阿斯旺高坝运行50多年后的大量试验和监测数据,通过建坝后对环境和生态影响的评估,给出了科学、明确的回答。

阿斯旺高坝位于阿斯旺低坝上游7 km处。通常所讲的阿斯旺大坝,实际上是指阿斯旺高坝。阿斯旺高坝修建后,阿斯旺低坝成为阿斯旺高坝的调节水库,两者之间的关系类似于长江三峡和葛洲坝。前者是发电调节,后者是发电和航运调节。阿斯旺低坝为重力坝,始建于1898年,1902年完工,设计库容为10亿 m^3。1908~1912年经改造将库容增加到25亿 m^3,1929~1933年又经改造将库容增加到50亿 m^3。

阿斯旺高坝方案,最早是在20世纪30年代由希腊人尼诺斯提出。1954年由德国荷海夫公司完成设计。之后发生一连串的国际纷争,工程迟迟未能上马。在苏联的帮助下,阿斯旺高坝始建于1964年,完建于1971年,为黏土心墙堆石坝。最大坝高111 m,坝长3 830 m,最大设计流量为11 000 m^3/s。电站厂房有单机容量为17.5万kW的装机12台,总装机容量为210万kW,最大年发电量为100亿kW·h(见图6-4)。阿斯旺高坝的库容为1 680亿 m^3,死库容为310亿 m^3。相对于坝址年径流量840亿 m^3 而言,阿斯旺水库是一座多年调节水库。阿斯旺高坝是一个集防洪、灌溉、发电和航运为一体的综合利用工程。

图6-4 阿斯旺高坝

阿斯旺高坝建成后,尼罗河流域的耕地面积由1970年的 2.4×10^6 hm^2 增加为1990年的 2.9×10^6 hm^2,净增耕地面积达20%。

血吸虫病是埃及特有的疾病。在4 000年前的木乃伊身上发现了这种寄生虫。血吸虫病是一种使人衰弱的寄生虫病,它不会直接杀死宿主,但会使受感染的人更容易感染其他疾病,尤其是肝癌。20世纪60年代,流行病学家预测埃及的血吸虫病发病率会增加。他们的理由是阿斯旺水库的蓄水将创造环境条件,有利于蜗牛等血吸虫病宿主的增加,河水流动变缓使下游更容易增加血吸虫病的发病率。作为血吸虫病寄主的中间宿主,蜗牛只在缓慢流动的水里生存,人们担心水库蓄水为蜗牛提供了理想的栖息地,认为阿斯旺高坝水库会使蜗牛的数量增加,会导致血吸虫病的增加。农田由洪水期的漫灌方式改变为常年四季的灌溉方式,也会导致蜗牛的数量增加。由于大坝下游河水位降低,在尼罗河附近有更多的人进行捕鱼、游泳和清洗等亲水活动,这些活动过去仅限于灌渠范围。在尼罗河三角洲灌渠中生活的蜗牛,在冬季灌渠关闭时多被清除掉,但在阿斯旺高坝建成后,用于控制蜗牛种群的环境条件消失,会导致尼罗河三角洲有更多的蜗牛。

然而,流行病学家的预测并没有得到证实。在阿斯旺高坝建设之前和之后进行的许多流行病学研究表明,埃及血吸虫病的发病率实际上已经下降。1978年,在埃及的尼罗河三角洲地区、中埃及地区和上埃及地区对超过15 000名农村人口进行了流行病学调查,在尼罗河三角洲地区血吸虫病流行率为42%,中埃及地区血吸虫病流行率为27%,上埃及地区血吸虫病流行率为25%。1996年,在同一地区进行了血吸虫病调查,168个村庄的感染率超过30%,324个村庄的感染率为20%~30%,654个村庄的感染率为10%~20%。1997年,埃及通过了一项减少疾病流行的计划。该项目在每个村庄安装清洁自来水,处理各种水和硫酸铜的排水沟等。到2010年年底,只有29个村庄的血吸虫病患病率超过3%,而且没有一个村庄超过10%。至于纳赛尔湖的血吸虫病,在那里工作的渔民感染率很高,然而,感染率从1974年的67%下降到了1981年的20%。

阿斯旺高坝建设曾被广泛认为其增多了血吸虫病。现已清楚,在大多数情况下血吸虫病的感染并非发生在灌溉农田的过程中,而是发生在人们与渠水接触的过程中。现在各村庄已能提供清洁水,增加卫生设施,普及了卫生教育和设置了乡村医院等,血吸虫病的总感染率由建坝前的超过40%已减少到目前的3%以下,这一绵延许多世纪的疾病已不再被认为是灾难。

每年汛期,尼罗河从埃塞俄比亚高地携带80×10^6~130×10^6 t泥沙到埃及、苏丹南部和北部。有些泥沙沉积在苏丹北部和南部的尼罗河泛滥平原上,但大多数都沉积在阿斯旺大坝水库。悬浮的黏土颗粒可以通过大坝排放,较大的泥沙颗粒都留在了水库中。随着水库在1971~1978年蓄水,沉积物横穿整个水库。随着水库的蓄水过程完成,库水流速下降,泥沙多沉积在水库上游区。

1964年以来,阿斯旺高坝管理局进行了对纳塞尔湖沉积物沉积的年度调查。这些调查采用声测深法进行截面勘测,沿大坝上游500 km水库的长度上设45个测点。横截面勘测表明,几乎所有的泥沙淤积都局限在坝上游的350~500 km处。因此,人们担心纳赛尔湖生物存储能力会受到破坏是没有根据的。沉积被限制在狭窄的150 km范围内的河段。虽然悬浮黏土颗粒通过水库运输到坝前,但它可以排出而不沉积,因此不会影响阿斯旺高坝的长期寿命。最近对水库有效寿命的长期预测在300~400年范围内。

阿斯旺高坝坝址位于断层带上。在早期规划阶段,埃及地质学家提出了断层稳定性问题,并且有人担心水库蓄水可能导致水库诱发地震。阿斯旺高坝管理局建立了地震台网,严密监控水库诱发地震,至今没有任何地震发生。1982 年埃及首都开罗发生小型地震,但与阿斯旺高坝水库蓄水无关。

建坝之前,传统的漫灌已在埃及农村使用了几千年。在每年洪水期,水被从河流中分流淹没农田,泥沙常随洪水泛滥而沉积在尼罗河两岸的土地上或被带至地中海三角洲,每年洪水沿尼罗河淤积泥沙 1 200 万 t,泥沙中的矿物质和营养物质在淹没农田过程中沉淀,补充土壤肥力。建坝之后,土地失去了淤沙带来的含氮成分,引起土壤肥力减弱。农田四季都可以灌溉,由此导致了超量灌溉和低效率用水,造成灌溉地区地下水的升高,低洼地区地下水位接近地表。以往缺乏正常排水造成了盐碱化和渍涝,使农田产量减少。由于库水蒸发率高,阿斯旺坝下游泄水的含盐度比进入水库的水高。尼罗河水在排放入海之前,被重复使用了多次。在灌溉用水中高浓度的盐对土壤肥力和作物生产有一定影响,并且是非耐盐农作物生长的限制因素。埃及已经实施了 200 万 hm^2 土地配置排水计划,随土壤条件的改善,水库提供了一年四季都可以灌溉的系统、改良种子、机械化收割等,这些因素可使埃及农作物总量增加 15% ~20% 。

建坝以后地中海的渔业捕捞量由 1968 年的 22 600 t 减少为 1972 年的 10 300 t,至 1980 年又恢复到 13 400 t。然而,鲜为人知的是水库创造了崭新的鱼类资源,1982 年库区年鱼产量已达 32 000 t,远远超出地中海损失的捕捞量。

尽管埃及地中海沿岸的海岸侵蚀是一个自古以来一直在进行的过程,但毫无疑问,阿斯旺高坝的建设加剧了这一进程,而且是一个严重的问题。1945 年埃及调查机构绘制的埃及地中海海岸地形图与 1972 ~2014 年的陆地卫星图像相比较,很明显,海岸线的撤退主要是在尼罗河支流附近的 Damietta 地区。沿着 Damietta 半岛,1990 ~2002 年海岸侵蚀平均速度为 30 m/a,2002 ~2014 年平均速度减少到 20 m/a。这一减少可能是因为该地区建立的海岸保护项目取得了一定的效果。

阿斯旺高坝的建设导致古埃及遗迹损害。尽管许多著名的古埃及古迹如国王谷、王后谷等都远离尼罗河或高于河水位,但另一些遗迹如卡纳克神庙、卢克索神庙等则邻近尼罗河灌溉和排水渠道。人们注意到,水库蓄水和农田灌溉,使得地下水水位抬升,导致一些低洼地带的古遗迹损害。目前正努力改善那些邻近古迹的农田过度灌溉的做法,这个问题是水库规划设计时意料之外的严重问题。

6.4.4 黄河源水电站工程案例

黄河源水电站位于青海省玛多县扎陵湖乡鄂陵湖出口下游 17 km 处的黄河干流上,距玛多县城 40 km,距西宁市 540 km。有县、乡级公路相通,坝址区高程 4 260 ~4 280 m。电站装机容量 2 500 kW,年平均发电量 1 753 万 kW · h,总投资 7 945 万元,是一座以发电为主的中型水力发电工程。设计洪水标准:50 年一遇洪水设计,1 000 年一遇洪水校核。

黄河源水电站坝址以上流域面积 19 188 km^2,干流长 246.5 km,流域内人烟稀少,水草丰茂,植被较好。根据坝址下游 40 km 处的黄河沿水文站 1955 ~1985 年的实测资料分析,坝址处多年平均流量 22.3 m^3/s。

黄河源水电站为坝后式水电站,主体由大坝、溢洪道、压力管、厂房、升压站等组成。大坝坝型为黏土心墙砂砾石坝,最大坝高 18.0 m,坝顶长度 1 528 m,最大坝底宽 155.87 m,坝顶宽 5 m(见图 6-5)。水库水体与鄂陵湖水体连成一片(见图 6-6),对电站进行多年调节,水库总库容 25.01 亿 m^3,调节库容 16.6 亿 m^3,正常发电水位 4 270.15 m,校核洪峰流量为 198 m^3/s。电站于 1998 年 4 月开工建设,2001 年 11 月 6 日正式下闸蓄水,12 月 28 日单台机组试运行发电。2006 年 7 月 21 日,电站通过工程竣工验收。

图 6-5　黄河源水电站砂砾石坝

图 6-6　黄河源水电站库区

为保护黄河上游生态环境,根据生态环境部和青海省要求,青海省发展改革委员会下发了《关于限期拆除玛多县黄河源水电站的通知》,要求从 2017 年 8 月 16 日起,果洛州玛多县负责限时拆除黄河源水电站。玛多县委、县政府立即召开专题部署会,组成专项工作组,实地督导,明确职责和任务,安排专人与相关部门协调沟通拆除事宜。编制了《玛多县黄河源水电站拆除方案》,明确拆除时间节点,在规定范围内拆除建筑,严格按照相关程序,完成人员安置、资产清算、垃圾清运、生态恢复等相关工作,确保黄河源水电站安全顺利拆除。8 月 12 日开闸放水,为拆除做好前期准备工作,同时进行拍摄,保留影像资料。8 月 16 日安排拆除工作人员 4 名、挖掘机 1 辆、装载机 1 辆、翻斗车 3 辆进驻黄河源水电站,对电站生活管理区和大坝进行拆除,并开展生态恢复治理工作。

6.5　国际工程责任

我国已经加入WTO,作为劳动者和消费者,我们都生活在日益国际化的市场之中。企业要参与全球市场的竞争,经济发展、国家安全和生态状况与其他国家之间的相互依存关系也越来越紧密,整个世界成为一个"地球村"。所以,一方面,经过我们主观上有意识的努力,工程日益置身于国际环境之中,越来越多的工程师要与其他国家打交道,其方式或者是工程师本人到其他国家去工作,或者是他设计或生产的产品销往其他国家,为具有不同文化的消费者和用户使用;另一方面,并非我们主观故意地,工程师工作的社会影响和环境影响不断增强,范围不断扩展,已经超越国界,达到了国际范围。工程师在做工程决定时需要考虑新的国际环境背景及工程活动所产生的这些新的影响维度。国际环境下的工程伦理问题也成为工程伦理学研究的一个新的热点。

国际环境下的工程伦理问题包括两个方面的问题:一是工程师置身于国际背景下,即在涉及不同文化传统、不同经济技术发展水平的国家之间进行工程工作时会遇到的伦理问题;二是工程的影响跨越国界,如环境污染、军事技术等。

技术转移和适用技术转移是将技术转到一个新的环境并在那里加以运用的过程。这里的技术既包括硬件,也包括软件(技术的、组织的和管理的技能和程序);一个新的环境所包括的与特定技术的成功或失败有关系的变量中至少一种是新的因素。这个环境可以是国内,该技术已经在同一国家的其他地方使用过,也可以是国外。许多不同的机构可以从事技术转移,如政府、大学、私人自愿机构、顾问公司及跨国公司。

在大多数情况下,把技术从一个熟悉的环境转移到一个新的环境是一个复杂的过程。被转移的技术当初可能是在原来的环境里经历了很长的时间才进化、完善到现在的状态的,而现在它却被当作现成的、全新的实体引入一个不同的环境中。识别新的环境与原来的环境之间的区别,需要从事技术转移的人们包括工程师具有富有想象力的和认真仔细的审视能力,也需要他们具有更强的道德敏感性和更宽广的道德关怀。

技术转移不是一件商品、一台机器从此处搬到彼处的那种物理上的搬迁。技术转移牵涉复杂的人文、社会因素,其中也包括伦理道德问题。工程师在选择技术转移时不仅要考虑技术、经济因素,还要考虑伦理道德问题。

工程师在技术转移中怎样负起道德责任呢?国内外学者在研究技术转移时提出了一个重要的概念,即"适用技术",它对工程师把握自己的责任很有意义。

适用技术有多种不同的意思。我们可以在其一般意思上使用这个概念,即为一系列新的条件识别、转移和实施最合适的技术。毫无疑问,这些条件包括法律、道德等社会因素,而不仅仅是常规的经济和技术工程约束条件。在这些社会因素中,尤其要注意人的价值观和人的不同需要,因为它们对技术如何与新的环境发生相互作用有着重大的影响。因此,技术的适用性可以从以下诸方面来检查,即规模、技能、材料、能源、物理环境(如温度、湿度、大气、盐分、水的供应情况等)、资本的机会成本,尤其是从人的价值观和他们关于美好生活的观念等角度检查他们能否接受最终产品。

6.6 社会责任

常鸿飞(2009)认为,对工程师要从职业化的角度进行分析,既然工程师希望得到社会的承认,那么首先他们必须体现出服务于社会的职业操守,同时对工程质量问题和工程事故中的伦理问题进行反思与自省,工程师应时刻将公众的社会利益、福祉和安全置于其伦理责任的首位。熊艳峰(2007)认为,工程影响的群体是整个社会公众,因而工程师的实践活动对人类发展将产生深远的影响。他认为,工程师不仅肩负着工程项目实施的责任,而且肩负着对人类社会发展的重要责任,工程师不仅要使工程为人类社会带来积极的效应,也要尽力避免工程产生的负面效应。

建筑行业工程师的社会责任主要包含职业伦理责任,维护公众安全、社会福利,对政治团体、社会组织负责三种。

第一,职业伦理责任。一方面,在工程实践中,工程师必须时刻保持谦虚、谨慎、客观、诚信、公平公正、追求真理的职业精神。另一方面,随着技术全球化影响的提高,同一行业、甚至不同行业的工程师群体之间的交流更加广泛、顺畅,面对一些影响全球人类生存与发展的问题时,工程师群体更应该加强沟通、通力协作,更加积极、客观、全面地担负起整个人类社会的责任。

第二,建筑行业的工程师应具备职业素养与职业美德。工程师应将保护公众安全,维护公众利益与福祉置于首位。对于建筑行业工程师而言,安全生产与工程的质量问题是建筑工程能否达到合格标准的前提,是工程师必须加以重视的问题。此外,在工程的设计、施工和评价过程中,工程师不仅要严格遵守规章制度,还要考虑工程投入使用后可能带来的问题。例如,工程是否存在安全隐患,在未来是否对社会、公众产生潜在的威胁。如果存在这些不良隐患,工程师应尽快提出解决方案,对工程进行改进。

第三,处于"工程共同体"中心的工程师,其言语及行为必定受到社会其他各界的广泛关注,会对其他群体造成一定的影响。因此,工程师应当对政府、媒体、公众等保持诚心、谦虚的态度,维护企业和自身形象。

6.7 可持续发展责任

随着社会的发展,科技的进步,人类改造环境的能力大大增强,全球范围内的环境恶化和污染日益严重,并对今后的进一步发展产生了巨大的影响,因此越来越多的专家、学者及国际性组织开始关注环境问题,并将其当作一个重大的科技问题来解决。针对环境问题,人们首先想到的是通过传统理论来进行治理方法和技术的研究,经过一段时期后,人们开始逐渐意识到,仅仅凭借科技手段、工业文明的手段去治理环境是不可能从根本上解决环境问题的,必须要改变人类的思想观念。作为一种全新的发展观,可持续发展日益引起世界的广泛关注。在 1992 年里约热内卢召开的联合国环境与发展会议上,制定的《21 世纪议程》,标志着人类社会进入了追求可持续发展的新的历史时期,把可持续发展作为人类未来发展的战略指导思想。根据世界环境与发展委员会的定义,可持续发展就是“既满足当代人的需要，又不对后代人满足其需要的能力造成破坏”。就是要实现社会、经济与自然环境和谐发展，做到人与自然的和谐统一，维持新的平衡，制衡出现的环境污染和环境恶化，使重大自然灾害的发生得到控制。可持续发展也已成为全人类共同的行动纲领。

工程师通过工程技术将天然资源转换成物质财富，促进了社会和经济的发展。几个世纪以来，工程师的主要追求是不断提高劳动生产率。但是随着工业化的进程，不可再生资源大量消耗、环境的严重污染、对生态的无情破坏，给人类的生存和发展造成了严重的威胁。工程师应担当可持续发展的责任。

工程科技的不断进步提高了人类利用自然资源的能力，推动了经济社会的发展，也增强了人类保护环境和生态的能力。我国近40年来，工程科技和经济发展取得了显著的效果，劳动生产率不断提高，万元GDP能源消耗大幅度下降。但在科学科技进步方面与发达国家仍有差距，资源、能源利用率低于世界先进水平。中国在21世纪实现新型工业化和可持续发展将更加依靠科技进步和创新。

徐匡迪(2005)提出了4R(Reduce、Reuse、Recycle、Remanufacture，即减量化、再利用、再循环和再制造)的概念。认为工程科学的基础要从20世纪单纯追求规模、效益的模式转向建设4R的循环经济模式。大力推进4R是实现可持续发展的重要内容和必然选择。追求4R的最终目标是实现循环经济，用尽可能少的资源满足经济社会发展的需求，通过节约、回收和利用废旧资源，使尚未被充分利用的价值得到开发和使用，产生新的经济和社会效益。

减量化方面，汽车工业是一个很好的例子。现在人们不仅追求汽车的安全、舒适性，也开始努力减少化石能源的消耗和CO_2的排放量。欧洲联盟和日本正在推行汽车减重化计划。现在我国人民的生活水平有很大提高，北京、上海等大都市夏季用电高峰时居民的用电量占全市总用电量的40%，因此我们要大力发展综合节能型的建筑材料和建筑物。食品、生活用品的过度包装现象也十分普遍，产生大量的社会废弃物，应该引起重视。上海著名的杏花楼月饼，多年来坚持品牌质量，并采用简单纸盒包装，很受广大消费者的欢迎。

再利用方面，目前大部分废钢铁都得到回收，美国用废钢铁生产的钢已近60%。中国由于废钢资源少，目前利用废钢冶炼的电炉钢仅占20%左右。据测算，将废钢作为再生资源与从铁矿石中提取铁元素资源相比，使用1 t废钢可节约1.3 t左右的铁矿石，减少能耗60%，减少温室气体CO_2排放60%，节水50%以上。这对节约天然矿物资源、节能和保护环境都具有十分重要的意义。废旧硅基及合成材料，如旧的玻璃容器和树脂饮料瓶，回收后应加以严格地清洗消毒，达到规定的标准后，也可以重新使用。

再循环方面，废纸、废玻璃、废塑料、废渣的再循环已很成功。早期人们主要利用木材造纸，后来发展为将非成材木材作为原料，现在人们在大量利用废纸作为造纸原料，既减少了废纸垃圾，也节省了资源，减少了污染，降低了成本。废塑料对环境造成的污染和危害越来越严重，目前，我国塑料制品的产量已接近1 000万t，废塑料的年发生量接近500万t，其中北京地区废塑料年发生量达50多万t，大约相当于500万t钢材的体积。废塑料的利用在发达国家逐渐受到重视，包括将废塑料直接再加工成其他品种的塑料，或将废塑料经裂解催化改质后制造成液体燃料,它还可以在 1 100 ℃以上高温的焦炉和高炉中作为燃料及还原剂,替代部分煤炭,显著减少简单焚烧法产生的二恶英和 CO_2。我国在废渣利用上有很好的经验,高炉渣水淬后磨细制造成矿渣水泥,使水泥和钢铁行业形成废料循环的生态链。使用高炉渣制造的水泥与普通用天然石灰石制造的水泥相比,可节约石灰石原料 40% 左右,能源节约一半,同时减少 CO_2 排放 40%,具有明显的经济效益、环境效益和社会效益。

再制造方面,再制造技术以废旧设备和零部件为毛坯,采用最先进的快速成型技术和功能覆层技术,按照工业化的生产模式生产出质量合格的设备,再次供应市场,可大大减少材料消耗和能源消耗,生产周期大大缩短,其产品价格还具有可观的竞争性。

重视和解决环境问题,关心地球与环境,不仅不能忽视工程和技术的重要性、停止发展工程和技术,而且工程发展的新方向正在为改善环境、降低污染做出贡献。实际上,为了实现发展经济与保护环境双赢,已经出现了全新的工程方向。这些新的工程形式有可持续工程、保护环境的设计及绿色设计等。特别是可持续发展理念已经在全世界形成共识。可持续发展就是不伤害环境的发展或不剥夺后代人正当遗产的发展。工程比任何其他的专业更有机会为可持续发展做出贡献,因为工程技术可以提供监测、发现环境变化状况的仪器和方法、物质再生和回收的手段以及高效率低能耗的生产设备。新的工程还可以净化原有技术设备产生的环境污染。绿色技术就是具有这样功能的工程技术。

绿色技术指能减少环境污染,减少原材料、资源和能源使用的技术、工艺或产品的总称。绿色产品是指那些从生产到使用及回收处置的整个过程都符合特定的环保要求,对生态环境无害,并有利于资源再生、回收的产品。绿色产品是绿色技术创新的最终体现。一般来说,绿色产品具有如下特征:节约能源、节约资源、不使用有害的化学物质、合理的包装及产品使用后易处理和分解。绿色材料本身就属于绿色产品,而绿色产品的发展,将在很大程度上取决于绿色材料的研究和创新。绿色材料是指在制造、生产过程中能耗低、噪声小、无毒性并对环境无害的材料或材料制品,也包括那些对人类、环境有危害,但采取适当的措施后就可以减少或消除危害的材料或制成品。绿色材料的内涵包括材料本身的先进性、生产过程的安全性和材料使用的合理性等方面。

清洁生产技术能够最大限度地减少原材料和能源的消耗,降低成本,提高效益,变有毒有害的原材料或产品为无毒无害,使生产对环境和人类的危害最小化。清洁生产不但在技术上可行,而且在经济上具有盈利性,能够兼顾经济效益、社会效益和环境效益,真正实现技术价值、经济效益、社会效益、环境效益的统一。因此,开发和推行清洁生产技术是符合可持续发展的重要措施,也是新形势下工程技术人员的重大责任。

绿色植被混凝土技术已广泛应用于水利工程。绿色植被混凝土用碎石做集料,掺加高分子材料砌块,在砌块的孔隙中填充腐殖土、缓释肥料、保水剂、种子等混合材料,在周围环境适合植物生长时,种子萌芽生长,最终形成环境保护与工程建设完美结合的绿色植被混凝土。利用具有环保性质的混凝土修筑河流堤防、边坡工程,能够恢复生态平衡、减少水土的流失。

循环经济在国内外日益引起人们的高度关注。建立水利良性循环经济的前提是营造水利市场,建立水利市场也是全国统一市场体系的重要组成部分。实现水利工程的商品化可以确保水利设施和水利产品的有偿使用。我国多年来无偿提供水利产品，而每年在水利设施进行大幅度投资的同时，水利工程设施并没有获得相应的效益，使得水利设施年久失修，且效率低下，水利工程设施在亏本运营的同时无法维持自身的良性发展。建立水利良性循环经济的关键在于推进投资体系、资产经营管理体系、价格收费体系、法制体系、服务体系的建设，确保整个水利产业同其他产业一样朝着商品经济的方向可持续发展。

水利工程的可持续性既是水利行业可持续发展的一个目标，也是一个发展过程。在水利工程规划、设计、建设和营运过程中，需要运用大量的技术、工艺和设备，工程技术可持续能力是对这些技术、工艺和设备的运用情况及工程建设运行产生重要作用和影响的能力。这些技术、工艺、设备的研究和采用在水利工程项目的建设过程中既有创新和发明，又可以提高工程质量、缩短工期、节约工程成本，具有一定的经济效益。由于水利工程项目直接面对自然环境，在运用一项新的技术、工艺和设备时还要考虑到它的社会和生态价值。

水利工程项目具有多属性、复杂性的特点，它牵涉社会、经济、自然生态环境等诸多方面，其可持续性由于受到这些指标的影响。为了科学全面地评价水利工程项目的可持续发展状况，构建了水利工程可持续发展评价体系(见表6-1)。可持续评价体系是一个指标集合，这个集合是由工程技术、社会、经济、资源环境等方面的度量指标所构成的，这些指标之间是相互联系、相互制约的，能够反映水利工程项目的可持续性。在指标的构建上要充分注重指标的动态性、全面性、长期性、代表性和通用性，从不同范围、不同方向、不同层次上反映各种类型的水利工程项目的可持续性。每个指标又尽可能地做到界限分明，避免出现相互重叠的情况，以减少对相同内容的重复性评价，指标评价体系应具有极强的系统性，并且这些评价指标相互之间具有复杂的内在联系。

我国现代化工程建设为水利工程师提供了广阔的舞台。近30年来，完成了长江三峡、黄河小浪底、淮河临淮岗、南水北调、小湾、锦屏、溪洛渡等重大工程的建设。三峡工程按1 000年一遇设计，防洪库容221.5亿 m^3，使荆江河段的防洪标准由原来的10年一遇提高到100年一遇，可控制枝城流量使之不大于80 000 m^3/s，配合荆江地区的分蓄洪区运用，可避免荆江地区发生干堤溃决的毁灭性灾害。黄河郑州以下仅靠黄河大堤可防御花园口60年一遇洪水(22 000 m^3/s)，小浪底水库建成后可防御1 000年一遇洪水。目前，我国大江大河防洪能力已达到100年一遇以上标准，但其支流或中小河流的防洪能力标准多在30年一遇水平，还有时遇到超标洪水。因此，提高中小河流防洪能力标准是21世纪上半叶水利工作的重点。防洪是一个动态的、长期的任务，部分水库因泥沙淤积而减少了防汛库容，水土流失不断抬高河床而降低了泄洪能力，蓄洪区的蓄洪能力也在人口增加的情况下不断下降等。

2012年7月21日至22日8时，北京及其周边地区遭遇了61年来最强暴雨及洪涝灾害，全市平均降雨170 mm(见图6-7)。房山是重灾区，最大降雨点为房山区河北镇，降水量高达460 mm。在“7·21”特大暴雨灾害中，北京受灾面积16 000 km^2，成灾面积14 000 km^2，全市受灾人口190万人，其中房山区80万人，造成79人遇难。全市道路、桥梁、水利工程多处受损，全市民房倒塌10 660间，直接经济损失116.4亿元。受灾严重的房山区周口店镇娄子水村的主街道建在河道上，原20多m宽3 m深的瓦井河变成了一条暗沟，洪水来后主街道上的水位达2.5 m,主街道损毁,损失惨重。

图6-7 2012年7月21日北京市特大暴雨灾害

表6-1 水利工程可持续发展评价体系

一级评价指标	二级评价指标
工程技术可持续能力	工程质量优良率
	工程技术先进性
	工程技术创新费效比
	工程除害兴利的能力
	工程设施配套完备性
经济可持续性	地区经济影响
	工程运行所需资金充足率
	经济收益率
社会影响可持续性	增进项目区社会发展潜力
	增加就业机会
	促进服务事业的改进
	贫困人口收益改变
	移民安置
	利益相关方的支持及公众参与
环境影响可持续性	水土流失治理度
	自然资源的利用情况
	项目区内种群变化率
	项目区内的环境美化
	环境质量

武汉、长沙等一些大中城市随着房地产市场的升温，城市扩大化，填湖造地，高楼大厦林立，切断水系，近年来不断受到大自然特别是洪水灾害的报复。

水是生命之源、生产之要、生态之基，水资源问题关系到中华民族生存和发展的长远大计。水资源是水利可持续发展的重要因素之一。20 世纪 90 年代，京津冀地区随着工业化、城镇化和人口规模的骤增，海河流域地表水资源基本枯竭，河流断流。我国水资源总量2.8 万亿 m^3，2015 年取用量约 6 350 亿 m^3，净耗水量为 3 500 亿 m^3。2020 年全国用水总量力争控制在 6700 亿 m^3以内；万元工业增加值用水量降低到 65 m^3以下，农田灌溉水有效利用系数提高到 0.55 以上；重要江河湖泊水功能区水质达标率提高到 80% 以上，城镇供水水源地水质全面达标。2030 年全国用水总量力争控制在 7 000 亿 m^3以内。2011 年中央 1 号文件颁布，2011 年 7 月中央水利工作会议召开，全面实行最严格的水资源管理制度，确立水资源开发利用控制红线，为 21 世纪水利可持续发展提供了支撑和保障。

20 世纪 90 年代以前，国家和当地政府、水利工作者对水库移民的利益考虑不周，安置工作不够妥善，使得成千上万移民流离失所，有的返迁，有的返贫，有的甚至多次搬迁导致更加贫困。这是国家和当地政府的责任，当然也是水利工程师可持续发展的责任。

第7章

长江三峡水利枢纽工程伦理研究

1992年4月，中华人民共和国第七届全国人民代表大会第五次会议通过了关于兴建长江三峡工程的决议，历经70多年的勘测、规划、设计和论证，三峡工程完成了国家决策程序。1994年12月14日，三峡工程主体工程正式开工。1997年11月8日，三峡工程顺利实现大江截流。1998年，又一次发生了全流域性大洪水，长江中下游干流沙市至螺山、武穴至九江共计359 km的河段水位超过了历史最高水位，长江上游接连出现8次洪峰，受灾人口达229万人。2002年1月13日，经过9年建设，三峡大坝迎水面已经全线达到140 m高程以上，大坝高度已具备挡水要求。2003年6月，三峡工程蓄水运行，并按期实现了水库蓄水135 m高程、船闸试通航、首批机组发电。2005年9月，三峡左岸电站14台机组提前一年全面发电。2006年5月20日，三峡大坝提前一年全线达到185 m设计高程，三峡大坝建成。2006年10月，三峡蓄水至156 m高程，提前一年进入初期运行期。2008年10月29日，右岸电站全部投产发电，至此三峡电站26台机组提前一年全部投产，三峡水库试验性蓄水至172 m高程。

2003年三峡水利枢纽工程蓄水运行以来，综合效益显著。2003～2016年年底，三峡水库共实施拦洪运用41次，累计拦蓄洪量1 219亿m^3。2010年和2012年，分别经受了70 000 m^3/s和71 200 m^3/s洪峰的考验。2016年，通过消减上游洪峰，大大缓解了长江中下游地区的防洪压力。2003～2016年，三峡水库为下游补水总量达1 997亿m^3，累计补水1 601 d。三峡水库通过实施生态调度，人工创造了适合草鱼、青鱼、鲢鱼、鳙鱼繁殖所需的水文、水力学条件，积极促进了四大家鱼的自然繁殖。

近几十年来，对三峡工程建设众说纷纭，争议不断，尤其是在生态环境、气候变化、水库淤积、水库诱发地震、下游河道冲刷、沿江部分文物古迹淹没等方面，激化了国内外许多学者有关三峡工程的伦理之争。

7.1　长江三峡水利枢纽工程

三峡水利枢纽工程集防洪、发电、航运、抗旱和补水等多功能综合效益于一体，坝址位于长江干流湖北省宜昌市境内三斗坪，主要由大坝、电站厂房、通航建筑物和防护坝组成。三峡大坝为混凝土重力坝，坝轴线全长 2 309.47 m，坝顶高程 185 m，最大坝高 181 m（见图 7-1）。三峡水库形成防洪库容 221.5 亿 m^3，100 年一遇的洪水可调蓄化解，大于 100 年一遇的洪水可适当配合使用分蓄洪区，减少损失。三峡水库改善了川江航道 600 多 km，万吨级船队可直达重庆，大幅提升了西南地区的水运能力，使长江成为名副其实的黄金水道。

图 7-1　长江三峡水利枢纽

三峡水利枢纽发电总装机容量 2 250 万 kW（见图 7-2），多年平均发电量 882 亿 kW · h，相当于 10 余座大型火力发电厂，是世界水力发电站之最。2017 年 3 月 1 日 12 时 28 分，三峡水利枢纽电站累计发电量突破 10 000 亿 kW · h。10 000 亿 kW · h 为 2015 年上海市全年用电量的 7.1 倍，相当于节约标准煤 3.19 亿 t，减排 CO_2 8.58 亿 t，减排 SO_2 899 万 t，减排氮氧化物 257 万 t。三峡电站减排效益等于在我们的国土上增加了 1/3 个大兴安岭林区，与 224.3 万 hm^2 阔叶林相当。

三峡水库蓄水后，库区 100 多处主要险滩被淹没，加之航道整治工程的实施，库区通航条件得到了很大改善，大部分单行控制河段被取消，绞滩站全部被撤销。重庆至宜昌河段水深为 4.5 m 以上的航道长达 548 km，一年中有半年以上可以通行 5 000 t 级单船和万吨级船队。三峡水库的调节作用使得下游枯水期最小流量由 3 200 m^3/s 提高到 5 500 m^3/s，从武汉到重庆，机动散货船枯水期和汛期上行通航时间分别为 135 h 和 175 h，较船闸建设前缩短了约 1/3。航道通航条件改善后，加上三峡库区水上搜救体系的完善、应急救助站点的建立等管理措施的实施，船舶运输的安全性大大提高。2003 ~ 2011 年试验性蓄水期间，船闸未发生两线船闸同时停航等事故。

三峡船闸是目前世界上连续级数最多、总水头最高、规模最大的内河船闸（见图 7-3）。自 2003 年投入运行以来，已连续 14 年实现安全、高效运行。投入运行以来，三峡船闸过闸货运量逐年递增，2011 年首次突破亿吨，提前 19 年达到设计能力。2014 ~ 2016 年连续 3 年货运量突破亿吨（见图 7-4）。截至 2017 年 3 月 7 日，三峡船闸累计运行 12.87 万闸次，过船 73.1 万艘次，通过旅客 1 181.5 万人次，货运量 10.01 亿 t。

图 7-2　长江三峡水利枢纽左岸电站厂区

图 7-3　长江三峡工程双线五级船闸

三峡水库蓄水后，长江航道成为名副其实的黄金水道，长江上游干流渠化里程近 700 km，航道尺度增大，吃水深度增加，绞滩站全部撤除，大部分河段可双向通航，全线全年可昼夜通航。船舶单位平均能耗降低，有效降低了船舶运输成本，提高了航运效益。库区船舶的标准化、大型化进程加快，提高了三峡永久船闸、升船机的利用率和通过能力。长江黄金水道是长江经济带发展的基础和依托。从地域位置来看，长江经济带东接 21 世纪海上丝绸之路的东线，西连 21 世纪海上丝绸之路的南线，北通丝绸之路经济带节点城市，战略地位非常重要。长江经济带的加入将使丝绸之路经济带和 21 世纪海上丝绸之路更好地衔接，让单线发展变为多线并进，形成区域内的优势互补、协作互动格局，缩小东、

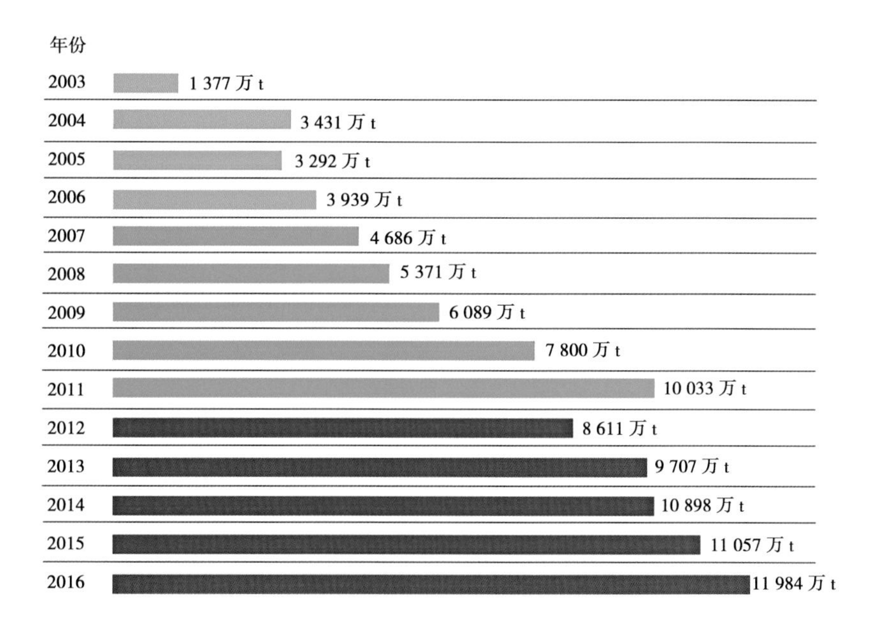

图7-4 三峡船闸运行年货运量(陈祖煜等,2017)

中、西部发展差距,推动经济要素有序自由流动、资源高效配置、市场统一融合,促进区域经济协调发展。

7.2 三峡工程对生态环境的影响

左媚柳(2007)对三峡工程进行了环境伦理学探讨,他认为:于动物权利论而言,三峡工程百弊而无一利;于生物中心论而言,三峡工程虽然对有生命的生物有所损害,但补偿工程仍然是值得称道的;于生态中心论而言,三峡工程固然是看到了大自然的工具价值,但于其内在价值方面却考虑甚少,尤其是从生态中心论所倡导的整体性、系统性而言,三峡工程是较为偏重于人类的"个体"价值的。

1996年开始,三峡工程建立了一个规模庞大的跨地区、跨部门、跨学科的生态与环境监测网络。其目的是了解并掌握三峡工程运行后生态与环境变化的时空规律,验证与复核环境影响评价结果,落实工程运行中的生态与环境保护对策与措施,以充分发挥三峡工程对生态与环境的有利影响,减免不利影响,使受工程影响地区的生态与环境向良性循环发展。

三峡工程生态与环境监测系统的范围在地域上覆盖了自上游库区、中下游直至入海口的可能受工程影响的地区。该监测网包括气象观测、大气监测、噪声监测、水质监测、水文泥沙监测、水生生物监测、地震观测、库岸稳定观测、人群健康调查与观测、土地资源观测、陆生动植物及物种资源观测、水土流失监测、河口生态监测及遥感监测等内容。

长江三峡工程生态与环境监测系统正式启动以来,对重要的生态环境因子进行了定期和不定期监测,取得了大量数据与成果。自1997年开始,每年由国家环境保护部汇总监测结果后,向国内外发布《长江三峡工程生态与环境监测公报》,把三峡工程对生态与环境的有利影响和不利影响如实地公之于众,至今已历时22年。

7.2.1　对库区植物的影响

在三峡工程的论证阶段,植物学家就提出,三峡水库蓄水之后,疏花水柏枝、荷叶铁线蕨等珍稀植物会受到淹没的直接影响。有人预言,这两种植物都生长在175 m淹没线以下,前途堪忧。

三峡水库蓄水后,库区内直接受淹没影响的陆生植物物种有120科、358属、560种,除荷叶铁线蕨和疏花水柏枝外,其他均为淹没区外分布比较广泛的物种,不会因水库蓄水影响而灭绝。

中国长江三峡集团公司为对三峡库区和流域特有珍稀植物进行抢救保护与研究,切实履行三峡工程生态环境保护的社会责任,专门成立了三峡苗圃研究中心。三峡苗圃研究中心位于湖北宜昌三峡坝区红线内,上与宜昌市秭归县城相毗邻,下与三峡大坝茅坪副坝相接壤,茅坪溪水贯穿其中。研究中心占地面积约30万 m^2,截至2016年年底,共计栽种87科356种33 286株植物,其中陆生植物304种、水生植物52种;引种苗木17 000株,繁育苗木16 286株。代表植物有国家一级保护植物珙桐、红豆杉、荷叶铁线蕨、伯乐树,国家二级保护植物香果树、杜仲、润楠、连香树、水青树、红椿,三峡特有濒危植物疏花水柏枝、红花玉兰等(陈祖煜等,2017)。

疏花水柏枝,柽柳科,水柏枝属,直立灌木,叶呈披针形或长圆形,密生于当年生绿色小枝上,因像柏树嫩叶而得名,花粉红色或淡紫色,子房呈圆锥形。1984年,中国科学院武汉植物研究所在三峡地区发现其模式物种并为其定名。该物种仅分布于长江流域四川省、重庆市和湖北省,被确定为极度濒危灭绝物种,在三峡大坝蓄水之后,曾被认定为已灭绝物种之一。疏花水柏枝通常长在河岸和路边,不太高,绿叶间点缀着不起眼的小白花。2008年,在三峡大坝下游约100 km处的湖北省枝江市董市镇沙滩上发现了疏花水柏枝的野生居群。这片野生居群的发现,扭转了三峡工程蓄水会导致该物种灭绝的学术观点。不久,在湖北省宜昌市段胭脂坝江段上,也有大批野生疏花水柏枝被发现。2014年,四川多地发现疏花水柏枝,这是该物种首次在四川被发现。科学家发现,疏花水柏枝有着特殊的"反季节"生长周期,每年春夏时期,江水上涨,疏花水柏枝的枝干全部腐烂,但它的根系在水底数米仍能"呼吸";到了秋冬季节,当河滩露出水面,它就开始从沉积物中汲取养分,迅速地生长繁殖。同时,由于其具有在汛期水下生存达半年之久的神奇功能,已经考虑在三峡水库的消落带以上移栽这种植物。中国长江三峡集团公司三峡苗圃研究中心有大量实验室培育的疏花水柏枝,当它们成年时,让它们回归到原始生活的地方。

荷叶铁线蕨,铁线蕨科,铁线蕨属,多年生草本植物,兼有药用价值,其根状茎短而直立,叶簇呈圆形。上面深绿色,光滑并有同环纹,下面疏被棕色的长柔毛,叶缘具圆钝齿,长孢子叶的叶片边缘反卷成假囊群盖。荷叶铁线蕨主要分布在重庆的万州、涪陵、石柱县等地。1984年,《中国植物红皮书》将其列为二级稀有濒危植物;1996年《中华人民共和国野生植物保护条例》中,将其列为国家一级保护野生植物。荷叶铁线蕨是一种古老的植物,也是三峡地区的特有植物。它靠孢子繁殖,在早春发叶,7月后形成孢子囊群,8~9月孢子陆续成熟。在植物群落中,处于伴生地位,常躲在其他植物之下,一定要等到这些植物都不再生长了,它才慢慢生长。它对生境如此挑剔,以至于野生种群仅仅断续分布在万州新乡、小沱山、杉树坪及石柱县西沱,高程150~320 m的地带。

广受关注的三个珍稀濒危物种疏花水柏枝、荷叶铁线蕨与川明参均得到妥善安置。疏花水柏枝主要分布在高程155 m以下,水库蓄水淹没其野外生境,但引种栽培、迁地保护等措施及人工繁育技术使其得到有效保护。荷叶铁线蕨主要分布在高程200 m以上,水库淹没的仅为一小部分,且已成功实现人工繁育;川明参在库区高程80~380 m分布,且在四川、湖北等地也有分布,水库蓄水使其数量减少,但不会造成物种灭绝。

陈亮等(2017)基于250 m分辨率的植被覆盖指数(normalized diffence vegetation index,NDVI)数据,从时间变化和空间变化两方面分析了2000~2015年三峡库区植被变化特征(见图7-5),运用一元线性回归趋势分析方法和F检验方法对三峡库区NDVI变化趋势进行了定量研究。结果表明:16年来三峡库区NDVI总体上趋于波动增长,年均增长率为0.17%,但在时间和空间上有不同的变化特点。从季节差异上看,春季NDVI增长最快,其次是秋季和冬季,夏季NDVI变化趋势较平缓。从NDVI的空间变化格局上看,NDVI呈显著增加趋势的面积占整个库区面积的14.47%,轻微增加占55.77%,增加区主要分布在库区的北部、东北部、东部及东南部。表明该时间段三峡库区实施的一系列生态建设工程对植被覆盖增加、生态环境改善有一定成效。

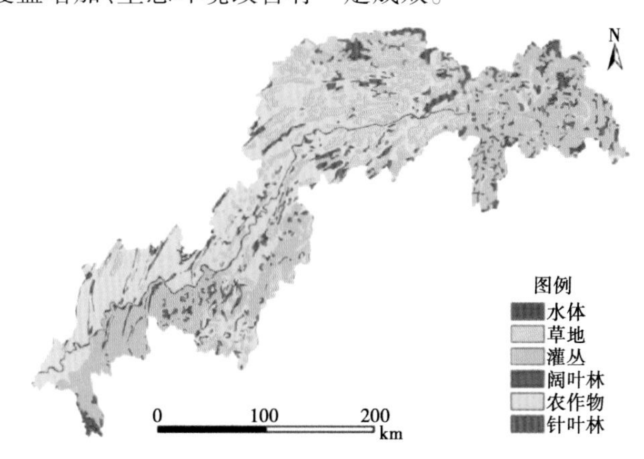

图7-5 三峡库区植被类型(陈亮等,2017)

库区各类型植被NDVI均呈增长态势(见图7-6),草地NDVI增加最快,年均增长率为0.24%;农作物NDVI增加最慢,年均增长率为0.14%,阔叶林NDVI呈显著增加的面积占总面积的比重最大为36.79%,灌丛NDVI的显著增加面积在所有植被类型中最大(3 540.6 km^2),农作物NDVI显著增加面积占其总面积的比例虽然最小(6.84%),但反映出退耕还林还草和农业生产模式转型对三峡库区整体植被覆盖的提升是积极有效的。

7.2.2 对生物的影响

长江是我国淡水鱼类种类最丰富的河流,也是我国野生鱼类资源和主要淡水养殖对象的优良种质来源。长江水域共有鱼类370多种,其中长江上游河源段共有鱼类230种,而仅限于上游水域的特有种类有103种;三峡库区有上游特有种类47种,其他鱼类和长江中下游鱼类共有140种。

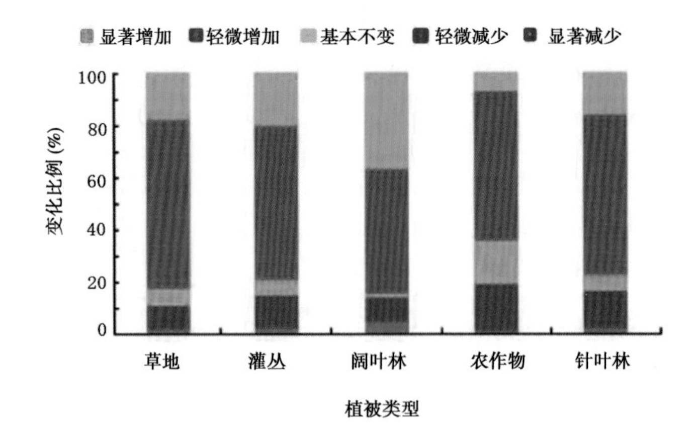

图7-6　2000～2015年三峡库区不同植被类型NDVI趋势变化结果统计(陈亮等,2017)

三峡水库蓄水后，库区江段由原来的流水环境转变为缓流和静水环境，特有鱼类栖息地丧失，生物多样性指数降低，库区不同地点的长江上游特有鱼类在渔获物中的优势度与蓄水前相比减少41.0%～99.9%。四大家鱼近年的鱼苗产卵量显著减少。21世纪60年代，长江干流四大家鱼鱼苗量在1 000亿尾左右。干流36个家鱼产卵场中，宜昌产卵场是最大的，产卵规模占全江的5%～7%。现在宜昌产卵场每年的家鱼产卵量为几亿粒。在长江中栖息的国家重点保护水生野生动物的生存均受到严重威胁(陈祖煜等,2017)。

三峡工程2003年蓄水以来，经过多年的监测观察，三峡工程对长江中下游鱼类的不利影响是有限的，鱼类减少的主要因素是酷捕滥捞、环境污染及水上事业的发展。三峡工程建成以来的监测表明，尚未发现因为水库建设导致珍稀特有鱼类灭绝，库区鱼类群落结构正在变化过程中，大坝上游四大家鱼数量增加，特有鱼类数量下降；大坝下游四大家鱼数量减少；长江珍稀特有鱼类人工研究、增殖放流已取得初步进展，长江上中游建立的水生生物自然保护区，对减缓或补救三峡工程的不利影响具有重要意义。

中华鲟是一种出生在长江、成长在大海的大型洄游鱼类，属鲟形目鲟科，是1.4亿年前与恐龙同时代的生物，素有“活化石”或“水中大熊猫”之称，是国家一级保护动物。葛洲坝工程1981年1月大江截流后，阻断了中华鲟自长江口至金沙江的洄游路线，对中华鲟产卵产生了直接影响。建在葛洲坝上游的三峡工程对中华鲟的影响主要体现在水文情势变化方面，影响是间接的。

1988年，国家颁布了《中华人民共和国野生动物保护法》，中华鲟被列入国家一级保护名录，严格禁捕。加强中华鲟人工繁殖科学研究：为保护中华鲟，我国科研机构进行了长期深入的科研工作。中国科学院水生生物研究所进行了长达50余年的研究，长江水产研究所、水工程生态研究所等也开展了大量科研工作。此外，国家还在1981年为保护中华鲟专门成立了中华鲟研究所。设立自然保护区：在长江口崇明岛东部裕安乡至陈家镇乡，约3 km滩涂水域上建立了中华鲟幼鲟自然保护区；在葛洲坝大坝下游15 km江段范围内建立了中华鲟自然保护区。三峡工程建成后，根据观测，长江口崇明岛地区的中华鲟幼鱼资源，已经接近或达到葛洲坝建坝前水平。为了保护中华鲟，国家成立了中华鲟研究所,每年投入大量科研经费,研究人工繁殖技术,并开展人工放流工作,使保护工作取得新进展。1983年人工繁殖成功,并将幼鲟放流入长江,至2011年年底,放流入长江的中华鲟已达600多万尾;1985年成功采用人工合成激素代替雄鲟脑垂体给雌鲟催产;2009年以人工繁殖出的子一代中华鲟雄鱼和雌鱼,在人工养殖条件下发育到性成熟,又通过人工繁殖获得了"子二代"中华鲟。"子二代"中华鲟的繁殖成功,标志着人类找到了不依赖稀有的野生亲鱼就能把中华鲟长期保存下来的有效途径,同时能使野生中华鲟的自然产卵行为免受人工捕捞的惊扰,从而更好地保护野生中华鲟资源。非常可喜的是,在葛洲坝大坝下游至虎牙滩之间已有中华鲟在此江段天然产卵,监测表明,10余年来每年都有繁殖行为发生,2011年繁殖行为和产卵数量明显增多。

7.2.3 对气候的影响

三峡水库蓄水后,对大范围气候没有影响,对于库区局部地区气候会有一定影响。根据《长江三峡水利枢纽环境影响报告书》,温度、湿度、风速、雾日的影响范围为:两岸水平方向最大不超过2 000 m,垂直方向不超过400 m。由于三峡水库是典型的河道型水库,所以虽然对周围地区气候有一定调节作用,但影响范围不大。其中:年平均气温变化不超过0.2 ℃,冬春季月平均气温可增高0.3~1 ℃,夏季月平均气温可降低0.9~1.2 ℃;极端最高气温可降低4 ℃左右,极端最低气温可增高3 ℃左右。年降水量增加约3 mm。平均风速将增加15%~40%,因建库前库区平均风速仅2 m/s左右,故建库后风速仍不大。雾一般形成于气温较低、湿度较大的条件下,因此川江上冬雾多于夏雾。但在水库蓄水后,冬季气温略有增高,湿度减小,对冬雾的形成不利,所以冬雾有所减少。但在秋季尤其是深秋时节,雾日略有增加。

2003年三峡水库蓄水以来的监测结果表明,水库对局地气候的影响与环境影响报告书预测得十分吻合,影响的范围和程度有限。

2006年、2010年年初西南地区的高温、大旱和年中重庆主城区的大洪水,2011年年中长江中下游发生的"旱涝急转"等极端天气现象,恰巧发生在2003年三峡工程蓄水之后。有人质疑旱情和洪水是三峡工程蓄水造成的。

近年来,国内外极端天气事件的发生有常态化的趋势,这与全球气候变暖直接有关,而与三峡工程关系不大。2006年、2010年年初西南地区的高温、大旱的重要原因有两点:一方面它是在全球气候变暖的大背景下发生的,另一方面它是大尺度的大气环流异常(尤其夏季风异常)造成的。正是受这种大气环流异常的影响,当时不仅重庆市,包括川东很大范围都出现了高温、干旱的天气特征。有人认为三峡大坝像一堵墙,截断了通往川渝的水汽。实际上三峡大坝最高处仅181 m(坝顶高程185 m),而大气环流的垂直高度超过3 000 m甚至达1万m,三峡大坝根本无法阻挡或阻断大气环流。国内外相关研究资料表明,世界各国的水坝建设史上,至今还没有哪座水坝阻断大气环流,改变某一地区大气候的先例。

2010年汛期重庆主城区大暴雨,其成因与2007年7月特大暴雨类似。一方面是高纬度冷空气活动频繁,另一方面是低纬度副热带高压较往年偏弱,使得西南气流以低空急流冲向长江中游,重庆市主城区恰位于这支急流的出口处,即处于暴雨降落区,暴雨也就造成了洪水。那么形成降雨的大气水分从哪里来的呢?原来与降雨密切相关的大气中水分的循环有两种。一种是外循环,即水汽从降雨区以外随大气环流输送进来;另一种是内循环,即在局部区域内,水汽随大气局地环流进行输送。内循环水分的增加或减少,对于外循环来说是微不足道的。外循环对降雨的影响占95%以上,内循环对降雨的影响仅占不足5%。其实,三峡水库及周边大范围地区降雨的水汽主要来自印度洋和太平洋及其周边地区,三峡水库水体面积仅1 084 km^2,而太平洋、印度洋水体面积是以亿 km^2 计的,其面积相差达几千、几万倍。因此,把三峡水库与周边地区的极端天气事件联系起来,是缺少科学根据的。

2011年年初,长江中下游地区发生了近60年来最严重的冬春持续干旱,6月以后,这一地区又遭受暴雨洪涝灾害,大旱之后接着大水。人们普遍疑问,是什么原因导致长江中下游地区的旱涝急转?这一过程与三峡工程有关吗?从大气环流和水汽条件分析,旱涝急转主要有以下几个原因:进入6月,西太平洋副热带高压位置和强度转换快;南海季风由弱转强,青藏高原对流活动异常活跃并东移;长江中下游水汽输送和水汽收支状况发生根本性转变。我国属于典型的东亚季风气候,受到周边海温变化和青藏高原积雪变化的影响很大,两者的温差会影响季风的强度,导致暖湿气流往北推进程度的变化,从而决定雨带的南北移动。比如说,青藏高原积雪的状况对亚洲甚至北半球都有影响,三峡水库的影响和它比起来,简直就是微乎其微。三峡水库是2003年6月开始蓄水的,但长江流域从1999年开始就从多雨期转变为少雨期。近十几年来,长江流域中下游的降水量由原来的年均1 250 mm减少到1 100 mm,减少10% ~12%,主要的降雨带向北移动到黄淮地区。研究表明,一个地区发生暴雨,需要从比它大十几倍乃至更大面积的地区收集或获得水汽。因此,三峡水库不能左右比它面积大很多倍的地区的旱涝过程。长江中下游的干旱和洪涝,是大范围大气环流和海洋温度异常的结果,而绝不是三峡水库带来的问题。再从全球范围来看,2011年其他国家和地区也出现了一些气候异常现象。6月之前,欧洲和美国中部一些地区也出现了严重的、持久的气象干旱,德国、法国和英国等国家经历了历史上少见的持续性干旱。受同样大气环流影响,6月21日西太平洋沿岸地区普降暴雨,日本九州部分地区当日雨量超过1 000 mm。所以说,2011年长江中下游地区的旱涝急转与三峡工程没有关系。可以肯定地说,今后再发生高温、干旱、暴雨、旱涝急转等异常天气,都不会是三峡工程造成的。

截至2015年末,全球发电量中已有23.7%由可再生能源提供,其中水力发电占16.6%,风力发电占3.7%,生物质能占2.0%,太阳能占1.2%,地热能、海洋能等占0.4%。水电占可再生能源发电量的70%,在全球的节能减排中占据重要地位。同时,水电是最经济的能源,以我国各类能源进入电网的价格为例,水电的平均价格是0.26元/(kW·h)左右,火电的平均价格则是0.36元/(kW·h),核电的平均价格为0.43元/(kW·h),风电平均价格约为0.55元/(kW·h),光伏发电的平均价格约为0.90元/(kW·h)。低廉的水电拉低了全国的销售电价,可以说,全国用电者都是水电的受益人。从全球来看,发达国家水能的经济开发度(实际发电量/经济可开发发电量)已经相当充分,德国、瑞士、西班牙、意大利等国已超过95%,日本达到了90%,美国达到了82%。但发展中国家仍普遍低于30%,仍有大量开发的潜能。

水力发电利用自然形成的河流势能落差，受到水气循环的不断补给，作为清洁能源的地位似乎是不证自明的。但也有人持有异议，他们提出巴西的图库鲁伊水电站在建成后的6年间，排放了945万t CO_2和9万t CH_4，温室气体的影响约相当于同等规模燃煤电厂的60%；另一座巴尔比纳水电站在建成后3年间，排放了2 375万t CO_2和4万t CH_4，比燃煤电厂还要高20%。

为何水电站会产生那么大的碳排放呢？这是因为水库蓄水时，被淹没的植被等有机物质会逐渐腐烂，于是产生了温室气体。而巴尔比纳水电站这样地处热带雨林的水库，面积大、植被多、水深较浅、装机容量较小，因此相比于发电量，其碳排放相当惊人。而我国的大型水库通常建于峡谷地区，水深较深，淹没范围较小，并且在蓄水前会进行大规模清库，真正被淹没的森林等植被总数很少，不足以形成强大的碳排放源。

水库产生的这种温室气体排放，通常在蓄水2~3年后达到最大，此后逐渐降低，与源源不断燃煤发电的火电并没有可比性。火电站每发1 kW·h电要消耗标准煤318 g，产生816.31 g CO_2，9.79 g SO_2，6.29 g烟尘。因此，主要的国际机构和各国的政府部门都将水电列为鼓励开发的可再生能源。

有人说三峡大坝的兴建，堵住了向四川盆地输送水气的通道，造成了2006年与2011年的西南大旱；也有人认为三峡会让库区周边降雨减少，增加了大巴山和秦岭之间川东北的降水；甚至长江中下游乃至地处钱塘江流域的杭州的旱涝灾害，也被人认为和三峡有关。

三峡虽然是世界上装机容量最大的水电站，但由于建于峡谷地区，其水库库容和水域面积这两个与气候影响相关的指标均与世界第一相距甚远。三峡水库库容450亿 m^3，列全球第24位，为位于赞比亚与坦桑尼亚交界的卡里巴水库的25%；三峡水库水域面积1 084 km^2，排名全球40位之后，为位于加纳的沃尔特水库的13%。就是在国内，也早有同一级别的水库，如丹江口水库（水域面积1 050 km^2，库容290亿 m^3）、新安江水库（水域面积580 km^2，库容216亿 m^3）。如果三峡会导致大范围气候变化，那丹江口水库、新安江水库及那些水域面积和库容远大于三峡的水库为何没有导致气候变化呢？

针对2011年的旱情，王光谦院士认为："（我国）平均每年的干旱面积都在1.2亿亩左右，今年没有超过。俗语说东部不旱南部旱，干旱在一定范围内存在，这是中国自然地理气候条件决定的。"水利部长江水利委员会长江科学院陈进副院长表示："长江流域降水有70%都来自海洋，陆地水循环不到30%，水域蒸发再降水的只占其中的10%左右，整个长江水域对流域降水贡献率只在1.8%左右。旱情是整个全球水循环的问题，三峡影响的只是小气候，对长江流域的降水影响微不足道。"

对库区小气候而言，库容超过10亿 m^3、水域面积超过100 km^2的大型水库会造成一定改变，其影响范围可达数千米至数十千米。最显著的变化是由于水的比热较大，所以库区常呈现冬暖夏凉的面貌，此外，湿度也会相对较高。如小浪底水库蓄水后，库区湿度增大、降水量增加，周边温度有增高的趋势；新安江水库使得夏天最高气温降低、冬天最高气温升高，无霜期延长；三峡水库冬季增温比较明显，夏季有较弱的降温，年降水量无明显变化。这些变化会对周边的居民生活和农业生产带来一定的影响，但绝不会构成灾害。而对目前水电开发最集中的西南地区诸多干热河谷而言，库区气候较小的温差、湿度的增加对生态是利大于弊的。这样的改变在一定程度上降低了环境因素对生物的胁迫,有利于生物繁衍生息。

国家气候中心通过几十年的长期监测分析,并在2013年开展三峡工程气候效应阶段性评估的基础上,2017年3月31日发布了《2016年度长江三峡地区气候状况监测报告》,围绕三峡地区年度气候条件、三峡库区对周边气候的影响等内容进行了分析。

2016年三峡地区经历干旱洪涝等灾害。三峡地区地处亚热带季风气候区,受秦巴山脉地形的影响,较我国东部同纬度地区气候偏暖,冬季温和、夏季炎热、雨热同季、雨量适中。

2016年,长江三峡地区年平均气温17.7 ℃,较常年偏高0.5 ℃,为1961年以来第5暖年;年降水量1 381.5 mm,较常年偏多17%,为1961年以来第5多;年平均风速较常年偏大;年平均相对湿度与常年相同。6~7月三峡地区经历了极端降水,主要体现在长江中下游梅雨期汛情严重;在雨季结束后的7~8月,高温热浪强度强;8~9月,长江上中游降水又异常偏少。经评估分析,2016年长江三峡气候特点为:大雨开始早,暴雨站次多;高温日数多,持续时间长;气象干旱程度轻,伏旱明显;秋冬连阴雨和寒潮明显。

国家气候中心首席专家周兵指出,2016年三峡经历了干旱、洪涝等气象灾害,是在我国气候异常的大背景下出现的。2015年我国气温偏高,降水偏多,气象灾害造成经济损失大,气候年景差。

库区蓄水运行对周边气候影响很小。近10年来,国际上出现了不少对大型人造工程的质疑。有人认为,大型工程建设会导致极端天气气候事件频发。针对三峡工程,一些人认为,它改变了原有地貌,阻碍了自然水循环,因此造成西南干旱等灾害。“这种说法是站不住脚的,”国家气候中心研究员陈鲜艳说,“三峡大坝不足200 m,是不会阻断发生在高空的水循环的。”长期观测数据也证明了这一观点。国家气候中心监测显示,蓄水后(2004~2016年)较蓄水前(1997~2003年),气温呈升温趋势,增加0.2 ℃;降水年代际变化特征明显,21世纪以来降水少。综合分析认为,三峡库区年平均气温、降水变化均与长江上游乃至整个长江流域的变化趋势一致。库区气候主要受大气候环境影响,库区蓄水运行对周边气候影响很小。水库对气温的影响表现为夏季有弱降温效应,冬季有弱增温效应,全年以增温效应为主,其影响幅度小于自然变率。

7.2.4 对河道的影响

自20世纪90年代以来,进入三峡的沙质推移质和砾卵石推移质泥沙量总体都呈下降趋势。其原因一是近年来长江上游水土保持逐渐加强,水土流失相应减少,坡改梯、育林种草等减少了土壤侵蚀。二是长江上游没有大的降雨区域,近年来没有集中暴雨区,滑坡、泥土流失等自然现象减少,进入长江内的泥沙量减少。三是水利工程拦蓄了一些泥沙,上游干支流上建造的水利设施,阻拦了进入长江干流中下游的泥沙。四是三峡水库蓄水后,壅高了上游的水位,迫使长江的水流变缓,致使水流的携沙能力下降,水流中的泥沙在水库尾部地区沉积下来。随着上游梯级水库陆续兴建,三峡水库的泥沙淤积问题还会进一步缓解,不但不会堵塞重庆港和加重重庆上游洪水灾害,而且水库的大部分有效库容可长期保留。

三峡大坝蓄水发电以来,2003～2013年入库年均径流量为3 680亿m^3,较1990年以前和1991～2002年仅减小8%和5%,变化幅度较小。但是,2003～2013年年均入库悬移质输沙量为1.86亿t,较1990年以前和1991～2002年分别减少62%和48%,减少幅度较为明显(见图7-7)。

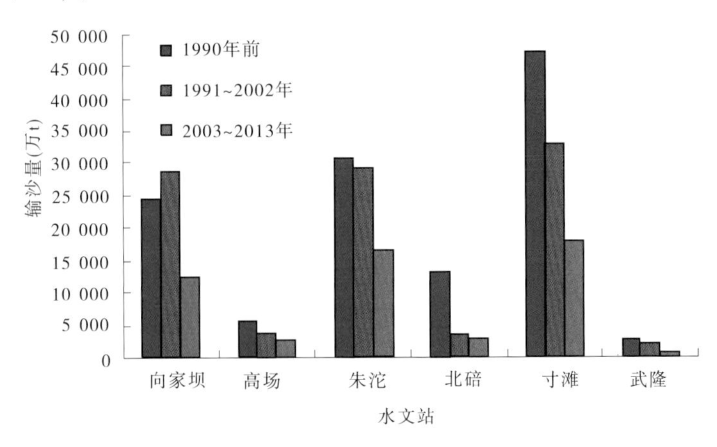

图7-7 长江上游水文站监测输沙量变化(陈祖煜等,2017)

近些年来长江上游来水的含沙量减少。三峡水库蓄水后,出库沙量更是大幅度减少。2002～2013年,宜昌至鄱阳湖湖口河段河道总体呈现被冲刷状态,仅平滩河槽年均冲刷1.035亿m^3,宜枝河段出现最大冲刷深度-19.3 m。三峡工程建成后,长江口来沙量也呈现显著减少的趋势,长江口南支由三峡水库蓄水前的年平均冲刷量0.126亿m^3增至蓄水后的年平均冲刷量0.316亿m^3,北支由三峡水库蓄水前的年平均淤积量0.243亿m^3略增为蓄水后的年平均淤积量0.259亿m^3,长江口河床冲刷已逐渐显现。

随着坝下游河道冲刷下切,下游各站枯水期同流量下水位有不同程度的降低,降低值均在论证预测范围内,如2003～2013年,宜昌水文站水位下降0.50 m(5 500 m^3/s),枝城站水位下降0.58 m(7 000 m^3/s),沙市站水位下降1.50 m(6 000 m^3/s),大通站尚无明显变化。清水下泄冲刷造成河道河势不断发生变化,但总体河势基本稳定,荆江大堤和干堤护岸险工段基本安全稳定。

长江河道弯曲绵延,是大自然千百年来鬼斧神工之作。然而,河道并不是一成不变的,尤其是三峡工程蓄水运用后,削减了汛期下泄洪峰,增大了枯水期流量,水库排沙量远小于预期值,致使坝下游河道的来水来沙条件改变。在清流不断淘蚀过程中,长江中下游河道将经历较长时期的冲刷—平衡—回淤过程。弯曲河段河床在自然条件下,主要表现为凹岸冲刷,凸岸淤积,弯顶缓慢下移,这是因为当河流流经弯道时,在离心力和重力的共同影响下,凹岸不断受到清水侵蚀,凸岸发生淤积,以至河流越来越弯,甚至发生“裁弯取直”现象。三峡工程运行后,由于水沙过程改变,坝下游河道呈现出长距离、长时间的以冲刷为主的河床变形过程,局部河势出现较大调整,一些河段水流顶冲位置变化,特别是荆江弯曲半径较小的弯道段,水流趋直,原凸岸和凹岸的位置出现缓慢调整(见图7-8)。

徐涛等(2016)研究了三峡水库汛期洪峰流量不同调控方式对坝下游河道演变的影响,在基础方案条件下(汛期控制泄流量为54 500 m^3/s),基于2002年10月至2012年

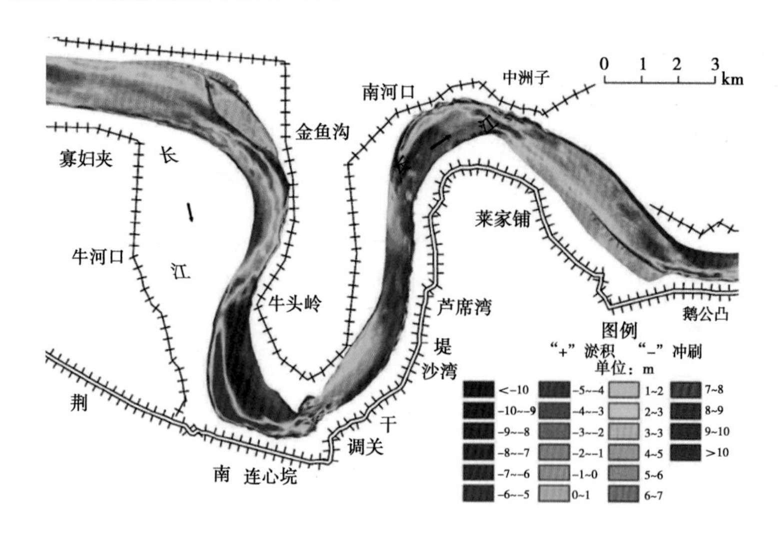

图 7-8　荆江调关弯道冲淤平面分布图(2002～2013 年)(陈祖煜等,2017)

10 月宜昌至湖口河段实测冲淤量,预测 2013 ～ 2062 年宜昌至大通河段将发生长时期长距离的冲刷,总冲刷量为 45.17 亿 m^3,其中宜昌至城陵矶河段、城陵矶至武汉河段、武汉至大通河段分别占总冲刷量的 46%、32%和 22%。不同调控方式对坝下游河道冲淤总量有一定影响,但影响程度有限。随着水库运用年限的增加,不同控泄方案间的差异有所减小。在系列年水沙条件下,各典型河段均表现为河槽冲刷下切、洲滩冲刷萎缩的演变趋势,且随着时间的延长,冲刷强度有所减小。同时,河段的河势总体变化不大,平面形态及深泓摆动幅度较小。从不同调控方案的对比来看,控泄洪峰流量减小后,河道演变的趋势变化不大,但大部分河段的河槽冲刷增大,表现为河槽冲深增加和槽宽增大,当控泄流量减小为 42 000 m^3/s 时,相对于基础方案,各典型河段冲刷量增加值均在 20%以内。

夏军强等(2016)针对长江荆江段河槽形态的显著调整,定量研究了三峡工程运用对其造成的影响。计算了 2002～2013 年该河段断面及河段尺度的平滩河槽形态参数,并建立这些参数与宜昌水文站汛期水流冲刷强度的经验关系。还原了在无三峡工程时宜昌水文站的水沙数据,计算了相应的河槽形态参数,分析了有、无三峡工程时荆江段河槽形态调整的差异。计算结果表明:三峡工程运用后荆江段平均河床比降略有调平,河段平滩水深逐年增加,但平滩河宽变化较小,使得河相系数减少 6.7%～10.3%;无三峡工程时平滩河槽形态调整较缓,河段平滩水深及面积的增幅分别仅占有三峡工程时的 16%和 18%。三峡工程运用没有改变近期荆江段河槽形态趋向窄深的调整趋势,但一定程度上加快了调整过程。

7.3　三峡库区农业可持续发展

三峡库区地处我国第二级地形阶梯东缘。地形复杂多样,山峦起伏,全区以山地、丘陵为主,间有少量平原、坝地和岗地(见图 7-9)。库区粮食作物种植区域主要分布于 100～500 m 高程的平坝地区和中低山地区,随着土地分布的高程升高,粮食作物产量明显下降。由于海拔、山川走向、地形、气候、成土母质、植被等的不同,形成了各自不同的土地资源类型,为农业综合开发和多种经营提供了多层次、立体性的开发空间,农业发展兼有峡江型和南方亚热带山地农业特色。

图7-9 三峡库区地形地貌

库区地处我国中纬度地带,具有亚热带湿润季风性气候特征,温和湿润,冬暖春早,夏热高温,伏旱严重,秋雨连绵,雾多湿重,日照寡,霜雪少,气候立体差异显著的特点。长江河谷地区年平均气温在18 ℃左右,而高山地区年平均气温仅为13 ℃。冬季最冷月平均气温4~7 ℃,比长江流域同纬度其他地方约高3 ℃,夏季最热月平均气温28~30 ℃,海拔300 m以下的河谷地带35 ℃以上的高温天气平均可达28 d以上。由于全区地势起伏较大,气候垂直变化明显,立体差异相当显著,形成了河谷平坝、丘陵台地、低山和中山等多种不同的生态类型区域,为农林牧渔等的生产提供了十分优越的环境,发展立体农业具有突出的优势。

三峡水库淹没涉及湖北省、重庆市的共19个县(区、市),其中,湖北省包括夷陵区(原宜昌县)、秭归县、兴山县、巴东县;重庆市包括巫山县、巫溪县、奉节县、云阳县、万州区、开县、忠县、石柱土家族自治县、丰都县、武隆县、涪陵区、长寿区、渝北区、巴南区、江津区(不包括重庆主城区)。三峡水库淹没涉及268个乡(镇),1 680个村,6 301个村民小组。受淹工矿企业达到1 599个,受淹耕园地有38.95万亩,受淹人口达到84.75万人,其中城镇人口55.93万人,农村人口28.82万人,受淹房屋总计3 473.14万m^2。

根据三峡水利枢纽工程初步设计报告和移民安置规划,三峡工程从施工准备(1993年)开始至第17年(2009年)枢纽工程全部建成,需建房安置各类移民124.55万人,其中城镇移民68.72万人,农村移民54.75万人,工矿企业职工1.08万人。根据三峡工程建设进度安排和蓄水方案,三峡移民分为四个阶段。第一个阶段为1993~1997年,在工程实现截流之前,必须将90 m水位线下的8万多移民搬迁完毕;第二阶段为1998 ~ 2003年,在2003年前,必须搬迁移民55万人,确保三峡工程蓄水至135 m水位,第一批机组按时发电,此阶段一年的移民任务相当于前5年移民任务的总和;第三阶段为2004~2006年,这一阶段,必须搬迁安置移民35万人,保证三峡工程蓄水至156 m水位;第四阶段为2007~2009年,为175 m水位线下移民阶段,必须搬迁安置移民25万人,保证工程蓄水至175 m的最终水位。

人地矛盾仍然是库区最尖锐的矛盾。三峡地区山多坡陡,良田大多分布在河谷平坝。三峡工程的建设,淹没的大多是富裕的平坝地带,是最适宜人类生活和居住的一级、二级阶地。后靠的山地坡度大多在25°以上,且土地匮乏贫瘠、水土流失严重、自然灾害频繁。三峡库区人口密度为全国平均水平的2.6倍,是全国其他同类山地丘陵地区的4倍以上,耕地资源极少,且大部分成熟耕园地处175 m淹没线下。兴建三峡水库之前,库区农村人口人均耕园地面积1.2亩;若不修建三峡水库,按人口自然增长率,同时考虑退耕还林等因素计算,库区农村人口人均耕园地面积约为1.0亩。库区人多地少的基础性矛盾仍长期存在。

土地保护与开发之间的矛盾。开发新土地是三峡库区拓展农村移民安置容量的主要途径之一,但库区的生态环境和土地资源过度开发的现实,使移民开荒土地质量差,利用率低的现象普遍存在。例如,云阳县在移民安置八年试点中投资1 700多万元开发土地17 600亩,但多数都因质量差,缺乏必要的配套设施,无法发挥安置移民的作用。云阳县75%的耕地坡度都在25°以上,水土流失严重。

库区片面强调粮食生产,致使应退耕还林(草)的陡坡地仍在耕种,土地垦殖率高达27%,其中不适宜发展种植业而被耕种的低中山地占16.7%。虽然林地总面积较大,占土地面积的42.2%,但灌木林、疏林和未成林造林地居多,有林地面积小,且树种结构单一,木材生长量和蓄积量偏低,难以发挥应有的生态效益。

农业可持续发展的影响因素包括化学肥料、化学农药、畜禽粪便及养殖废弃物、没有得到综合利用的农作物秸秆、农膜地膜、生产和生活用污水等因素带来的对自然生态环境的破坏,也包括区域经济发展不均衡、不协调带来的农民生活不稳定、不和谐等社会进步意义上的不可持续。

赵龙华(2012)认为三峡库区脆弱的生态条件和三峡水库的水安全对库区农业发展形成最强的紧约束。库区农业必须走经济发展与自然生态环境相协调的环境友好型、生态循环型的可持续之路。随着库区的经济发展,化肥、农药的投入量仍然呈上升趋势,由此产生的不可持续影响对农业生态环境仍然起着恶化的效应。为确保三峡水库的水体安全,促进库区农业生态环境改善,应当加大对农业面源污染治理的资金投入和技术投入。

农业面源污染是威胁三峡库区环境质量安全的重要因素。针对库区化肥农药不合理施用,农田沟渠生态功能缺失,坡耕地耕作频繁,顺坡种植普遍,水土流失严重,规模化养殖布局不合理,粪污处理设施不健全,农村污水、生活垃圾未经处理无序排放等带来的面源污染问题,以"控源、减排、拦截、净化"为总体技术路线,开展农田氮磷控源减排、坡耕地径流污染综合控制、农业和农村固体废物循环利用、农村污水生态处理等综合防治工程建设,彻底转变三峡生态屏障区农业生产生活方式,全面推行农业清洁生产,促进农业生产与农村生活废弃物的无害化处理与资源化利用,保护与发展相结合,宏观调控与工程防治相结合,源头控制与过程治理、末端净化相结合,政策引导与生态补偿相结合,科技支撑与技术推广相结合,健全农业面源污染防治科技支撑体系,全面提升农业面源污染综合防治能力,从根本上解决农业生产和农村生活所带来的农业面源污染问题,实现农村生态良性循环,保障三峡水库环境安全。

推动二、三产业等非农产业发展,尽快把由矿产开发、农村小水电、化工、建材、冶金、机械、食品等为重要支柱的乡镇企业，与能够提升初级农副产品附加值、延伸拉长产业链条，提高农业产业层次和比较效益的农副产品加工业紧密结合起来，大力培育成为吸收库区农村剩余劳动力的重要载体和农村经济发展的重要支柱。加快农村小城镇建设和观光休闲农业、生态旅游农业、农家乐等农村旅游业，开发市场，拓展需求领域，拉动商贸、运输、仓储、金融、通信、咨询、旅游服务等相关配套发展，加速农村剩余劳动力向小城镇、向二三产业转移，形成一批以沿江沿线沿边开发、移民安置开发、工业园区和个体私营经济小区开发为特色，具有相当规模的新型小城镇，带动库区农村经济协调持续发展。

在三峡库区农业和农村经济发展中，做好配套保障体系建设，既是保障库区农业和农村经济快速持续协调发展的关键，又是加快农村致富步伐的重要措施。一是农产品市场体系建设，在库区各区县重点城镇、农产品集中产区和重要生产基地、交通要道，建设规模化的粮食、猪肉、禽蛋、蔬菜、水果、水产品的批发市场、专业市场和集贸市场，包括农产品储运、加工、分级分类、包装和信息服务的配套设施。建立市场中介组织和服务体系，改善农产品流通渠道，推动库区农业走向市场，提高农产品市场占有率，解决农产品“卖难”问题。二是建设农村社会化服务体系，为农民提供种子、肥料、农药、饲料及其他农业生产资料，提供技术、植保、防疫、收购、运输、加工、仓储和销售等一系列的产前、产中、产后服务，兴办多种经济成分的服务组织，为库区农业和农村经济可持续发展提供全方位优质服务。三是建设农业科技推广服务体系，加强优质、高产、高效技术，农产品精深加工及综合利用技术，农产品储藏、保鲜、包装技术，以生物措施为主的生态环境建设技术的研究、开发和推广。以县和乡镇两级农业技术推广机构为主体，建设县、乡、村、组一直到户的农业科技推广网络，建立稳定的农业技术推广队伍；积极建立现代农业开发园区、农业示范园区和农业科技园区，使其成为库区农业高新技术开发和应用示范基地及农业科技成果推广转化基地。四是建设农村经济信息体系，制定和实施库区农村经济信息建设和信息服务规划，逐步加大信息基础设施建设力度；建立和完善区县农业信息网络，建立县域农村经济综合信息服务体系，特别是建立适应农业市场化要求的现代化信息传播系统和农产品市场信息网。采取多种形式，全面及时地向农民传播市场供求信息，为库区农业与农村经济结构调整和农产品销售提供良好的信息服务，为库区农业和农村经济可持续发展创造必要的条件。

要根据市场需求和资源优势，通过多种组织形式，发展产、销、贸等一体化经营模式。积极放宽放活土地使用权和经营权，采取倒包、租赁、拍卖、股份合作等多种形式，把宜果、宜林、宜水产养殖的土地集中起来，向有投资开发和经营能力的业主（包括公司、集团和个体等）转让，将股份合作机制引入农业片区开发，创办合作制的农业综合开发园区。通过实施优惠政策，吸纳和聚集社会闲散资金，投入农业综合开发，发展“高产、优质、高效”农业；改善农业投资软硬环境，招商引资，鼓励外商投资农业、水利、生态环境建设，发展外商独资和合资农业；培育和创建现代农业开发园区和示范园区，运用现代农业先进技术，积极开发和引进推广名特优稀新品种，发展优质高效和市场竞争能力强的精品农业；利用市场导向作用和载体作用，在重庆、宜昌等城市建立库区特色农业产品批发市场和专业市场，积极发展订单农业和合同农业。

从国内外农业产业进程的一般条件和过程看，农业发展一般应建立在农业生产力高度发展,市场化、工业化和城市化条件较为成熟的条件基础上,农业的可持续发展是伴随市场化、工业化和城市化发展而逐步递进的经济过程和社会过程。而三峡库区是要在农业生产力水平、市场化水平、工业化水平和城市化水平都很低的情况下,尽快进入可持续发展阶段,参与统一规则下的国内外市场竞争,这将是一个比较艰难的跨度非常大的过程。

从三峡库区农业的非常规特点看,库区农业可持续发展之路在发展方式和发展道路上,必须选择与国内外其他地区不同的具有库区特色的非常规的农业发展模式;在诸多影响因素中,国家产业政策和产业投资对于三峡库区农业产业可持续发展的具体模式、发展速度和水平,具有关键的有时甚至是决定性的作用。三峡库区农村和农业可持续发展,必须要有力度很大的国家特殊政策和倾斜资金的支持。因此,要根据三峡库区特点,科学地制定相关扶持政策,选择适当的政策和资金运作方式,建立完整的政策和资金运行体系与机制,提高政策和资金使用的效益和效率。

7.4 三峡工程库区地质灾害

世界各国的建坝实践表明,大型水库蓄水初期,是局部库岸的不稳定期,是地质灾害的集中发生期。三峡库区原本就是我国滑坡、崩塌地质灾害高发区之一。保证居住有百万移民的库区免受地质灾害的威胁,是三峡工程建设中的一项重要的工作。

2000~2001年,国土资源部编制了《三峡库区地质灾害防治总体规划》,三峡库区地质灾害需要治理的不同规模、不同类型的滑坡共有2 173处。地方政府积极开展工程治理和搬迁避让,建立了较为完善的三峡库区地质灾害监测预警系统,及时预报可能发生的地质灾害。设立专项资金对三峡水库蓄水至135 m、156 m水位时,必须防治的地质灾害进行了治理。

2001年以来,已经实施完成了430个滑坡、崩塌治理工程项目,21个县级以上城市和69座乡镇302段库岸防护工程项目,建成了专业监测和群测群防相结合的监测预警体系,完成了28个县(区)级监测站的专业能力建设和县(区)、乡、村组三级群测群防监测体系建设。开展了255处重大地质灾害点的专业监测。对3 049处地质灾害隐患点进行群测群防监测,覆盖人口达59.5万人。175 m试验性蓄水以来,三峡库区共发生地灾378起。滑坡崩塌总体积约3.2亿m^3,塌岸57段总长约25.1 km。

千将坪滑坡是三峡水库蓄水后,库区发生的第一例重大灾害性滑坡,不但规模大而且形成过程和机制复杂。

千将坪滑坡体位于秭归县沙镇溪镇千将坪村(见图7-10),地处长江支流青干河的左岸,距河口约3 km,距三峡工程大坝44 m。千将坪滑坡为一典型的单面顺向斜坡,斜坡走向为NE40°,倾向青干河。斜坡的顶部呈弧形,高程为400~500 m。斜坡前缘直抵青干河河床,一般高程为93~95 m,最低高程为91 m。斜坡总体较平直、完整,前部坡度稍缓,一般为15°~20°,后部较陡,为25°~30°。

滑坡区位于百福坪—流来观背斜的南翼、秭归向斜的北翼,斜坡部位为单斜构造,顺向坡地质结构,岩层产状为130°∠15°~33°。岩层倾角自坡顶至坡脚由陡变缓,后缘山体

图7-10　三峡库区秭归县千将坪滑坡

斜坡段地层倾角为33°，至青干河边地层倾角渐变为15°。滑坡区地层软硬相间，层间剪切带发育。滑坡区主要发育两组裂隙：第一组为近SN向，裂面平直长大，可见长度为8～10 m，岩层产状为270°∠70°，间距为0.5～0.8 m，多切穿层面；第二组为近EW向，裂面平直但相对短小，可见长度为3～5 m，岩层产状为360°∠70°，裂隙间距1 m左右。滑坡区广泛出露侏罗系中、下统聂家山组地层，第四系残坡积层及河床冲积层。

滑坡区水文地质条件简单，地下水类型只有孔隙水和裂隙水。孔隙水主要赋存于第四系松散介质中，接受大气降水补给，多属上层滞水，向深部渗透补给基岩裂隙水。裂隙水赋存于基岩裂隙中，受大气降水或上覆松散介质中的孔隙水入渗补给。

从20世纪90年代开始，多家单位已经对千将坪滑坡进行了系统勘察，许多专家和学者做了大量的研究工作。这些勘察研究对千将坪滑坡的工程地质条件、物质组成、变形特征和空间形态特征都取得了较多的成果，但不同部门、不同单位、不同的专家和工程技术人员对千将坪滑坡的范围、边界条件、成因、长期稳定性等多方面的认识尚有分歧。

1979～1982年，湖北综合勘察院曾对千将坪进行勘察，认为千将坪新址不存在深层的大规模古滑坡。浅层局部的稳定问题可能发生，但可以通过各种工程措施加以解决。认为将千将坪作为建城新址是可取的。在1989年和1992年，地矿部环境地质研究所和湖北省水文地质工程地质大队分别对千将坪进行勘察，认为滑坡夹持于近SN向展布的二道沟与三道沟之间。滑体总体上呈凹型缓坡，平均坡度为17.3°。滑体南北向纵长1 100 m，东西宽400～450 m，分布面积48.38万m^2，滑体厚20～35 m，最大厚度达50 m，体积1 344万m^3。滑坡前缘高程225 m，与三峡水库正常蓄水位175 m的高差为50 m，与三峡水库的平距近100 m，三峡水库对滑坡的稳定性基本无影响。

1991～1993年，长江水利委员会综合勘测局对千将坪滑坡进行了勘察，认为千将坪滑坡体系边坡的失稳堆积物平面呈鸭梨状，前缘高程 80 m 左右，宽约 1 100 m，高程 175 ~ 250 m 区间时宽度约 1 350 m，后缘高程约 640 m，宽约 300 m，南北长度约 1 780 m，面积 1.38 km^2，若按平均厚度 30 m 计算，滑体体积约 4 000 万 m^3。新城建在千将坪古滑体上，滑体的前缘高程是 80 m，故当三峡水库按 175 m 水位蓄水时，沿江长 1 200 m，直接和间接受库水位变幅影响的滑体宽度为 395 ~ 475 m、面积为 0.52 km^2、体积为 1 400 万 m^3 的滑体前端部位将处于库水位周期性变化区间。在库水位周期性变化作用下，难以预测会出现正常的库区再造过程还是滑坡改造过程。1994 年 4 月，长江水利委员会综合勘测局建议：千将坪滑体必须单独进行专门性勘察。勘察首先要立足于查明该滑体的空间形态与滑体结构，然后根据滑体空间形态与滑体结构判断其稳态或可能导致滑体整体性变形甚至失稳的主诱发因素。在论证滑体整体性稳态的前提下，还应根据滑体结构分析浅层变形与失稳问题。总之，千将坪滑体的详查与科学研究应尽早纳入议事日程，以利于在三峡水库开始蓄水以前拟定并实施必要的保护措施。

2001 年 8 月，湖北省地质灾害防治工程勘查设计院勘查的结论是：长江水利委员会综合勘测局原定为 4 000 万 m^3 的千将坪滑坡的主体部分不是滑坡，而是两个临江堆积体。分布高程后缘 260 m，前缘至江边。

2001 年 12 月 20 日，国土资源部三峡链子岩和黄腊石地质灾害防治工程高级专家小组，第一次为秭归县千将坪滑坡进行现场踏勘时，对秭归县千将坪二道沟至四道沟前缘的临江地段进行了考察。专家组组长刘广润院士，专家组成员孙广忠研究员、彭光忠研究员、张倬元教授等均表示其不是滑坡剪出口。之后在宜昌会议期间，未能到现场的中国科学院地质研究所王思敬院士对“剪出口”的土样表示质疑。

2002 年 4 月湖北省地质灾害防治工程勘查设计院在《湖北省三峡库区秭归县千将坪滑坡补充勘查报告》中认为：千将坪滑坡区前部的临江崩滑堆积体为一坡体形态复杂，土体结构不均一、以碎石土及块石土为主的地质体，在现状条件下整体处于稳定状态，水库蓄水后沿崩滑堆积体与基岩的接触面和上表面局部软弱面不稳定。鉴于此，确定对千将坪滑坡，主要是对临江崩塌堆积体进行治理，避免千将坪滑坡区岸坡产生大规模塌滑，以提高斜坡整体稳定性。临江崩滑堆积体在三峡水库蓄水后，受地表水冲刷、侵蚀和地下水作用的影响，土体被浸泡软化，坡体本身存在的坡体形态高陡及塌岸不可避免。

2003 年 7 月 12 日上午，千将坪山上出现裂缝。当晚 9 点，滑坡体上三金硅业公司的厂房因变形已“啪啪”作响，墙上的裂缝迅速拉大。乡镇和企业干部奋力抢救，召集滑坡体上所有企业的职工和绝大部分村民迅速转移，1 200 多人脱险，但仍有少数村民及江上的船只未能及时撤出和避让。2003 年 7 月 13 日零时 20 分，随着一阵轰然巨响，位于长江支流青干河左岸的秭归县沙镇溪镇千将坪村突然发生体积近 2 000 万 m^3 的巨型岩质滑坡，历时 5 min，最大水平滑距近 200 m。滑坡造成 14 人死亡、10 人失踪，截断 100 多 m 宽的青干河，并激起 20 多 m 高的巨浪，附近河上的 22 艘船只全被掀翻，滑坡体上的 4 家企业、300 多间民房、千余亩农田全部被毁，造成了巨大的经济损失和社会影响。

千将坪滑坡位于三峡库区青干江岸边，滑坡灾害发生时间距三峡水库一期蓄水仅有 43 d，坝前库水位由 95 m 上升到 135 m，青干河的水位提高了 30 多 m，并且滑坡发生前 2003 年 6 月 21 日至 7 月 11 日，滑坡区持续降雨量达 162.7 mm，所以该滑坡的形成机制受到了国内外许多学者的广泛关注。尽管不同学者对千将坪滑坡的形成机制认识不同，但是所有学者的共识是水在该滑坡的形成中起到了极为重要的作用。

文宝萍等(2008)以千将坪滑坡地质结构为基础，结合滑坡发育特征，采用敏感性分析方法，研究了水库蓄水和降雨作用下滑坡稳定性系数随着一系列对水作用敏感的滑坡参数的变化规律，探讨了水在千将坪滑坡中的定量作用机制。研究结果表明：水在千将坪滑坡中的作用机制与水对滑坡岩土物理力学参数和受力状态的改变密切相关。千将坪滑坡的形成是水库蓄水与降雨叠加作用的结果。水库蓄水对滑坡稳定性的影响程度大于降雨，其中降雨对滑坡的发生起着触发因素的作用。

葛洲坝水库蓄水后，巴东县城第一次迁建是由老县城直接向上后靠，1982年在黄土坡建立新城。由于新城建设的开展，环境条件改变，特别是三峡水库蓄水后，黄土坡滑坡局部变形加剧，不得不把新城移往上游的白土坡。但白土坡同样为顺层坡，存在滑坡风险，而且场地狭小，只好再向上游迁移至西壤坡(见图7-11)和长江北岸的官渡口镇。

图7-11　巴东新县城

7.5　三峡工程水库诱发地震

水库诱发地震是由水库蓄水或排水过程引发的在一定时间内库区及其周边不大区域范围内所发生的地震活动。迄今为止，已报道的水库诱发地震有150多例，其中，大于6.0级的有4例，主要发生在20世纪60年代，1967年12月10日印度Koyna水库诱发6.5级地震，1965年2月5日希腊Kremasta水库诱发6.3级地震，1962年3月19日中国新丰江水库诱发6.1级地震，1963年9月23日赞比亚和津巴布韦交界的Kariba水库诱发6.1级地震。已发生5.0~5.9级水库诱发地震的有15例，其余占85%以上的均小于5.0级。虽然大部分水库诱发地震的震级不高，但由于其震中位置一般邻近重要的水利工程设施，且震源浅、震中烈度高，往往具有很大的破坏性，可造成大坝及附近建筑物的破坏和人员伤亡，甚至会引起滑坡、坍塌等严重的次生灾害，危及下游安全。马文涛等(2013)根据收集到的大型水库资料(其中有多座曾诱发地震活动)，绘制了中国大型水库和水库诱发地震分布图。

水库诱发地震机制十分复杂，许多学者从地质学和地震学等方面进行了深入研究，其影响因素主要包括水库区域构造断裂活动、地层岩性、水库区域本底应力水平、坝高库容、蓄水运行模式等。修建水库诱发地震活动，考虑构造地震对水库安全的影响，已经受到水利工程、地震工程界的广泛关注。

近年来，争议最大的是三峡水库蓄水后是否发生了水库诱发地震，特别是诱发了汶川2008年8级地震。针对这一问题，国内外学者进行了深入的研究。

罗佳宏(2016)基于三峡湖北段建立的26个地震监测台站，从2009年3月到2010年12月监测到发生在三峡库首到巴东区域内的共5 275次地震事件，利用高质量的三峡加密台网观测走时数据，反演了三峡库区的三维速度结构。不同深度的速度重建表明三峡库区地壳波速场变化与震源位置存在耦合关系，地震主要受断裂的控制，同时地震活动性可能与库水沿裂隙暗河等的渗透有关。

2003年三峡水库蓄水后，库区地震活动频次比蓄水前明显增强，且与坝前水位有比较明显的相关性(见图7-12)。但水库诱发地震强度主要以微震和极微震(震级<3.0级)活动为主。地震活动频次显著高于本地区地震本底，震级越低越显著。最大为5.1级，与蓄水前库区的天然地震最大震级相当，而大于3.0级以上的地震不论是发生强度还是频次都没有明显变化。

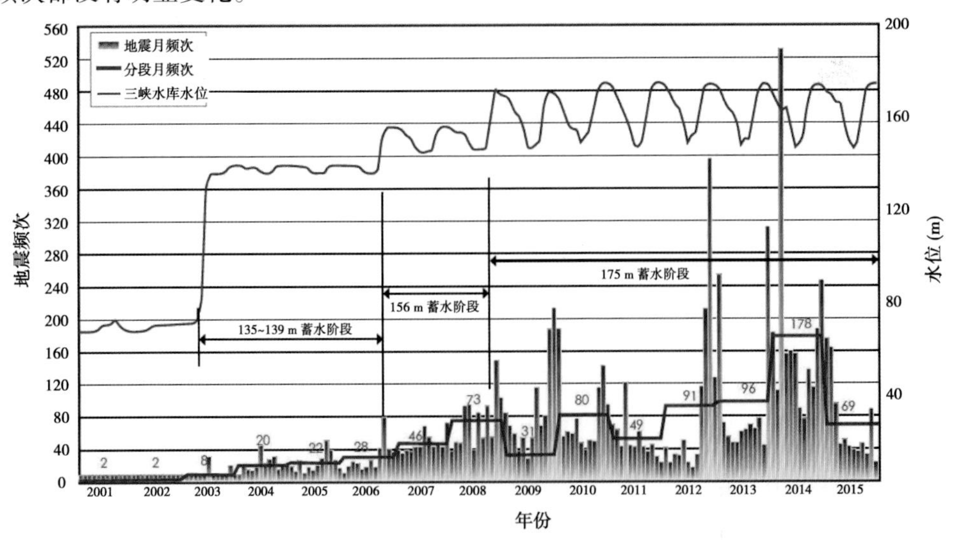

图7-12 三峡工程坝前水位与重点监视区地震频次图(2001-01～2015-12)(陈祖煜等,2017)

2010年至今，三峡水库实施了7次175 m正常蓄水位试验性蓄水。在此期间发生的绝大多数都是3级以下的微震和极微震，4级以上地震共有3次，分别是2013年12月16日发生在巴东县东瀼口镇的5.1级地震、2014年3月27日发生在秭归县郭家坝镇的4.2级地震及2014年3月30日发生在秭归县郭家坝镇的4.5级地震。蓄水后库区地震最大震级为5.1级，与蓄水前库区的天然地震最大震级相当，并且主要发生在三峡库区沿江10 km范围内的湖北库段。根据地震预测评估，库区地震活动水平将呈起伏性下降，渐趋平缓，最大强度也只在5级左右，不会超过前期的预测强度5.5级。地震易发生库段的位置及已发生的最大地震震级都处于工程前期预测的范围之内。

2013 年12 月26 日,湖北省巴东县东瀼口发生5.1 级地震。地震发生时,水库水位为173.93 m,属175 m 高水位后的水位缓慢下降阶段。这属于库水沿断裂软弱破碎岩体渗透产生浅层应力调整,导致岩体破裂变形并伴有岩溶塌陷形成的非典型构造型水库地震。这在世界上由水库诱发的地震中震级排第10 位,其中最大震级为印度柯伊纳水库的6.4级。

2010 年前,每当水库水位快速上升时,库区的地震频次和强度随坝前水位的升高而增强。2010 年后,每当水库水位快速上升至高水位运行时,库区的地震频次和强度随坝前水位的降低而增强,表现出明显的滞后性。2013 年 12 月的频次突增阶段对应于巴东5.1 级地震序列。但高频次地震仍然是以2.0 级以下的微震为主。

2008 年5 月12 日,在青藏高原东缘四川省汶川县发生了8.0 级地震,造成了69 227人死亡,17 923 人失踪,374 643 人受伤,直接经济损失达8 452 亿元。汶川地震震级大,影响范围广,经济损失十分严重。极震区为沿龙门山断裂向 NE 方向展布的狭长地带,分布广,范围大,其中汶川县映秀镇、北川县城等极震区的地震烈度达到Ⅺ度。

龙门山断裂带位于四川盆地西缘,处于松潘—甘孜造山带与扬子准地台的接合部位,北起广元,南至天全,长约500 km,宽约30 km,呈 NE—SW 向展布,由一系列大致平行的叠瓦状冲断带构成,自西向东发育汶川—茂汶断裂、映秀—北川断裂和彭县—灌县断裂。北川—映秀断裂带是汶川地震的主体地表破裂带,西起汶川县映秀镇,东止于平武县水观乡与青川县的交界地带,为右旋走滑逆断层。

地震动力学特性研究是工程地震学的热点问题之一。获取的强震记录是研究与场地相关的地震动特性的基础,汶川地震中,国家数字强震动台网有固定自由场台站402 个,地形影响台阵1 个,结构台阵2 个,获得了大量震相完整的强震动加速度记录和近断层区域强震动加速度记录,极大地丰富了我国强震动观测数据库。

根据全球水库诱发地震统计:震中一般位于水库周边 10 km 内,震源深度也多在10 km 内。震级一般较小,目前仅有4 例6.0 ~6.4 级地震、10 例5.0 ~5.9 级地震。水库诱发地震具有前震—主震—余震的系列特征,主震通常出现在蓄水首次达最高水位时,目前尚未发现例外情况,且仅有1% 的大中型水库发生了诱发地震。

汶川地震震中至长江三峡工程坝址直线距离700 多 km,距三峡水库库尾也有 300多 km。因此,三峡工程蓄水不可能诱发汶川地震。

综上所述,国内外水库诱发地震历史分析和三峡库区诱发地震监测结果表明,三峡工程水库蓄水不可能诱发2008 年汶川地震。

7.6 三峡工程移民安置

三峡工程成败的关键在于移民,百万移民搬迁与安置也就成为三峡工程建设中的重点和难点。三峡水库移民人数达130 万,意味着每1 000 个中国人中就有一个三峡移民,这在世界水库移民史上绝无仅有(见图7-13)。要使移民同意搬迁、愿意搬迁,并找到新的安居地,使其生产生活水平不下降并随社会发展同步提升,是一项十分艰巨的任务。

三峡移民工程不仅仅是单个家庭的搬迁安置,还须对该地区进行经济结构重组和社

图 7-13　三峡库区移民外迁

会重建，这使得三峡移民成为一个庞大而复杂的系统工程。三峡库区山高坡陡，耕地不足，人多地少的基础性矛盾长期存在。大片土地被淹没后，城镇、企业搬迁和基础设施重建占地，耕地进一步减少，使得环境容量不足的矛盾更加突出，必须对农村移民实行外迁安置。三峡库区 70% 是国家级连片贫困区，经济不够发达，产业基础薄弱，移民搬迁后，安稳致富的任务十分艰巨。三峡百万移民从 1993 年开始大规模实施，至 2009 年完成全部搬迁安置任务，时间长达 17 年。这期间，国家经济体制由计划经济向社会主义市场经济转变，经济快速发展，有关政策进行了调整，着力解决移民搬迁安置过程中出现的新情况、新问题。

三峡库区是地质灾害多发区和水污染防治重点区，必须采取切实有效措施，加大资金投入，才能保证三峡水库蓄水后库区人民的生命财产安全和三峡水库“一库清水”。

移民搬迁安置涉及国家、地方、移民群众及安置区老居民等多方面的利益调整，只有本着对国家、对历史、对移民高度负责的态度，才能完成这项难上加难的任务。三峡工程动工前的 1985 ~ 1992 年，进行了 8 年开发性移民试点，为大规模移民和制定移民条例积累了宝贵经验。

党中央、国务院为三峡移民确立了开发性移民方针，受到了广大移民群众的赞同和支持。他们紧紧抓住千载难逢的搬迁机遇，在保护好生态环境的前提下，充分合理地利用当地的自然资源和劳动力资源，着力进行产品、产业、所有制结构的调整，解放和发展生产力，努力提高生产、生活水平和科技文化素质，并逐步增强自我积累和可持续发展能力，做到了“搬得出、稳得住、逐步能致富”。

国务院颁布了《长江三峡工程建设移民条例》，这是我国第一次针对一项特大型水利水电工程水库移民颁布的法规性文件，第一次提出了要维护移民的合法权益，使三峡移民工作走上法制化轨道。实行了“中央统一领导、分省负责、以县为基础”的管理体制，既保证了中央政策的贯彻执行,又充分发挥了地方政府的积极性。实行了移民任务和移民资金切块包干的原则,也就是通常所说的“双包干”,还实行了移民资金“静态控制、动态管理”,这对于保证每项移民工程的进度、质量和投资控制起到了重要作用。

1997年,成立了重庆直辖市,占三峡库区移民85%的原四川省库区各县划入重庆市,这是开发大西南、保证三峡移民工程顺利进行的重大举措。

编制了分县、分省(直辖市)移民搬迁安置规划,这是一个指令性文件,库区各区、县都严格按照既定目标完成了艰巨的移民任务,从而保证了总任务提前一年顺利完成。

为了使移民安稳致富和保护库区生态与环境,1999年实行了“两个调整”和“两个防治”。“两个调整”主要指农村移民19.6万人需要进行外迁安置的政策调整及受淹工矿企业搬迁的政策调整。“两个防治”主要指地质灾害防治和水污染防治。这些措施保证了农村移民和工矿企业的顺利搬迁及库区人民群众的生命财产安全。

针对移民搬迁安置中出现的新情况、新问题和新土地法的出台,2006年适时调整了移民搬迁安置规划和概算,增加了移民经费。

建立了移民资金监督网,实行了移民工作稽察、审计、移民工程质量检查和综合监理的监督体系,做到政策透明、政务公开。从而保证了移民资金的使用安全,有效防止了腐败,及时纠正了移民工作中的不合规做法,保障了移民群众的合法权益。

推行了移民工程“五为主”的工作机制,即农村移民安置以乡镇政府为主,城市、县城迁建以区、县政府为主,集镇迁建以镇政府为主,工矿企业迁建以企业法人和主管部门为主,专业设施复建以项目法人和主管部门为主。这样的工作机制调动了有关各方面的积极性,形成了举全区、县之力共同做好移民工作的新局面。

党中央、国务院号召全国20个省、自治区、直辖市,10个大中城市,中央40个部(委)、局对口支援三峡库区移民,进一步促进了库区产业发展,推动了移民的搬迁安置。

宣传移民,关心移民,形成了为世人称颂的三峡移民精神——顾全大局的爱国精神,舍己为公的奉献精神,万众一心的协作精神,艰苦创业的拼搏精神。正是广大移民群众付出的艰辛和奉献,使三峡工程2009年按期完工,2010年10月开始全面发挥显著的综合效益。

三峡移民搬迁安置是按照分期蓄水、连续移民、与三峡枢纽工程进度相衔接的原则组织实施的。三峡库区城镇移民,全部由旧城镇搬迁到新城镇,仍然从事自己原来的职业。三峡库区建成整体搬迁的新县城8座,建成部分被淹、部分搬迁的城市2座和县城2座,建成整体搬迁、部分被淹和部分搬迁的新集镇106座。由于新城镇规模扩大,环境优美,基础设施较为完善,子女上学、看病就医较为方便,绝大多数移民的生活水平好于搬迁前水平。但新城镇占地范围内的农民转为城镇居民后,少数移民由于文化水平低、缺少经营能力和一技之长,生活水平较搬迁前有所下降;还有少部分原来以门面经营商业为生的“纯居民”,由于新城镇的门面房数量和面积均较旧城镇扩大了8~10倍,营业额和利润下降,使其生活水平较搬迁前也有所下降。

三峡库区农村移民的安置在1999年前以就地后靠为主,这种方式成本低,且符合移民“离土不离乡”的愿望。但后靠安置也带来一定负面影响,如土地面积不足,人地、人水关系紧张,毁林开荒、水土流失等。1999年国家对农村移民安置政策做出重大调整,把本地安置与异地安置、集中安置与分散安置、政府安置与自找门路安置结合起来，鼓励和引导更多的农村移民走出库区外迁安置。三峡库区共外迁农村移民 19.6 万人。湖北省的外迁农村移民，全部安置在本省非库区农村。重庆市的外迁农村移民，除在本市非库区农村安置外，还外迁到上海、江苏、浙江、安徽、福建、江西、山东、湖北、湖南、广东、四川 11 个省市的农村进行农业安置。

11 个省市选择了自然条件较好、经济相对发达、土地容量较为充裕、民风淳朴的村、组，作为外迁移民的安置点。坚持了以农为本的原则，外迁移民承包的耕地、自留地、宅基地不低于当地农民的平均水平，并积极帮助和引导他们以市场为导向发展生产。

三峡库区外迁农村移民的生产条件和生活水平，绝大多数较搬迁前有所提高。就地后靠的农村移民，由于采取“坡地改梯地”、建设田间蓄水池、种植适销对路产品、发展高效生态农业和设施农业等措施，多数农村移民收入增加，生活水平较搬迁前有所提高，但也有少数耕地较少的农村移民生活水平较搬迁前持平或略有下降。国家有关部门正在积极采取措施，使百万移民都能够安稳致富。

三峡水库淹没线以下需要搬迁的有 1 632 户工矿企业。其中大型 6 户，中型 26 户，小型1 600 户。三峡库区的小型企业普遍规模小，产品雷同，多为小水泥厂、小化肥厂、小造纸厂、小酒厂、小机械厂、小印刷厂等。多数小型企业管理落后，设备陈旧，污染环境，产品销路不畅，经济效益很差，平均资产负债率达 113%，亏损企业占 70% 以上。如果原样搬迁，势必丧失机遇，浪费移民资金，形成新的亏损源和污染源。

1999 年，国务院三峡工程建设委员会决定调整淹没工矿企业迁建政策，搬迁与企业结构调整相结合，把着力点放在结构调整、改进质量和提高效益上。实行了破产关闭一批，扶优扶强一批，与对口支援名优企业合资合作一批的“三个一批”政策。

在优惠政策引导和鼓励下，1 632 家搬迁工矿企业依法破产、关闭 1 102 家，保留 530 家，合并重组为 406 家。对于破产关闭企业的职工，库区各级政府妥善安置，使他们的基本生活得到了保障。经过关停并转的搬迁企业，保存了活力，焕发了青春。例如，重庆市涪陵区的太极集团，其前身是涪陵中药厂，靠职工用手工制作中药丸经营。搬迁新厂后，引进人才和新药急支糖浆，逐渐发展壮大，成功上市，成为拥有几十亿资产的集团企业。再如，湖北省兴山县的兴发化工集团，其前身是兴山县化工厂，主要生产黄磷。得到移民补偿资金 9 000 万元后，搬迁发展为兴山化工总厂，又发展为上市的兴发化工集团，产品已达 10 余个系列、50 多个品种、畅销 30 多个国家，年销售收入近百亿元。

三峡库区移民搬迁安置所需资金，实行“静态投资，动态管理”的投资管理模式。按照国家批准的初步设计概算和 1993 年 5 月的价格水平，确定三峡移民搬迁安置静态投资为 400 亿元，后来根据移民搬迁安置出现的新情况、新问题和政策调整，新增静态投资为 130.04 亿元，静态总投资为 530.04 亿元，按照静态投资进行包干控制。动态管理，即考虑物价上涨等因素，得出动态投资，按项目动态投资进行拨款。三峡库区移民搬迁安置资金支付的总动态投资为 856.53 亿元。

三峡移民搬迁安置费用除勘测规划费、科研费、滑坡处理监测费、50% 的基本预备费，合计 30.94 亿元由中央根据移民工作实际需要统筹安排使用外，其余的费用按照移民数量和淹没实物数量的多少切块给湖北省、重庆市包干使用，其中重庆市约占 85.5%，湖北省约占14.5%。

移民补偿资金的每一元钱都对应有移民搬迁安置的规定任务,任何损失和浪费都会影响移民搬迁安置任务的完成和移民政策目标的实现,都会损害移民的合法权益。因此,为管好用好移民补偿资金,建立移民资金监督体系十分重要和必要。

三峡工程库区的移民资金监督体系(移民资金监督网),是由纪检监察部门牵头,移民、审计、检察、银行等部门参加的,省(直辖市)、地、县三级的移民资金监督网。他们的主要做法是:一是定期或不定期地开展联合检查,使移民资金管理的各项政策、法规真正贯彻落实到基层;二是严肃查处违法、违纪案件,维护移民资金管理政策、法规的严肃性。通过他们的工作,违规违纪比例逐年下降,违法案件大量减少,为移民任务的顺利完成发挥了不可替代的作用。

第 8 章

板桥水库溃坝

1975 年 8 月上旬，受“7503”号台风尼娜的影响，河南省南部洪汝河、沙颍河、唐白河流域遭遇了一场特大暴雨的袭击，酿成了震惊中外的“75 · 8”特大洪水灾害。特大暴雨造成板桥、石漫滩 2 座大型水库，竹沟、田岗 2 座中型水库和 58 座小型水库在短短数小时内相继溃坝失事。河南省有 29 个县市、1 700 万亩农田被淹，其中 2. 6 万多人死亡（具体死亡人数不详），1 100 万人受灾，倒塌房屋 596 万间，冲走耕畜 30. 23 万头，纵贯南北的京广线被冲毁 102 km，中断行车 18 d，影响运输 48 d，直接经济损失近 100 亿元。

2012 年 8 月 1 日，时任国务院总理的温家宝在黄河小浪底水利枢纽工程考察防汛工作，要求把流域防汛和防台风工作结合起来。温家宝总理说，据预测，“1210”号台风在时间上、路径上和行走速度上都和 1975 年 8 月发生的台风非常相似。1975 年 8 月，河南南部淮河流域受台风影响造成特大暴雨洪灾，导致板桥、石漫滩等水库垮坝，造成重大损失，我们不能忘记这个沉痛教训（见图 8-1）。

图 8-1　石漫滩水库遗址竖立的“75 · 8”警世碑

广大水利工作者痛定思痛，认真研究总结了“75·8”特大洪水灾害的经验教训，以史为鉴，警钟长鸣，更加清醒、客观地认识洪水，进一步深入研究新时期防洪工作的新问题，把科技防洪、人水和谐推向了一个新阶段。

8.1　板桥水库工程概况

板桥水库位于淮河支流汝河上游，距驻马店市西45 km的泌阳县板桥镇。水库以防洪为主，兼有发电和灌溉功能。枢纽工程包括土坝、主副溢洪道、输水洞、发电厂房和灌溉分水闸及节制闸等。1951年3月开工建设，1952年6月建成，1956年扩建加固。水库控制流域面积762 km^2，100年一遇设计，1 000年一遇校核，设计水位114.76 m，设计库容4.18亿 m^3，校核水位116.14 m，校核库容4.92亿 m^3。坝型为重粉质黏土心墙砂壳坝，坝顶宽6 m，最大坝高24.5 m，坝长2 020 m，坝顶高程116.34 m，防浪墙顶高程117.64 m。主溢洪道有4孔弧形闸门（见图8-2），孔宽10 m，堰顶高程110.34 m，设计最大下泄流量450 m^3/s，副溢洪道长340 m、宽300 m，堰顶高程113.94 m，基础为岩质的天然垭口，设计最大下泄流量1 160 m^3/s。输水道进口高程92.9 m，设计最大泄量132 m^3/s。

图8-2　溃坝后4孔溢洪道遗址

板桥水库是20世纪50年代初期“人民治淮”的产物，是中国第一批设计建设的大型水库之一。淮河流域经常水灾与旱灾交替发生，1949年、1950年，淮河中上游再发水灾。1950年10月14日，中华人民共和国政务院做出了《关于治理淮河的决定》（简称《决定》），在《决定》中指出，为了达到根治的目的，实行“蓄泄兼筹”的治理方针，主要措施包括在上游的低洼地区建立临时蓄洪工程等。由此，人们掀起了大规模治理淮河的高潮。

1950年4月，淮河水利工程局正式成立，组成10个小分队，在淮河上游干支流勘察，选择了板桥、石漫滩等11处大中型水库坝址。1951年，毛泽东主席为治淮工作题词：“一定要把淮河修好。”同时，陈毅也批示：克服淮河水患，是中国的一件大事，必须努力完成，保证在数年内根绝淮患。同年2月，淮河水利工程局做出修建板桥水库的决定，在苏联专家的帮助下,由河南省治淮总指挥部负责勘察设计,将淮河上游重要支流汝河拦腰斩断,总投资885万元,这在当时是一笔不小的投入。板桥水库初建工程1951年4月2日开工,1952年6月大坝修建完成,仅用14个月就完成了工程建设。

板桥水库建成后,设立了水库工程管理处,配置了专门管理人员,负责水库工程技术管理。水库管理局下设立水产队、鱼苗孵化场、果园、林场、招待所、发电站、灌区管理处等机构。板桥水库千顷碧波、山影倒映、渔船穿梭,一片人类改造大自然的美好画卷,让这里一下成为著名的风景区。但在1952年8月,板桥水库就被发现坝体裂缝。当时中国的水利工作者尚无大型水库设计建设经验,完全由苏联水利专家提供勘测设计和施工指导。由于当时水文资料较少,参照苏联水工建筑物的洪水标准进行设计,且当时强调工程进度,对填土质量不够重视,填筑质量差,且不均匀,坝体填筑质量未达到设计要求。所以在水库使用中,土坝产生纵、横向裂缝。

1956年进行了大坝的扩建加固,校核洪水为1 000年一遇的洪峰流量4 236 m^3/s,实际还达不到1985年复建水库时计算成果的10年一遇值4 990 m^3/s,所采用的洪水数据都严重偏小。

8.2 “75·8”暴雨成因及其过程

关于“75·8”暴雨成因及其过程,河南省水利厅2005年编辑出版的《河南“75·8”特大洪水灾害》进行了详细的资料收集和介绍。1975年8月4日,“7503”号台风尼娜穿越我国台湾岛在福建晋江登陆后,经赣南、湖北,6日2时过长江后转向东北东,6日14时又转向北,直入中原腹地河南省伏牛山脉与桐柏山脉之间的大弧形地带,6日20时到达桐柏山区,7日8时到达河南泌阳县附近,此后第二次转向,折向西南,到8日14时才消失于大巴山南部。台风低压在河南南部停滞长达20多h。能够如此深入内陆并维持这样长时间的台风是极为少见的。南来气流在这里发生剧烈的垂直运动,并在其他天气尺度系统的参与下,造成历史罕见的特大暴雨。

1975年8月4~8日,中心测站4天最大降水量达1 631 mm,1 d最大降水量为1 005 mm,6 h最大降水量为685 mm,3 h最大降水量为495 mm,1 h最大降水量为189.5 mm,打破了国内的历史纪录,有的接近世界雨强极值,有不少测点1 h雨强超过100 mm。由于暴雨雨量大而猛烈,而且特别集中,从而造成了严重的洪水灾害。

天气尺度系统配置为持续暴雨创造了极为有利的条件。这次特大暴雨系由三次强降水过程所组成。第一次由位于长江南岸的“7503”号台风东边潮湿偏南气流与华中弱冷空气辐合上升所致。第二次是台风直接的影响,暴雨区位于台风的东北部,位于台风环流上升速度最大区。7日8时台风中心到达最北的纬度,此时台风移动缓慢近于停滞。而原来在台湾省东边的热带涡旋向西北移动,并向“7503”号台风靠近,使河南暴雨区偏东风显著加强,水汽辐合和上升速度达到最大而产生最强的第三次降水过程。正是由于在各次暴雨期间各种天气尺度系统的配置,使得大暴雨出现所需条件都接近最大值,才产生了持续性特大暴雨。

良好的中尺度环流条件,使其暴雨雨强成为罕见。这样大的雨强主要是由强烈的对流性活动所致。在这次特大暴雨期间，伴随有频繁而强烈的对流性活动，其中尤以雷暴活动最为明显。暴雨区雷暴接连发生，且造成特强降水，当雷暴消失时，降水也随之结束。暴雨区中大量凝结潜热释放，使气层增暖，促使上升运动加强，这种反馈作用又加强了暴雨。在每场暴雨中，一次次强对流活动都和低空的中尺度气流辐合带相联系。

地形对这次特大暴雨起着明显加强作用。此次特大暴雨发生地，从伏牛山脉东端舞阳县以南的一连串丘陵向南一直连接到桐柏山脉，形成一个弧状地形，对台风外围宽广的东风转东北东风的气流，有很强的强迫辐合作用。地形影响表现在三个方面：第一是大地形抬升引起的触发作用及中小尺度地形造成的准定常辐合区；第二是朝东开口的弧状地形，使许多中尺度低涡、雷暴和切变线有利于在低层偏东急流左侧产生；第三是雨团常沿河谷地区相继移动，使得处于雨团盛行路径上的地区雨量特别大，从而导致暴雨中心发生在侧风坡。

暴雨中心主要在汝河上游板桥水库附近的林庄、沙颍河支流澧河上游的郭林、洪河石漫滩水库上游及洪汝河下游平原地区的上蔡。林庄4～8日总雨量达1 631.10 mm，其中5～7日3天雨量为1 605.30 mm，7日1 d雨量为1 005.40 mm，最大6 h和24 h雨量分别为830.10 mm及1 060.30 mm，下陈最大1 h雨量为218.10 mm。这些点的雨量强度之大居中国大陆有记载以来的首位，其中林庄6 h雨量列为世界实测大暴雨之冠。5～7日3 d雨量大于600 mm和400 mm的覆盖面积分别为8 200 km^2和16 890 km^2。

暴雨发生后，各河道先后出现了两次较大洪峰，第一次在5～6日，第二次在7～8日，其中第二次峰值是本次暴雨中的最大洪峰。由于来水过大，板桥、石漫滩两座大型水库在8日凌晨溃坝失事，竹沟、田岗中型水库及58座小型水库相继垮坝，老王坡、泥河洼滞洪区也先后漫决，河道堤防到处漫溢决口，洪汝河和沙颍河互相串流，最大积水面积达12 000 km^2。王延荣(2013)经计算，淮河流域在正阳关水文站以上洪水总量达129亿m^3，其中，洪汝河班台站以上57亿m^3，沙颍河阜阳站以上56亿m^3，淮河干流淮滨站以上15亿m^3，区间1亿m^3。长江流域唐河郭滩、白河新店铺以上为41亿m^3，共计170亿m^3。

8.3　板桥水库溃坝过程

1975年本该多雨的夏季，驻马店地区泌阳县板桥公社的人们却看到了小河断流、池塘干涸、禾苗枯死的严重旱情。

8月4日，西平、临颍、泌阳、方城、确山等地观测到日出日没显紫红色、乌云接日、南虹出现、蚂蚁搬家、老鼠上树、狗不吃食、鸡上树、蛇出洞等异常现象。人们都奇怪自己家的鸡鸭飞来跳去，惊叫连声；猪在圈内跑来跑去，不肯安静；狗则上蹿下跳，一条大黄狗甚至跃上屋顶，仰天狂啸。板桥水库管理局院内有一株合抱粗的老槐树，树上有多个碗口大小、一尺多深的树洞，但从未有人见树洞中的水溢出过。可是8月4日上午，几个树洞中的水不停地外溢。板桥水库的水也开始泛浑，大坝下遍地都是蚂蚁。板桥水库下游的坡地上，聚集着黑压压的乌鸦，驱之不去，聒噪不止。8时10分左右，天空中猛然劈开一道炫目的闪电，随之一声巨雷在半空中炸开，一时间，雷电交加。借助电光，人们发现天色已由靛青转为墨蓝，云团急剧翻滚着，像是要把雷霆和闪电送到地面。

板桥水库上游发生特大暴雨,4~8 日 3 d 降雨量 1 007.5 mm,3 d 洪水总量 6.97 亿 m^3,库水位有两次急剧上涨过程:第一次 8 月 5 日 19 时至 6 日 6 时,库水位由 107.87 m 急涨至 112.07 m,11 h 内水位上涨 4.20 m,其中 1 h 最大涨幅 0.82 m,最大入库流量7 500 m^3/s;第二次 8 月 7 日 17 时至 8 日 1 时,库水位由 114.79 m 涨至 117.94 m,8 h 内水位上涨 3.15 m,其中 1 h 最大涨幅 0.56 m,最大入库流量 13 000 m^3/s。

8 月 5 日 8 时,库水位为 107.84 m,超过汛限水位(106.66 m)1.18 m,拦蓄洪水 3 200 万 m^3,19 时库水位涨至 107.87 m,20 时后库水位迅速上升。

8 月 6 日零时,库水位涨至 110.36 m,超过主溢洪道堰顶 0.02 m。5 时 45 分,库水位 112.06 m,主溢洪道开闸放水。6 日 15 时 48 分输水道才开闸泄流,约少泄 200 万 m^3。

8 月 7 日 12 时副溢洪道开始过水。12 时 50 分及 15 时 53 分,为保护闸下消力池安全,曾两度减小闸门开度,之后库水位持续上涨。19 时 30 分至 20 时 30 分闸门全开,此时入库流量已达 10 480 m^3/s,库水位持续暴涨。21 时,库水位 116.32 m,低于坝顶 0.02 m。23 时 30 分,库水位 117.65 m,超防浪墙顶 0.01 m,大坝开始漫溢。

8 月 8 日 1 时零分,水库水位上升到最高值 117.94 m,超过防浪墙顶 0.3 m,最大下泄流量 3 953 m^3/s。1 时 30 分开始垮坝,库水位骤降。2 时 30 分,决口迅速扩大(见图 8-3、图 8-4)。2 时 57 分出现的最大垮坝流量约为 78 800 m^3/s。7 亿 m^3 的洪水咆哮而下,10 m高的水头,以 6~7 m/s 的流速排山倒海般地向下游推进,水过之处大树连根拔起,村庄夷为平地,良田刮地三尺。7 时库水位降至 98.20 m,库水 0.05 亿 m^3。9 时库水位降至 94.35 m,余水量仅 10 万 m^3。

图 8-3　板桥水库溃坝处(河南省水利厅,2005)

8 月 5 日中午出现第一次洪峰时,暴雨倾盆而下,几步路外看不见人影。入夜时分,板桥水库管理局院内积水已逾 1 m,总机室等 70 多间房屋被淹塌,库区内电话中断。管理局与水库上游龙王庙、桃花店、火石山、蚂蚁沟、石灰窟、祖师庙等雨量站全部失去联系。板桥公社街道上积水近 1 m,供销社、银行等房屋皆被大水冲倒。坝外的大水因灌渠阻碍不能下泄,造成由东向西倒灌,淹没了水库大坝坝基。街上大片民房倒塌,居民哭喊之声此起彼伏。当地驻军与板桥公社干部在慌乱中组织力量抗洪抢险,并组织群众向北山

图8-4　溃坝后的板桥水库溢洪道(河南省水利厅,2005)

撤离。

连续几天的暴雨使板桥水库水位暴涨,加之通信不畅,水库管理人员在没有得到上级命令的情况下,不敢大量排水泄洪,而石漫滩水库的大量洪水迅速流入板桥水库,加快了板桥水库水位暴涨的速度。8月7日19时30分,水库管理局用当地驻军的军用通信设备向上级部门发出特特急电,称:"板桥水库水位急剧上升,情况十分危急,水面离坝顶只有1.3 m,再下300 mm雨量水库就有垮坝危险!"8日零时20分,水库管理局第二次向上级部门发出特特急电,请求用飞机炸掉副溢洪道,确保大坝安全。可是,同第一封急电一样,这封电报同样没能传到上级部门领导手中。40 min后,高涨的洪水漫坝而过。水库管理局第三次向上级部门发出特特急电,报告水库已经决口。4时,水库当地驻军冒着被雷击的危险,将步话机天线移上房顶,与上级有关部门取得联系,报告了板桥水库险情。同时,为及时报告水库险情,让下游群众紧急转移,在无法与外界沟通的危急情况下,驻军在坝南端向下游发射两次红色信号弹,每次2发,又到北坝头发射3发信号弹,向下游告警,随后又发射信号弹10发,枪弹40发。可是,由于事先没有约定危急时刻的报警信号,下游群众看到信号弹后不知道发生了什么事情。

洪水一泻千里,从板桥水库一直冲击到距京广铁路50 km的汝河两岸。3个60 t重的大油罐被冲到宿鸭湖水库,京广铁路铁轨被扭曲成麻花状。

时任泌阳县委书记的朱承朝虽已事前命令板桥和沙河店两个公社的社员紧急撤退,但洪水的速度远比人们逃生的步伐要快。板桥人悉数撤离,但沙河店公社有827人葬身洪水。更为不幸的是与沙河店公社一水之隔的遂平县文城公社,当泌阳境内的人在撤离时,他们还不知道发生了什么事儿。8日凌晨1时,洪水如翻江倒海一般突然而至,文城公社3.6万人,有1.8万余人遇难。

板桥水库垮坝后,遂平县830 km^2的土地上,一片汪洋。洪水过处,大小村庄,荡然全无。遂平县40万人,有半数漂没水中,一些人被途中的电线、铁丝缠绕勒死,一些人被冲入涵洞窒息而死,更多的人在洪水翻越京广线铁路高坡时,坠入漩涡淹死。

板桥水库垮坝5 h后,库水泄尽。汝河沿岸14个公社、133个大队的土地遭受了罕见的冲击灾害。洪水过处,田野上的熟土悉被刮尽,黑土荡然无存,遗留下一片令人毛骨悚然的鲜黄色。

据统计,这次洪灾使驻马店、许昌、周口、南阳的30个县(市)受灾。受灾人口1 015.5万人,受到毁灭性灾害的有86.5万人。整个驻马店地区96%的面积受灾,许多地方一片汪洋,平均水深3~7 m。

8.4 板桥水库复建

"75·8"特大洪水给河南省防洪水利工程造成了巨大破坏,特别是失事水库及其下游的工程设施损坏更为惨重。在党中央、国务院和水利主管部门的大力支持下,在各级党委、政府的领导下,全省各级水利部门组织广大干部群众,经过四个冬春的奋战,于1978年基本完成了一般性水毁修复任务。

板桥水库复建工程是国务院批复的19项治淮骨干工程之一,板桥水库复建工程于1978年第三季度开工,1981年1月因国家压缩基建投资规模,复建工程缓建停工。1987年2月15日复建工程再次开工。工程建设在水利行业首次引进招标投标机制,由葛洲坝工程局中标承建,1987年12月26日按期截流,1988年8月7日按期浇筑第一仓混凝土,1990年12月19日导流明渠封堵,1991年1月底进行水下工程中间验收,1991年3月17日上游围堰破口,实现二期导流,1991年12月主体工程基本竣工,1992年6月10日进行初步验收,全部工程历时6年,于1993年6月5日通过国家竣工验收并交付使用(见图8-5)。

图8-5 复建纪念碑

复建后的板桥水库是一座以防洪为主,兼有城市供水、灌溉、水产养殖、发电等综合效益的大Ⅱ型水利枢纽工程。按百年洪水设计,可能最大洪水校核。水库控制流域面积768 km^2,总库容6.75亿 m^3;其中防洪库容4.75亿 m^3,兴利库容2.30亿 m^3,最大下泄流量1.5万 m^3/s。

复建加高后的土坝顶高程为120.0 m,坝长为3 470.0 m,最大坝高50.5 m。北岸及南岸主坝均为黏壤土心墙坝,将原被洪水冲刷后残留的黏壤土心墙削坡处理后加高,上、下游用中粗砂坝壳培厚,坝顶宽8.0 m,设1.5 m高的防浪墙。上游坝坡为1∶2.5、1∶3.0,采用干砌块石护坡。下游坡为1∶2.5、1∶3.5,用草皮护坡,坝趾设碎石贴坡排水。

采用混凝土重力式刺墙连接混凝土溢流坝与两岸土坝。北岸和南岸坝高分别为48.0 m和40.0 m,刺墙插入土坝心墙内15.0 m,南、北刺墙长各为65.0 m。与混凝土坝连接的土坝采用厚心墙,心墙上、下游坡比均为1∶1.0,上游裹头在土质心墙外用堆石代替砾质中粗砂,使裹头坝坡陡至1∶2.0(见图8-6)。

图8-6　土坝与混凝土溢流坝连接段

溢流坝由8个表孔坝段和一个底孔坝段组成,其中表孔1、表孔8和底孔坝段的宽度为16.0 m,其余均为17.0 m,总长150.0 m,坝顶高程120.0 m。表孔坝段堰顶高程为104.0 m,净宽14.0 m,闸墩厚3.0 m,设14.0 m×14.0 m弧形工作闸门和14.0 m×8.0 m平板检修闸门。底孔坝段槛顶高程为93.0 m,孔口净宽6.0 m,墩厚4.0 m,设6.0 m×6.0 m弧形工作门和6.0 m×7.3 m的平板事故检修门(见图8-7)。

泄水建筑物采取三级控泄。20年一遇洪水控泄流量为100 m^3/s;50年一遇洪水控泄流量为500 m^3/s;100年一遇洪水控泄流量为2 000 m^3/s,相应的三级控泄库水位分别为115.3 m、116.1 m、117.5 m。当水库水位超过100年一遇洪水位117.5 m时,即采取自由泄流。保坝水位为119.1 m,下泄量控制不超过15 000 m^3/s。

板桥水库因溃坝给下游造成严重损失而闻名中外,复建工程枢纽建筑物种类繁多,特别是在如何充分利用溃坝后残留的建筑物方面,设计单位做了大量工作。在坝型选择、与两岸土坝衔接及施工导流方面都进行了深入比较研究,从而达到技术可靠、造价低并便于运用的目的。由于枢纽布置采用了河床溢流坝方案,与岸边溢洪道方案对比,不仅减少了溃坝口门清淤工作量,缩短了工期,投资上最经济,且溢流坝置于基岩上,抗冲刷能力强,使水库运行更为安全可靠(见图8-8)。

图 8-7　复建板桥水库溢流坝段

图 8-8　复建后板桥水库大坝

8.5　反思及经验教训

8.5.1　板桥水库溃坝的原因

1975 年 11 月下旬至 12 月上旬，水电部在郑州召开全国防汛和水库安全会议，时任水电部部长的钱正英说："对于发生板桥、石漫滩水库的垮坝，责任在水电部，首先我应负主要责任。是我们没有把工作做好。一是存在麻痹思想，根本没有意识到大型水库会垮坝，对大型水库的安全问题缺乏深入研究。二是水库安全标准和洪水计算方法存在问题。对水库安全标准和洪水计算方法，主要套用苏联的规程，虽然作过一些改进，但没有突破框框，没有研究世界各国的经验，更没有及时地总结我们自己的经验，做出符合我国情况的规定。三是对水库管理工作抓得不紧。在防汛中的指挥调度、通信联络、备用电源、警报系统和必要的物资准备，也缺乏明确的规定。板桥、石漫滩水库，在防汛最紧张的时候，电讯中断，失去联系，指挥不灵，造成极大被动。""板桥、石漫滩水库工程质量比较好，建成后发挥很大效益。但因兴建时水文资料很少，洪水设计成果很不可靠。板桥水库在

1972年发生大暴雨后，管理部门和设计单位曾进行洪水复核，但没有引起足够的警惕和提出相应的措施。”

板桥水库溃坝，除了钱正英部长所述的三个方面的原因外，其他影响因素也是多方面的。

事故发生后，据前去调查情况的调查组称，当时的“7503”号台风在中央气象台的雷达里消失，原本应该由地方气象局接管监测，但当时的河南省气象局却因种种原因未开启雷达。而南阳气象局虽然监测到了台风的动向，却由于没有传输设备，信息不能及时发布。8月5日，行径诡秘的“7503”号台风突然从北京中央气象台的雷达监视屏上消失。由于北半球西风带大形势的调整，“7503”号台风在北上途中不能转向东行，于是在河南境内停滞少动，灾祸由此引发。在伏牛山与桐柏山之间的大弧形地带，有大量三面环山的马蹄形山谷和两山夹峙的峡谷。南来气流在这里发生剧烈的垂直运动，并在其他天气尺度系统的参与下，造成历史罕见的特大暴雨，这也是造成水库溃决的一个重要原因。

据了解，当时中央气象台预报员只在该地区划了100 mm的降雨量，因为当时没有一个科学的认识境界，不可能得出十分准确的结论。长期从事天气预报和数值天气预报业务系统工程建设和科研工作，并曾亲历“75·8”救灾的天气动力和数值预报专家、中国工程院院士李泽椿是事件发生后第一个赶到现场的气象预报人员。他在回忆当年情景时话语依然沉重，“这段经历让我深感气象工作者的责任重大”！李泽椿在随后的几个月做了许多调查，总结出的不少经验在今天依然有着现实指导意义。李泽椿认为气象研究要组织很好的观测网并形成数据库，在大气观测问题上，气象、水文、环保、林业、农业各部门最好能统一起来，形成一个统一的自然环境观测网站，最后把这些资料统一规范管理，为科学服务和应用。

中国工程院院士潘家铮在其《千秋功罪话水坝》一书中介绍，1950年夏的淮河水灾促成了同年10月国家做出的《关于治理淮河的决定》。这个决定确定了“蓄泄兼筹”的治淮方针，具体制定了“上游应筹建水库，普遍推行水土保持，以拦蓄洪水，发展水利为长远目标”和“低洼地区举办临时蓄洪工程，整理洪汝河河道”的战略部署。“治淮大战”中，汝河上游修建了板桥水库。当时水文资料很少，设计洪水及工程标准很低。工程运用中，板桥水库被发现输水洞洞身裂缝和土坝纵横向裂缝，于是，1956年对板桥水库进行了工程扩建加固。板桥水库洪水标准按照苏联水工建筑物100年一遇设计和1 000年一遇校核，决定：大坝加高3 m，坝顶高程为116.34 m，防浪墙高程为117.64 m；增加溢洪道，宽300 m，底部高程为113.94 m，连同原有的溢洪道、输水洞，最大泄洪能力为1 742 m^3/s。在板桥水库加固扩建后的三年间，中原地区的水库建设蜂拥而上，一发而不可收。仅1957～1959年，驻马店地区就修建水库100多座。

防洪指导思想的失误在短时间内没有真正被扭转，重蓄水灌溉、轻河道治理、重兴利轻除弊的倾向依然存在。到20世纪60年代末，驻马店地区新增水库100多座，与此相对照，洪汝河的排洪能力非但没有增强，反而一年年递减。板桥水库溃坝之前的淮河上游地区，事实上已隐伏着严重危机，河道宣泄不畅，堤坝不固，许多病险水库隐患未除。更为严重的是人们并无警觉，溃坝在人们心目中根本就不存在，过于笃信100年一遇、1 000年一遇等既定的洪水标准，自信板桥水库可以掌控100年一遇的洪水，在1 000年一遇的洪水中也可无恙。真正的大洪水来了,特大暴雨使人们瞠目结舌,它的降雨量竟相当于原1 000年一遇设计标准的2倍。

水库管理运用上对防洪安全重视不够,机构薄弱,准备不足,指挥不力,也是导致溃坝的原因之一。经过1973年水文复核,已经发现水库防洪标准偏低,本应降低兴利水位,增大调洪库容,但水库的运用方案又提高了兴利水位,减少了调洪能力。即便如此,板桥水库8月5日的蓄水位比规定的汛限水位又提高了1.18 m,超蓄0.32亿 m^3,虽然只占来洪量的5%,不是造成垮坝的决定性因素,但它反映了忽视安全的思想。更为重要的是水库管理者自恃工程质量良好,被一种虚假的安全感所迷惑,完全没有做预防特大洪水的准备。因此,没有备用的通信工具,没有备用电源,没有防汛物资,没有抢险队伍,更没有非常情况下的应急措施,致使危险出现时束手无策。这一年没有召开专门的防汛会议,原来熟悉防汛工作的同志很多被调整岗位,防汛机构严重削弱,指挥很不得力。现场的防汛工作同样不容乐观,不仅没有做好工程抢险工作,也没有组织好坝下游的群众及时转移,使一些经过努力可以避免的损失也未避免。

8.5.2 板桥水库溃坝的反思

前事不忘,后事之师。河南"75・8"特大洪水已经过去40多年了。40多年间,我们又遭遇了多次较大的洪水灾害,经历了多次抗洪斗争。仅20世纪80~90年代,大江大河就发生了多次大洪水,其中影响最大的有1981年长江上游大水、1991年江淮大水、1998长江大水。21世纪的防洪现实再次告诉我们:洪水灾害特别是大江大河的洪水灾害依然是中华民族的心腹之患,防汛抗洪是我国长期艰巨的任务,防汛抗洪是永无止境的宏伟事业,需要千秋万代前赴后继,不断开拓创新,才能在洪水灾害面前始终立于不败之地。

必须把确保人民生命安全作为首要目标。坚持以人为本,树立全面、协调、可持续的发展观,促进经济社会和人的全面发展。防汛工作不仅要把保障人民生命安全作为首要目标,还要为推动整个社会走上生产发展、生活富裕、生态良好的文明发展道路提供保障。

确保把防洪工程安全放在重中之重。防洪工程是为保障人民生命财产而兴建的,防洪工程安全与否,与人民生命财产的安危息息相关。防洪工程失事,不仅不能发挥防洪效益,而且会加重洪灾损失,保证防洪工程的安全,是确保人民生命安全的重要基础和保障。"75・8"特大暴雨洪水62座水库垮坝失事,加重特大洪水灾害损失的惨痛教训,使人们深刻认识到修好管好防洪工程的重要性。

确保防洪工程安全,要对病险水库工程进行除险加固。我国有相当多的水利工程兴建于"大跃进"时期,不少工程存在着病险隐患。"75・8"特大暴雨洪水中,垮坝失事的水库有70%以上是病险水库。"75・8"特大暴雨洪水后,国家和地方都狠抓了病险工程特别是大中型病险水库的除险加固工作,1998年长江大水后又举国加固大江大河堤防,使防洪工程的安全状况有了很大程度的改观,但部分地方对此项工作依然重视不够,有依赖思想,一些小型工程也要等国家投资除险加固,至今还有相当数量的小型病险水库没有解除病险工程隐患。

建立健全应急管理系统。我国降雨时空分布不均,洪水突发性强。河南省这次暴雨,3日降雨量大于600 mm的面积为8 210 km^2,大于800 mm的面积达4 130 km^2。板桥水库上游的下陈水文站，最大1 h降雨达到234.8 mm，雨量之大，超过我国历史上的实测记录。面对突发的洪水灾害，由于缺乏一套完善的应急管理系统，加重了洪水灾害的损失。沉痛的教训应该使我们更深刻地认识到建立健全洪水应急管理系统的重要性，对洪水灾害的突发性和破坏性一定要有清醒的认识，不能存在丝毫的侥幸心理。要从本地的实际出发，因地制宜地制定并落实防汛抗洪责任制，报汛报警手段、制度，救生手段、措施，抢险物料，群众转移方案等，不断探索符合中国国情的防洪策略。我国幅员辽阔，地形复杂，气候复杂多样，水资源短缺，时空分布不均，加上人口众多，防汛抗旱形势严峻。随着社会经济的发展，水资源短缺已成为我国国民经济发展的重要制约因素。这些都是我国与世界上许多国家不尽相同的地方。

水利部提出的新时期防汛工作的新思路，是针对我国新时期防汛抗旱形势和国家经济社会发展的需要提出来的。新思路有两大特点，一是防汛抗旱目标全方位，二是防汛抗旱手段现代化和多元化。所谓目标全方位就是防汛抗旱要为我国经济社会全面、协调、可持续发展提供保障。所谓手段现代化和多元化就是防汛抗旱的手段不能是单一的工程措施，而要包括政治、经济等多方面的措施，还要运用当代先进的科学技术，实现手段现代化。

必须依靠科技进步。回顾河南“75·8”抗洪斗争，我们不能忽视当时抗洪手段落后加重洪水灾害损失的事实。河南省水利部门1975年11月在河南省八月抗洪斗争情况的汇报中指出:防汛通信设备往往靠有线电话，在特大暴雨时不能保证。板桥水库电讯中断后用附近驻军发话机与驻马店地区联系，但在大雨中效果很差。板桥水库在紧急情况下点火、鸣枪，在暴风中较远的地方听不到，看不见，即使看见也不知发生什么问题，无所适从。板桥水库因为电讯中断，水库紧急时，不能及时通知下游，群众转移不及，而遭受很大损失。防汛道路、交通设备也很不完善，大水时进不去、出不来，都造成防汛工作非常被动。水文测报设备差，在紧急关头，情报发不出，上级防汛指挥机关失去耳目，陷于被动。实践证明，防汛抗洪任务艰巨、责任重大、内容复杂、条件艰苦，必须积极引进当代先进的科学技术、新设备、新材料、新工艺，才能确保人民生命财产安全，将洪水灾害损失减少到最低限度。从20世纪80年代开始，我国在防汛抗洪中陆续运用计算机、微波通信、数字通信、遥感遥测等先进技术，建立洪水遥测、预报系统、防洪决策支持系统，增强了防汛抗洪的能力。

坚持防汛抗旱并举。我国自然地理气候条件复杂多变，使我国的洪旱灾害具有发生频繁、突发性强、洪旱交替、损失大等特点，必须坚持防汛抗旱两手抓，才能立于不败之地。河南“75·8”特大洪水之前，由于那几年天气偏旱，片面地认为大水库标准高，防洪没问题，关键是多蓄水抗旱夺丰收。因而，只重视抗旱而忽视防洪，对可能出现的超标准洪水，从思想上和行动上都准备不足。如果不从思想上、策略上解决防汛抗旱两手抓的问题，这种情况还有可能发生。最近几年，各级防汛抗旱部门在贯彻国家防汛抗旱总指挥部提出的防汛工作由控制洪水向洪水管理转变的政策时，对洪水资源利用、水库科学调度等重大课题进行了深入研究和广泛实践，在探索防汛抗旱并举的策略方面取得了重大突破。

必须坚持统一指挥。洪水如雄狮猛兽，防汛抗洪如打仗，需要调度千军万马，运用多种手段，只有统一指挥，才能取得胜利。中华人民共和国成立不久，就成立了各级防汛指挥部,统一领导、指挥防汛抗洪工作。但在1966~1974年间,各级防汛指挥部都被撤销了,幸好我国处于相对枯水期,没有发生较大的洪水灾害,没有造成严重后果。1975年河南特大洪水灾害,就为此付出了沉重代价。灾后,当时的水利电力部在给国务院关于加强防汛和水库安全工作的报告中,明确提出:“为加强防汛工作的领导,建议中央恢复中央防汛总指挥部;各省、市、自治区建立固定的防汛指挥部,在非汛期检查督促,做好防汛的准备工作,在汛期才能有力地指挥抗洪抢险斗争。”20世纪80年代以来,我国从中央到地方都加强了防汛指挥机构的建设,有防汛抗洪任务的县以上政府都成立了防汛指挥机构。这一做法在《中华人民共和国防洪法》中也得到明确。防汛指挥办事机构是防汛指挥机构的参谋部,是防汛指挥决策信息依据的提供者,防汛指挥决策实施的组织者,防汛指挥办事机构的能力建设对于实现防汛抗洪的正确决策和统一指挥关系重大,不可等闲视之。要加强防汛指挥办事机构的能力建设,使之成为理念科学、结构合理、办事高效、运转协调、行为规范、手段先进的特别能战斗的队伍。

8.5.3 水情教育基地的设立

2013年9月27日,水利部淮河水利委员会水情教育基地、河南省防洪教育基地、驻马店市防洪博物馆开馆暨挂牌仪式在板桥水库举行(见图8-9),这是我国首个以防洪为主题的水情教育基地。基地坐落于板桥水库大坝北头下游的丛林间,旨在加大力度宣传水情,普及防洪知识,提高公民水患意识、防洪减灾意识、节水意识和水资源保护意识,凝聚公众爱水、惜水、亲水、护水的共识,努力形成全社会关心水利、重视水利、支持水利、参与水利的良好氛围。教育基地以图片和多种媒体形式介绍了河南“75·8”特大洪水灾害。包括洪水的成因,板桥水库、石漫滩水库溃坝的过程,洪水演进的过程以及造成的巨大损失,国家救灾情况以及板桥、石漫滩等水库的复建情况等。

图8-9 板桥水库防洪教育基地

教育基地为后人提供了牢记“75·8”特大洪水灾害的基础和条件。

第 9 章

意大利 Vaiont 水库滑坡

瓦依昂(Vaiont)水库滑坡灾难发生至今已 50 余年。自 1964 年世界著名的奥地利岩石力学家 L. Mùller 教授在《Rock Mechanics and Engineering Geology》期刊上发表了第一篇有关 Vaiont 滑坡的论文以来,受到学术界和工程界广泛关注和讨论,中外学者发表了许多学术论文和相关专著。1985 年在美国普渡大学召开的大坝失事国际研讨会上,Vaiont 水库滑坡被列为四大灾难事件之一,会上专家广泛深入地讨论了滑坡的形成机制、滑坡高速下滑的原因及水库滑坡的监测与预报等问题。2013 年意大利举行了 Vaiont 水库滑坡 50 周年学术研讨会,进一步分析研究了这一典型灾难性历史事件的成因、机制。由于滑坡涉及的范围较大,地质条件和水文、气象情况又极为复杂,要彻底查明滑坡机制和成因是十分困难的,人们尚没有形成一致的理论和认识。时至今日,Vaiont 水库滑坡的成因和高速滑动的机制等许多细节仍不清晰。

9.1　Vaiont 双曲拱坝

意大利 Vaiont 水库位于阿尔卑斯山东部 Piave 河支流 Vaiont 河下游河段,在威尼斯市北 100 km 的 Longarone 镇之东。Vaiont 坝是当时世界上最高的挡水建筑物之一,为一座不对称的双曲薄拱坝,最大坝高 261. 6 m,坝顶弧长 191 m,坝顶弦长 168. 6 m,坝顶宽 3. 40 m,底部跨河长 27 m,坝底宽 22. 11 m。大坝体积 35 万 m^3,水平拱圈为等中心角,坝顶处半径为 109. 35 m,中心角 94. 25°,坝底处半径 46. 50 m,中心角 90°(见图 9-1)。水库设计蓄水位为 722. 5 m,总库容为 1. 69 亿 m^3,有效库容为 1. 65 亿 m^3。坝顶设 16 孔开敞式溢洪道,每孔宽 6. 6 m。在左岸布置上、中、下三条泄水隧洞,直径分别为 3. 5 m、2. 5 m 和 2. 5 m。在左岸布置一条发电隧洞,该发电隧洞通向地下发电厂房。厂房内装 1 台 9 000 kW 发电机组。截至 2010 年,Vaiont 坝仍是世界上已建成的最高的双曲拱坝。

Vaiont 水库规划始于 20 世纪 40 年代,由 Carlo Semenza 主持设计,双曲拱坝在水平和垂直两个方向都呈弧形,设计使载荷施加在坝拱座上,减轻了梁的载荷,不但受力条件好,而且可以减少坝身厚度,节省了工期和用料。为了改善坝体应力状况,沿坝体周边还设置

图 9-1 Vaiont 双曲拱坝

了一条缝,将坝体与其下的垫座分开,坝体从上到下也设置了四条水平缝,从而大大加强了拱的作用。为保证浇筑质量,所有这些缝都在冬季进行灌浆。地基也做了全面处理,进行了灌浆加固。考虑到两岸岩体裂隙发育,还采用了预应力锚索进行加固,左岸用 125 根,右岸用 25 根,每根长 55 m。设计师 Carlo Semenza 宣称 Vaiont 大坝可以承受超过设计值 11 倍的荷载。

Vaiont 坝 1956 ~ 1960 年由亚得里亚能源公司(Adriatic Energy Corporation)施工建设。工程主要建筑物包括双曲拱坝、导流洞、泄洪洞、发电引水隧洞、地下厂房、交通隧道等。

1943 年,意大利刚刚结束墨索里尼的独裁统治,从第二次世界大战的硝烟中摆脱出来。经过战火洗礼,这个国家早已满目疮痍,缺少从汽车到面包的几乎一切产品。为了获得重建所必需的电力供应,满足快速扩张的意大利北部城市米兰、都灵和摩德纳的发展需要,更是为了满足电力集团对利润的渴望,在亚得里亚能源公司的游说下,就在这一年,国会中 35 位部长中的 13 位被召集起来举行会议,决定在意大利东北部阿尔卑斯山区修建一座当时世界上最高的 Vaiont 大坝。尽管根据法律规定,要表决是否兴建水库大坝这样的议题,必须有超过半数的部长到会,因此表决结果事实上是非法和无效的,但 1948 年,意大利共和国的第一任总统埃纳乌迪还是签署批准了这一议案。

20 世纪 50 年代末是一个躁动的时期,“大跃进”的情况正在许多国家发生。那时候正值世界核电开发的黄金时代,核电具有更高、更稳定的发电量,这无疑是比水电更大的诱惑。1957 年 4 月,大坝开工不到一年,罗马的政客把 Vaiont 坝改成为核电站配套服务的抽水蓄能电站,坝体高度从初始规划的 230 m 增加到 261.6 m,水库蓄水位提升到 722.5m,库容也增加到初始设计的 3 倍。

9.2　Vaiont 水库滑坡

1963 年 10 月 9 日,工程师看到树木倒下,岩石滚入湖中,预计将发生山体滑坡。在此之前,尽管水库水位已经降到700 m 高程的安全水平,以控制发生灾难性滑坡的位移速率,但滑坡移动的惊人速度并没有减缓。

9 日 22 时 39 分,连日大雨刚刚停息,这是一个雨后晴朗的夜晚,Vaiont 山谷仿佛睡着了一般,夜幕下的一切都显得那么静谧安宁。就在这一刻,Vaiont 水库左岸南北宽约500 m、东西长约 2 000 m、平均厚度约 250 m 的巨大山体忽然发生滑坡,超过 2.7 亿 m^3 的岩土体以 110 km/h 的速度呼啸着冲入水库,随即又冲上北岸山坡,水平移动了 400 ~ 500 m,达到数百米的高度(见图 9-2)。滑坡时发出的巨大轰鸣声几十千米以外都能听见,滑坡过程仅 45 s。2 000 m 长的水库盆地被下滑岩体激起巨浪。滑坡激发了相当大的冲击波,在罗马、特里雅斯特、巴塞尔、斯图加特、维也纳和布鲁塞尔等地均有震波记录。但仅仅观测到面波,与地震波有所区别。

图 9-2　Vaiont 水库滑坡,长 1 700 m、宽 1 000 m 库段被滑坡体充满

在岩体下滑时形成了气浪,并伴随有落石和涌浪。涌浪传播至峡谷右岸。涌浪过坝高度超出坝顶 100 m,约有 3 000 万 m^3的水量注入底宽 20 m、深 200 m 的下游河谷中(见图 9-3)。涌浪前锋有巨大的冲击浪和气浪,与水流一道,破坏了坝内所有的设施,电站地下厂房内的行车钢梁发生扭曲剪断,廊道内的钢门被推出 12 m,正在厂房内值班和住宿的 45 名工程技术人员除 1 人幸存外,其余全部遇难。正在坝顶监视安全的设计者、工程师和工人 15 人无一幸免。

此时水库中仅有 5 000 万 m^3蓄水,不到设计库容的 1/3。所有的水在一瞬间沸腾起来,横向滑落的滑坡体在水库的东、西两个方向上产生了两个高达 250 m 的涌浪。向东的涌浪沿山谷冲向水库上游,将上游 10 km 以内的沿岸村庄、桥梁悉数摧毁;向西的涌浪高于大坝 150 m,越过大坝冲向水库下游,由于坝下游河道太狭窄,涌浪越坝后难以迅速衰

图 9-3 从 Vaiont 河谷北岸向南远眺滑坡

减，致使涌浪前峰到达下游峡谷出口时仍然高达 70 m 。先前设置的防洪设施在巨大的洪水面前形同虚设。

9 日 22 时 45 分，涌浪冲过大坝，到达距大坝 1. 4 km 远的下游 Vaiont 河口时，产生了一个长 60 m、宽 80 m 的冲刷坑，洪水涌入 Piave 河，将两河交汇处 Vaiont 河口对岸的 Longarone 镇冲毁，过坝水流还冲毁了位于 Piave 河下游数千米之内的 5 个村庄（见图 9-3）。Vaiont 滑坡和越坝洪水，造成至少 2 080 人死亡（详细死亡人数至今不明）：San Martino 教堂 7 人，Frasegn、Spesse、Cristo、Pineda、Ceva、Prada、Marzana 等村镇至少 151 人，大坝附近的建设营地 54 人，Castellavazzo 镇 109 人，Longarone 镇及 Piave 河下游地区至少 1 759 人。700 余人受伤，直接经济损失达数亿美元。Vaiont 水库滑坡是意大利工程史上最大的悲剧，也是 20 世纪 60 年代震惊世界的最大的惨痛事件。

图 9-4 滑坡前后的 Longarone 镇

现场地质工程师 Edoardo Semenza 在 1959 年对库区进行了系统的地质和地貌调查，特别是在滑坡灾害发生前，他在实地考察中记录了大量地质和形态学特征，并正确地将其解释为存在一个巨型古代滑坡的证据。滑坡发生 4 年前地质工程师的提醒，没有引起建设单位和设计等有关人员的重视。1963 年 10 月 8 日，在滑坡事件发生的前一天，Edoardo

Semenza 从 Dolomites 山区地质测绘返回家一次，当天下午晚些时候在 Longarone 照相馆准备冲洗三卷胶卷。但他无法想象在 10 月 10 日返回家时，再也不能见到摄影师及摄影师的妻子和他们的小儿子了，他们都死于水库大规模的涌浪。Edoardo Semenza 是第一个到达 Vaiont 水库滑坡现场的地质学家。他最先发现了坝址区左岸古滑坡，并对滑坡的演化和运动进行了研究，但由于当时科学技术及他本人知识能力有限，正如他的书中所说，他“无法具体预测滑坡何时发生和滑坡所造成的最终结果”(Semenza,2011)。

9.3　滑坡工程地质条件

1939 年，工程师对坝址区进行了考察。在水库设计和建设过程中，对 Vaiont 山谷的地层岩性和地质构造进行了勘察。坝址区出露为一不对称向斜地层，滑坡发生前向斜轴部靠近左岸，为一倾向河谷的椅状斜坡，后缘倾角约 40°，至河谷近于水平。

大约 2 万年前的最近一个冰川期后期，在 Vaiont 山谷的向斜构造下部，河流侵蚀下切形成峡谷。因此，300 m 深峡谷是一个地质年代上年轻的山谷。

滑坡所在的峡谷区由巨厚的侏罗系中统厚层石灰岩、侏罗系上统的夹泥岩的薄层泥灰岩与白垩系下统的厚层隧石灰岩等岩层构成。峡谷区的岸坡上部和分水岭上覆盖有不厚的第四纪堆积物。其下，经过强烈构造变位的石灰岩在岸坡上部以 33° ~ 40°倾角倾向于峡谷型河床。滑体具有良好的临空条件。

坝址区主要有三组裂隙：一是层理和层间裂隙，充填有薄的泥化物；二是与河流流向垂直的陡倾角节理；三是两岸岩体卸荷裂隙，形成深度为 100 ~ 150 m 卸荷软弱带。受构造节理、层理及卸荷裂隙的切割，并有构造破碎带和岩层间软弱夹层，这些结构面不利组合，分割了边坡岩体，使其沿着由陡至缓倾角的滑动面下滑。滑动面位于上侏罗统薄层泥质灰岩剪切带及黏土夹层(见图 9-5 中 g3 层)和下白垩统厚层隧石灰岩的界面上。

施工刚开始，工程人员发现左岸边坡不稳定，根据左岸地质构造，有学者提出有产生深部滑坡的可能性，但设计师认为深部滑坡不可能发生，因为：①钻孔未查到深部有明显的软弱面；②非对称向斜起到天然阻止斜坡移动的作用；③地震勘探显示河谷两岸岩石很坚硬，弹性模量很高。施工照常进行，直到大坝建成，仍未对岸坡的稳定性及发展趋势做出准确判断。

从地质勘察可以得到以下确定的认识：①Vaiont 峡谷是在最后一个冰川期期末形成的；②在峡谷的侵蚀形成过程中至少有一个大型滑坡发生在 1963 年 10 月 9 日处的古滑坡(见图 9-6)；③上侏罗统薄层灰岩中存在抗剪强度低的夹泥化层(见图 9-7)。

1963 年 10 月 9 日的 Vaiont 水库滑坡是一个古滑坡的重新激活(见图 9-8)。这一古滑坡的年代是未知的，它可能发生在冰川时代后期，但在 Vaiont 河谷有记录的历史之前。古滑坡的证据是有力且多样化的。它包括地貌形态学的许多方面，在其上填满了裂隙的岩屑，形成了不同特征的岩体中的滑移破裂面，以及在山谷北侧的古滑坡堆积体或其残余部分。

滑坡滑移面由一个或多个连续的黏土夹层组成(见图 9-9)。在滑坡的许多位置观察到白垩纪下统地层单元的基底附近出现了多个黏土夹层。黏土夹层在滑动面上、在滑移

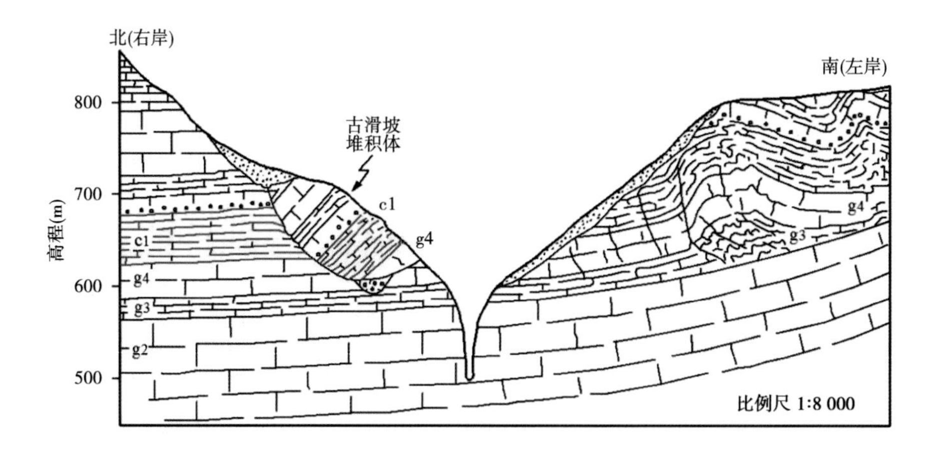

图 9-5　从河谷下游向上游观察峡谷地质剖面（Müller,1964）

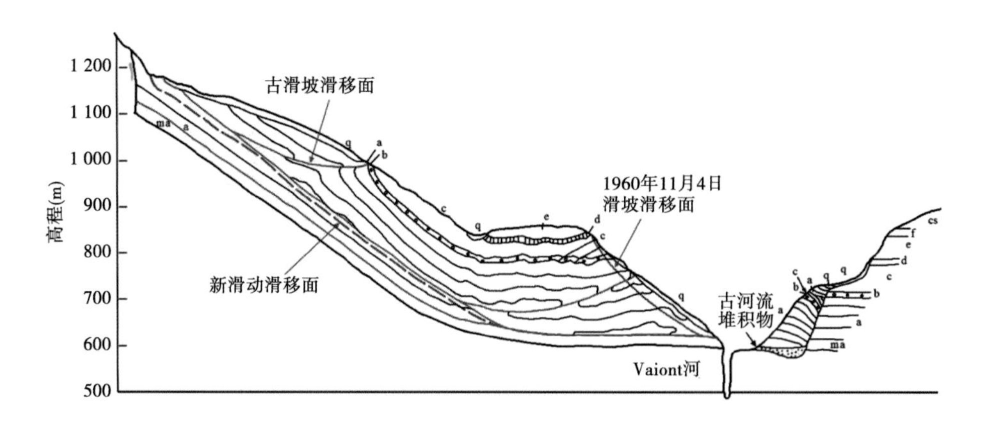

图 9-6　1963 年 10 月 9 日 Vaiont 水库滑坡前地质剖面（Müller,1964）

图 9-7　层状灰岩中存在泥质软弱夹层

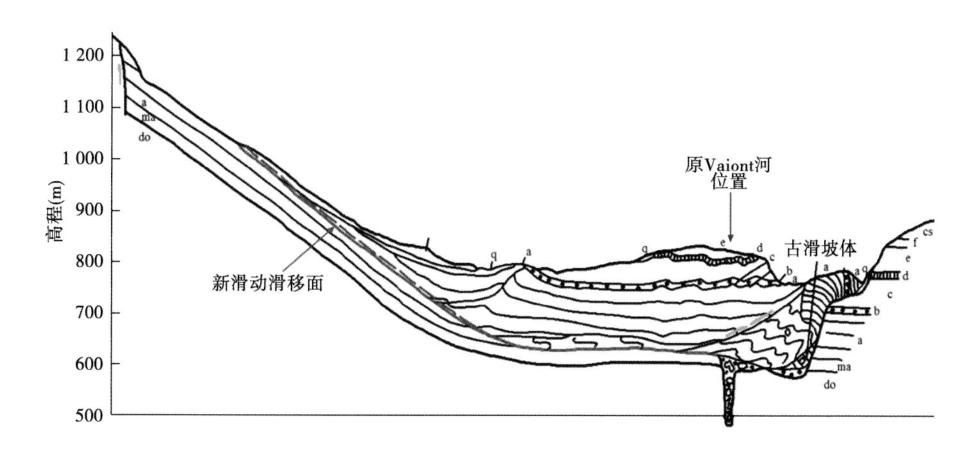

图 9-8　1963 年 10 月 9 日 Vaiont 水库滑坡后地质剖面（Müller,1964）

面下或形成了滑体下部的基质。1963 年滑坡残余部分发现有大量黏土碎块或黏土层,在滑坡滑动后相对应的地层层序的滑动区域发现了相对应的黏土夹层。

图 9-9　滑坡滑移面上的黏土层(Hendron 等,1985)

滑坡的底部侧向移动了 360 m,滑坡脚趾处向上推进约 140 m,形成了一个 50 ~ 100 m 高与峡谷平行的悬崖（Müller 1987）。滑坡顶部的最大位移达到了西区 620 m 和东区 890 m。滑坡的西区底部侧向外移,而上部向河床方向移动。由于西区、东区不是同时滑移,因此在滑坡体中形成了一个较大的裂痕。

滑坡西区底部没有明显的滑面,滑面是在滑坡滑动的过程中形成的。滑后勘探岩心揭露滑面的多层黏土夹层组成,黏土夹层厚高达 10 cm（Müller,1987）。这些黏土层是原始沉积的,而不是沉积后蚀变的产物。滑坡东区底部发现一个较小规模的断层,在揭露的滑面上观察到明显的岩屑。

复合滑移机制导致了 Vaiont 滑坡灾难的发生。Hendron 等(1987)认为滑坡不同的滑移运动是由山谷几何形状决定的。滑坡体并没有一次性全部滑移,在滑坡的东部岩体发生了二次滑移,因为在主滑过程中滑坡趾的支撑丧失了。滑坡后的地形地貌和在滑动前后绘制的地质图表明,在滑坡中央 Massalezza 溪沟的东部和西部的大部分滑坡体都是作为一个整体移动的。二次滑移运动主要是在东部的区域。许多学者认为主滑移并没有受到二次滑移的影响。随着主滑移的中止,在滑坡体内部形成的差异运动是由滑坡趾区域的几何形状和滑动岩体各部分动量的差异性造成的。滑坡滑动前后的地面轮廓线如图 9-10所示。

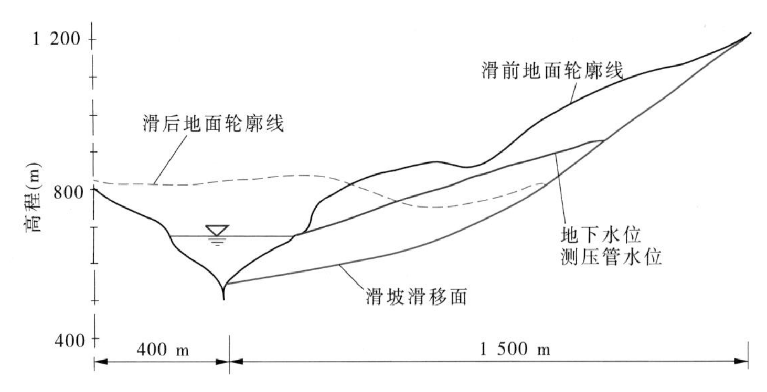

图 9-10 Vaiont 水库滑坡滑动前后地面轮廓线(Müller,1987)

9.4 滑坡水文地质条件

Vaiont 滑坡发生的主要诱因是区域赋存的复杂的地下水系统(见图 9-11)。岩体的节理、层理可以使裂隙水渗透至斜坡内部,孔隙水压力变化一方面导致左岸山体的破坏,另一方面导致岩体的加速碎裂。Vaiont 山谷中具有多个含水层,且被不透水的黏土夹层隔离(Hendron 等,1987)。左岸边坡稳定性受岩体中含水量的影响较大,地表水入渗补给是由结构面和岩溶提供的,尤其是在海拔较高的地方。由于滑坡趾部位地下水与降水补给直接有关,因此长时间降雨会增加孔隙水压力,从而减少在滑移面的有效应力(Semenza 等,2000)。在 Toc 山顶部附近有一个明显的岩溶或岩溶和冰川的组合地形。在滑坡西部边界上发现了早期岩溶。这些区域的层理倾角为 13°~45°。在主滑动面以下有三个区

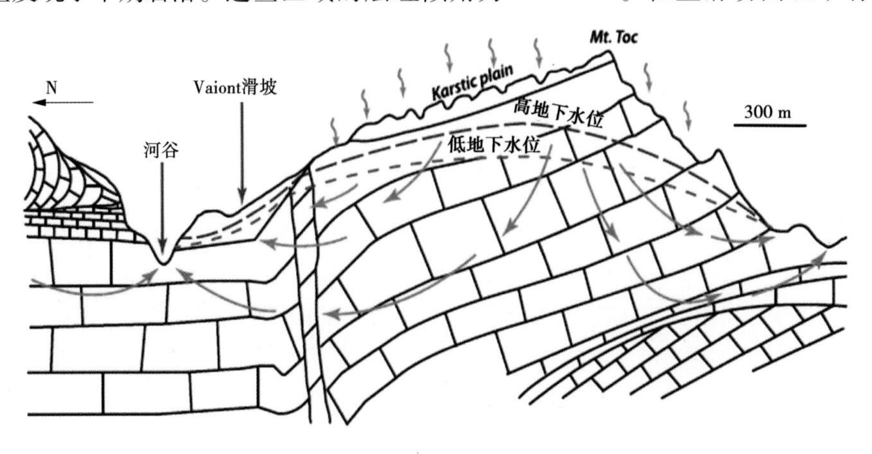

图 9-11 Vaiont 滑坡区域地下水系统(Hendron 等,1985)

域发现溶蚀特征,表明从山顶的降水或融雪渗入岩体而产生了较高的孔隙水压力,并且可以沿着滑移面逐渐扩展。

坝址区年平均降雨量为 1 200 ~ 2 300 mm。Toc 山区水文特征是地表水稀少,岩体在局部出现泉水涌出。一些学者认为该区域的岩溶地貌特征是造成上述现象的原因。同时也在坝址区周边发现了一些溶洞,降雨等大气降水直接渗入溶洞,这是造成地表水稀疏的原因之一。

1960 年以前没有进行地下水监测。1960 年 10 月,左岸边坡发现较大裂缝,1961 年才布置 P1、P2 和 P3 钻孔,监测地下水位和孔隙水压力(见图 9-12)。Hendron 等(1985)分析了滑面上水压力的分布情况,其研究主要依赖于从测压管中获得的地下水数据,研究数据并不多,仅有的一些数据主要测量自 1961 ~ 1963 年的三个水位测压管钻孔。P1 和 P2 管的测量数据直观反映了水库水位,从测压管投入使用至滑坡发生期间,P2 管的记录水位相对要比同时期水库水位要高,尤其是 1961 年 11 月至 1962 年 1 月,P2 管水位要比水库水位高 25 ~ 90 m,1962 年 2 ~ 7 月,P2 管水位比库水位高 2 ~ 10 m,1962 年 7 月至 1963 年 10 月,P2 管水位比库水位高 1 ~ 2 m(见图 9-13)。Hendron 等(1985)推测相较于未密封的 P1 和 P3 管,P2 管密封性能较好,其前期数据更能反映滑面的水压力情形。在滑体底部可能存在一个承压水层,这是导致 P2 管水压高于库水位的原因。后期测量管内水位随着库水位一致变化,基于该点特征,对滑面区域的地质状况进行了更进一步的调查。Toc 山体坡脚等由于岩体碎屑化、多孔隙的特征,具有很高的渗透性能,在库水渗入岸坡的位置,沿着多裂隙的区域形成了临时性的承压水层。

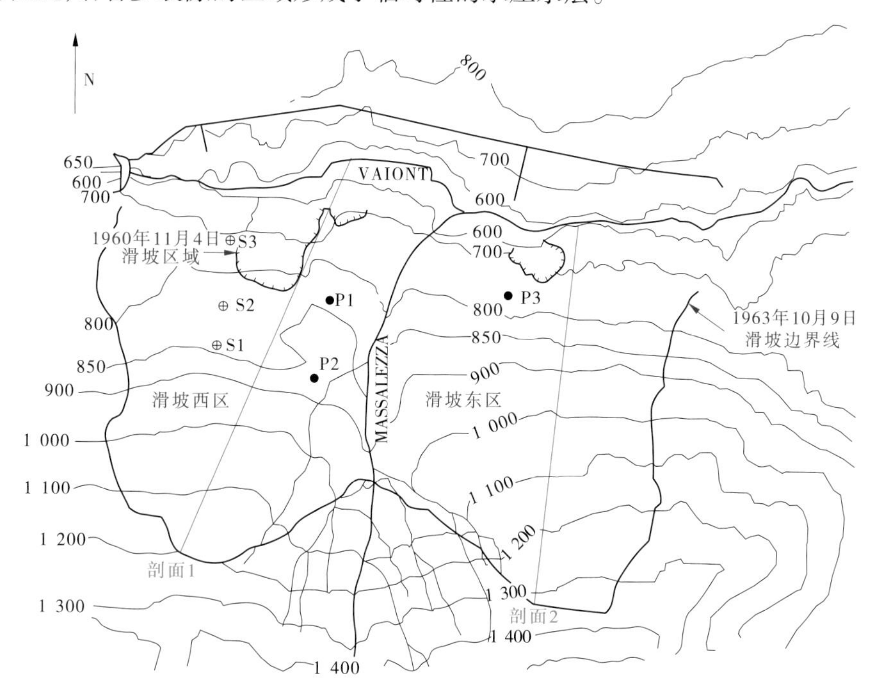

图 9-12　滑坡区水位测压管钻孔 P1、P2、P3 位置(Hendron 等,1985)

1960 ~ 1963 年,降雨、水库蓄水位、滑坡位移速率和孔隙水压力的历史监测曲线表

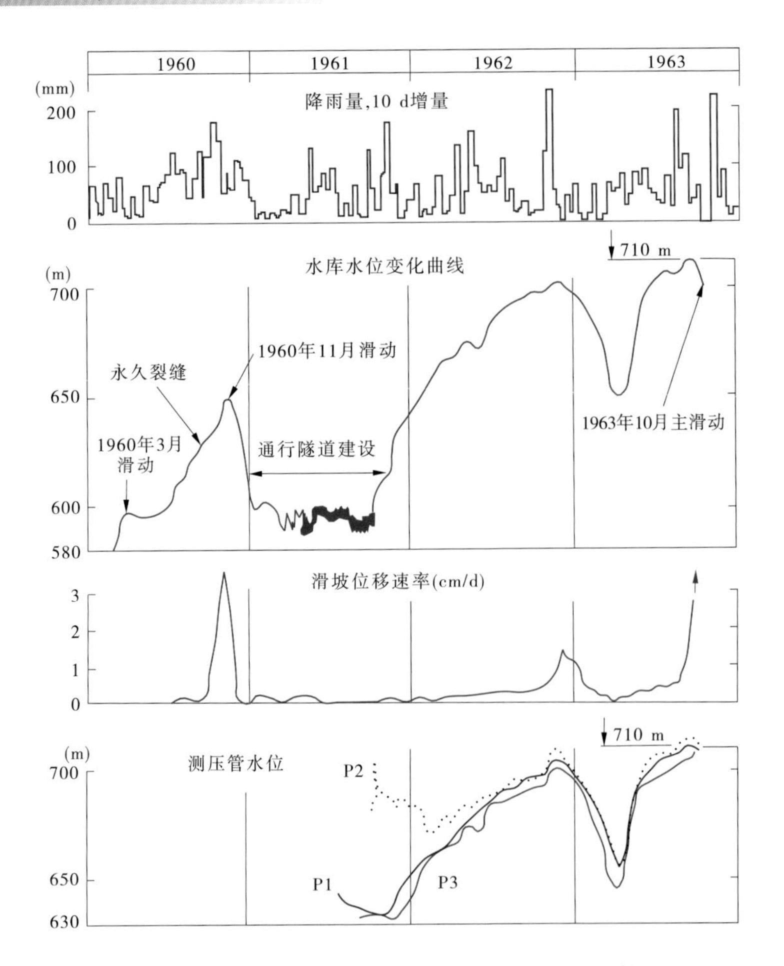

图 9-13　降雨量、水库水位变化、位移速率和孔隙水压力曲线比较（Müller,1987）

明,Vaiont 水库滑坡无疑是由水库蓄水位变化和强降雨诱发的。当水库水位较高时,滑坡滑动速率随降水量增加而增加。随着 Vaiont 水库的初始蓄水,岸坡变形速率显著提高。滑坡趾处水位波动,将提高坡体内孔隙水压力,提升测压管水位。岩体破裂和溶解将有助于提高地下水位的变化速度。逐渐地控制或降低水库蓄水位可以减少滑坡变形速率。

水库 1960 年 2 月开始蓄水,10 月库水位为 640 m,此时在大坝上游 1 800 m 的左岸 Toc 山坡高程为 1 200 ~ 1 400 m 处发现拉裂缝,长约 2 000 m,外形呈 M 形,位移速率最大达到 35 mm/d 。1960 年 5 月在 Massalezza 溪沟两侧设置 8 个观测桩,测量水平位移。1960 年 11 月发现贯通裂缝扩展,又在裂缝区域两侧安装了 9 个观测桩。11 月 4 日当蓄水达到水位 650 m 时,左岸约 70 万 m^3 的岩质滑坡滑入水库,激起水库浪高 2 m,坝前浪爬高 10 m。鉴于此,设计者认为水位上升引起孔隙水压力上升是造成滑坡发生的关键因素,并认定降低水位上升速度可以阻止滑坡发展。1963 年 4 ~ 5 月,库水位从 665 m 快速上升到 700 m,岸坡变形速率轻微上升,但小于 0. 3 cm/d。然而到了 7 月中旬,水位增至 710 m 时,某些监测观察点显示位移速率达到了 5 mm/d,尽管水位保持至 8 月中旬,但斜坡位移速率继续增加到 8 mm/d。到了 9 月初,水位达 715 m,此时位移速度已增至 35 mm/d,较前增加了一个数量级(见图 9-14)。9 月下旬,为了降低位移速率而缓慢降低

水位至700 m,即便如此,左岸边坡位移速率继续增加,超过了200 mm/d。

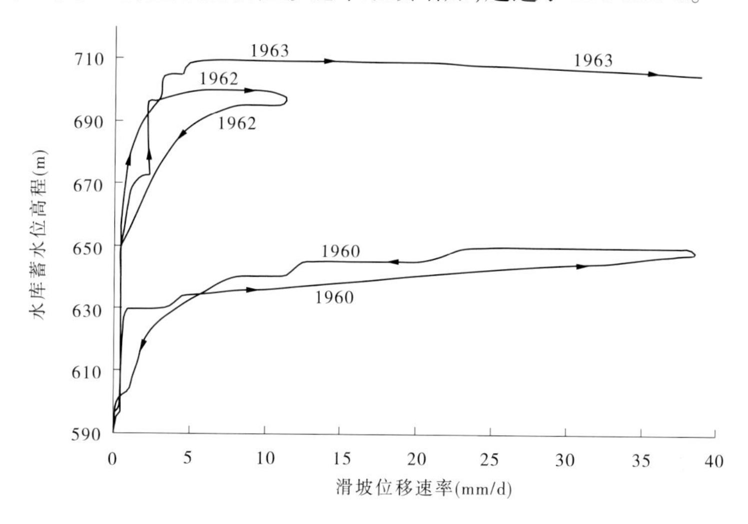

图9-14 水库蓄水位与滑坡位移速率关系过程曲线

滑坡变形速率明显受水库蓄水位影响。当库水位在600 m以下时,位移速率非常缓慢。在1960年、1962年、1963年随着三次蓄水的时间推移,位移速率逐渐增加了。从1963年4月开始最后一次蓄水后,位移速率就开始加速增加了(见图9-15)。

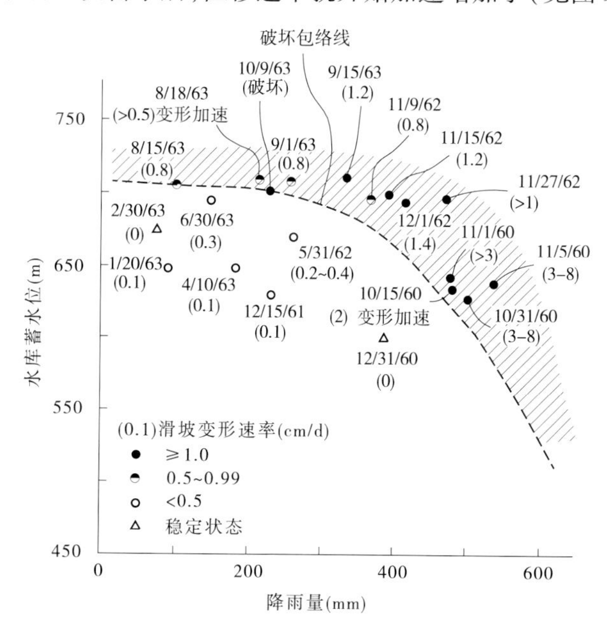

图9-15 水库蓄水位、降雨量和滑坡变形速率相关性

9.5 水库诱发地震活动

坝址区属于阿尔卑斯高山链的一部分,由于阿尔卑斯造山活动,地质构造较为复杂。

Vaiont 峡谷处于 Erto 向斜 EW 至 NW－SE 轴线的核部，且该向斜构造的轴线逐渐向东倾伏，Vaiont 河流走向与 Erto 向斜轴线近乎一致。Erto 向斜是位于断层上盘的威尼斯阿尔卑斯山脉的主要结构，坝址区南侧为与 Erto 向斜相依的不对称背斜的尾翼。Erto 向斜是典型的非对称向斜，向斜北翼为缓倾轴面的平卧褶皱。峡谷两侧岩石在演变过程中遭受了构造变形、抬升、冰川、河流侵蚀等地质作用。

1959 年年底，在 Vaiont 大坝左岸控制室里安装了三向地震仪和库区地震台网，监测记录水库蓄水过程中的水库诱发地震，甚至是震中距离小于 5 ～ 6 km 的地表振动和当地局部微震，并且可以确定震源深度的最大值（见图 9-16）。

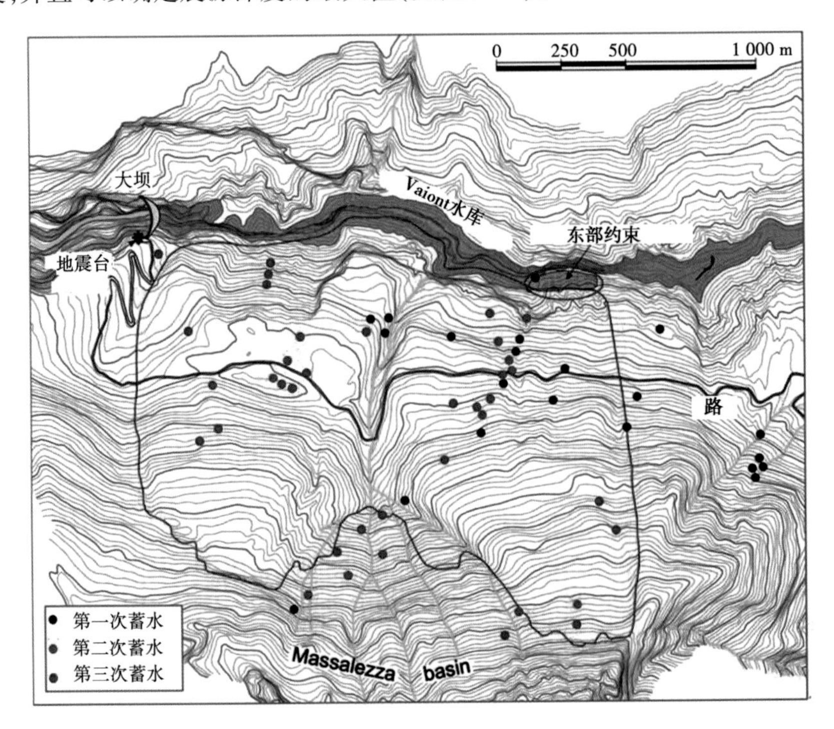

图 9-16　Vaiont 水库三次蓄水诱发地震震中分布图（Paronuzzi 等，2016）

1960 年 10 月 9 日第一次关闸蓄水以来，微震的发生和水库水位变化直接有关。至 1963 年 10 月 9 日晚 10 时 39 分滑坡发生，微震活动周期与水库水位上升时期之间存在明显的相关性（见图 9-17）。

大坝于 1960 年竣工，水库边蓄水边施工。1960 年 5 月 22 日出现第一次地震记录，当水库蓄水约 600 m 高程时，震中位于地震台站东 2 km，对应于 Vaiont 滑坡东区下部。其机制是鼓胀。1960 年 10 月 6 日，在经过 4 个多月的地震沉寂后，第二次微震被记录下来。在 10 月中旬至 11 月中旬期间，记录了非常强烈的地震活动，当时水库水位上升到 652 m，正好与第一次蓄水的最高水位一致。在同一时期，坡面位移速度增加（4 mm/d），而在斜坡上出现了 M 形贯通裂缝。与 1960 年 5 月 22 日发生的微震相比，微震的震级较低，但它们离震中距离很近。

大多数微震的震中位于滑坡区域内，地震台站方向 100°～114°，距离 2 km 左右。在

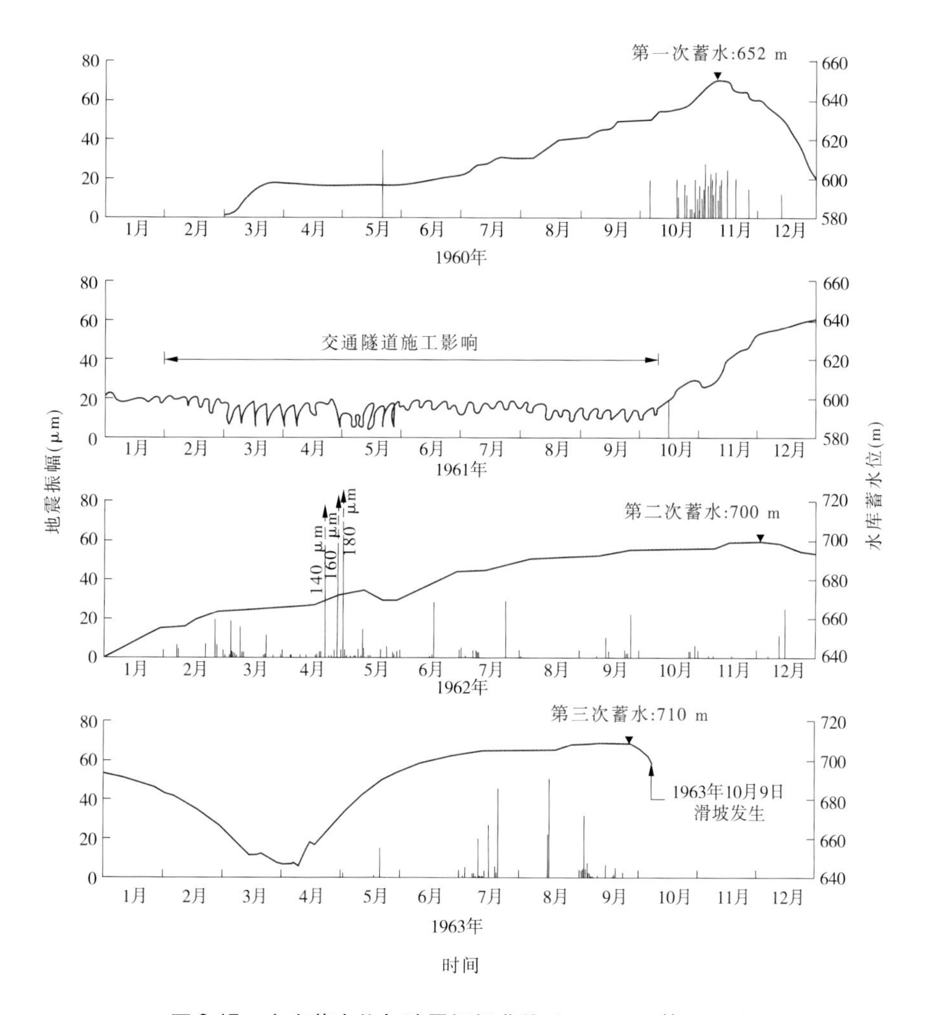

图9-17　水库蓄水位与地震振幅曲线(Paronuzzi 等,2016)

第一次水库蓄水过程中,几乎所有的微震都有一个扩张的机制。有趣的是在第一次库水位下降之后,还记录了几次微震,这些地震振幅较小,间隔时间更长。

1961 年水库水位多维持在 600 m 以下,进行交通隧道施工,没有任何微震活动记录。当开始第二次水库蓄水时,随着水库水位的升高,1962 年 2 ~ 3 月,记录了强烈的地震序列。发生在 4 月 23 日、4 月 29 日和 5 月 2 日的三次地震活动,是在 Vaiont 水库蓄水过程中观测到的最高记录,震中位于滑坡区之外。因此,这些地震很可能是由地球动力学过程产生的,与水库蓄水和滑坡活动无关。1962 年下半年,地震监测特征是局部的、孤立的微震,高振幅与前半年的两个地震序列相关。第二次水库蓄水期间,微震的震中位于不稳定斜坡的更大范围内。第二次水库水位降低后,地震活动没有立即停止,12 月中旬有两次明显的微震。在年末的一段时间,没有发生微震。

1963 年 5 月,在第三次水库蓄水阶段,随水库水位的上升,地震活动重新恢复,直到第三次蓄水的最高水位 710 m。1963 年 7 月、9 月分别记录了两个主要的地震序列。一些地震振幅比 1960 年 5 月的振幅大。在水库第二次蓄水的情况下,微震震中位于滑坡的大面积区域。然而，第三次水库蓄水与第二次不同，震中随着水库蓄水不断向西移动，从不稳定斜坡的东北部到滑坡西区附近。在1963年10月9日之前的几天，没有记录任何微震活动。

1963年10月9日滑坡发生时，只有面波被记录，从而证明地震是滑坡的结果。罗马地震台（距离480 km）记录了滑坡的面波能量，在欧洲其他地震台也有发生震动的面波记录。详细分析附近地震台的地震记录，可以重建1963年10月9日晚上发生的地震事件序列。22时39～40分第一次振荡的振幅比下面的振幅要低得多，它们之间的距离是15 s的沉默。这些振荡与整个滑坡滑动有关。

在22时40分和22时41分之间的地震，振幅逐渐升高，与滑坡塌陷及滑入水库有关。滑坡运动持续了约100 s，在短暂的地震间隔后，地震振幅比与滑坡运动有关的振幅大得多，可能是涌浪和气浪越过大坝引起的。地震台记录了Vaiont水库水冲入峡谷和随后摧毁Longarone与附近村庄猛烈撞击所产生的能量。

在水库蓄水位上升过程中，微震是由剪应力增加引起的，滑坡体剪应力增加是为了平衡水库水位上升所引起的力。在剪应力超过岩体峰值强度时，岩体失稳破坏。在对滑坡的调查和Vaiont水库滑坡后发表的论著中都没有提出这样的解释。在水库第一次蓄水过程中，利用峡谷斜坡进行微震和声波监测，可以预测不稳定边坡及其危险区域和滑坡滑动的时间。

9.6 滑坡稳定性分析

水库蓄水后，库水位的变化引起对库岸边坡水力效应，从而使边坡稳定性发生改变。蓄水过程中，坡体整体稳定性是逐渐降低的，这是由于库水作用，坡体下部阻滑力降低，从而使边坡的整体稳定性降低，但由于库水位的变动区域占整个边坡区域相对较小，库水位变动对边坡整体稳定性的影响有限，其稳定系数降低较少。蓄水过程中，坡体下部库水变动区域内，水对岩土体的浮容重作用使得局部潜滑面上的下滑力降低，库水还产生了垂直于坡面的静水压力；水位之下岩土体软化，强度降低，滑面上的孔隙水压力升高。在库水上升初期，不利作用占主导地位，使边坡体下部稳定性系数呈现减小的趋势；随着库水位的继续升高，有利作用逐渐占主导地位，使边坡体下部稳定性系数呈现出逐渐增大的趋势。因此，库水上升过程中对库水变动影响区域的坡体下部局部稳定性而言，存在一个比较危险的水位，在某种条件下，可能会诱发坡体下部局部区域失稳。

库水位下降时，坡体中渗流对边坡的稳定性起决定性的作用。库水位下降速度越大，滑动面的埋藏深度越大，比较容易发生深层滑动。库水位下降时，边坡的安全系数分别随着库水位的减小、库水位下降时间的增加出现先减小后增加的趋势。不同的库水位下降速度有不同的临界库水位和临界下降时间。库水位下降过程中坡体内地下水位高于坡外库水位，产生顺坡渗流，增大了下滑力，从而不利于边坡的稳定。库水下降过程中渗流浸润线的下降滞后于库水位的下降，这是因为库水下降时坡体内饱和孔隙水的排出需要一个时间响应过程，从而使坡内浸润线下降速度低于库水位下降速度，两者相差越大越不利于边坡稳定。由于库水位下降过程中坡体内水位线高于库水位，存在指向坡外的渗流，产生顺坡向的渗流动水压力,增大了坡体下滑力,从而增加了边坡的下滑趋势。对于边坡整体稳定性而言,由于库水位变动区域对整个边坡抗滑区域的影响较小,在库水位下降过程中,边坡整体稳定性系数降低幅度较小。

极限平衡法是边坡稳定性定量分析方法。在边坡滑面的范围内,划分成若干个竖向或斜向的条块,通过对每个条块建立力、力矩平衡方程,建立整个边坡体的平衡方程,并求得边坡安全系数。常见的极限平衡法有 Bishop 法(简化 Bishop 法、通用 Bishop 法)、Janbu 法(简化 Janbu 法、通用 Janbu 法)、Spencer 法、Morgenstern - price 法、Sarma 法、不平衡推力法和传递系数法等。极限平衡法的发展已较成熟,其理论完善,计算方法严谨。特别是随着极限平衡分析软件的出现,用极限平衡法能够处理越来越复杂的问题,如复杂的多层地层、超孔隙水压力条件、各种线性非线性模型和各种加载模型等。因此,极限平衡法在边坡稳定性分析中得到了相当广泛的应用。近年来一些学者把极限平衡法和数值分析方法结合起来,发现最危险滑面与剪切应变区和塑性区位置分布基本一致,同时也可以计算安全系数,使极限平衡法计算结果更符合工程实际。表 9-1 列出了目前被广泛使用的极限平衡分析方法,同时说明了每种方法满足的静态力、力矩平衡条件。

表 9-1 各种极限平衡法满足的静态平衡条件

计算方法	力矩平衡	力平衡
简化 Bishop 法	满足	不满足
简化 Janbu 法	不满足	满足
Spencer 法	满足	满足
Morgenstern - price 法	满足	满足
通用 Bishop 法	满足	满足
通用 Janbu 法	满足	满足
Sarma 法	满足	满足

Vaiont 水库滑坡发生在西部黏土层滑面上,而东部滑面受剪切带等影响,滑坡东西两侧具有不同的滑面(见图 9-12)。滑坡剖面 1 如图 9-18 所示,图中描述了圆弧滑面、通用滑面、库水位线和测压管水位线。图 9-19 是极限平衡法的计算模型。表 9-2 为滑坡区各类岩土体残余和峰值抗剪强度指标。

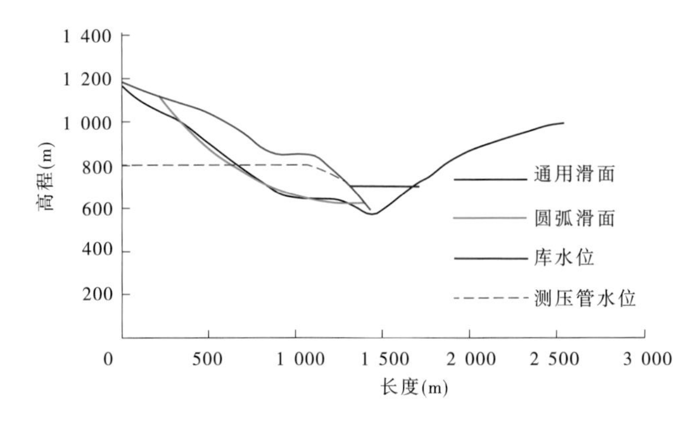

图 9-18　滑坡剖面 1 计算模型

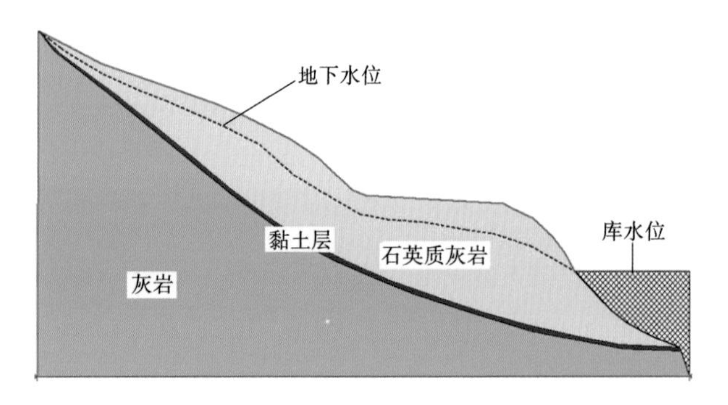

图 9-19　刚体极限平衡分析材料模型

表 9-2　滑坡区各类岩土体残余和峰值抗剪强度指标

岩土体名称	C_r(kPa)	φ_r	C_P(kPa)	φ_p
土质粉砂夹灰岩碎片	0.3	26.5°		
砾石含低塑性粉质黏土	—	—	120	22.4°
充填灰岩结构面中的黏土	—	—	0	15.0°
充填灰岩裂隙中夹石英颗粒的高塑性黏土	50	6.8°	95	6.8°
高塑性粉土夹灰岩碎片	10	5.6°	152	5.6°
薄层灰岩	400	41.0°	400	41.0°
剪切带岩体	0.0	20.0°	0.0	22.0°
厚层灰岩	3 500	45.0°	3 500	45.0°
不连续结构面	100	13.0°	100	17.0°

表 9-3 列出了各种边坡稳定性分析计算工况，滑坡剖面 1 安全系数计算结果如图 9-20 所示。剖面 2 的计算结果与剖面 1 相类似。

表 9-3　边坡稳定性分析计算工况

工况	工况条件及组合
工况 1	非饱和土,静水荷载,库水位 710 m
工况 2	工况 1 + 测压管水位与库水位一致
工况 3	工况 2 + 降低内聚力、库水位
工况 4	工况 2 + 降低内摩擦角、库水位
工况 5	工况 2 + 降低内聚力、内摩擦角及库水位
工况 6	工况 5 + 测压管水位为 790 m,库水位为 710 m

刚体极限平衡分析方法对边坡稳定性安全系数计算结果不同,安全系数为 1.10 ~ 1.40, Janbu 方法给出了最小值,而 Bishop 方法则是最大的。圆弧滑坡滑面安全系数大于通用滑面安全系数。

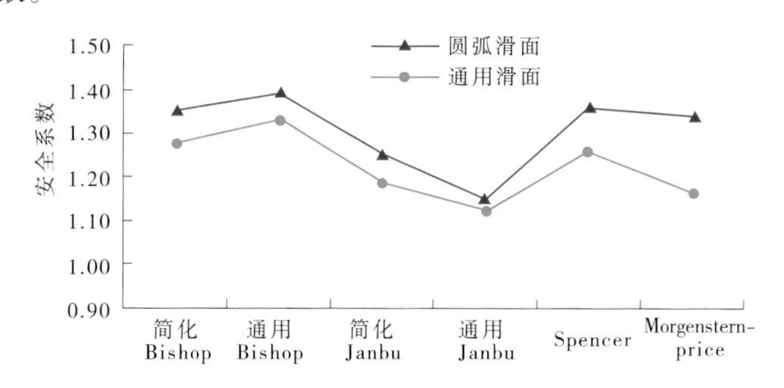

图 9-20　滑坡剖面 1 安全系数计算结果

各种工况的安全系数随着库水位变化而变化,变化趋势相似,但不同工况下有所不同(见图 9-21)。工况 1 计算参数采用干燥土的物理力学性质,并考虑边坡上库水静水压力特性。安全系数随着库水位的升高而增大。分析中所考虑的水库最高水位为 710 m。研究发现,在增加 140 m 的水位时,两个剖面的安全系数都增加了不到 0.1。根据莫尔 - 库仑准则,随着测压管水平升高,孔隙水压力增加,必然会降低滑面抗剪强度。

工况 3 和工况 4 考虑了滑带土从干到饱和其摩擦角的变化对滑坡稳定性的影响。计算结果表明区内地下水位抬升,滑面抗剪强度降低,安全系数也较低。分别减小黏聚力和摩擦角,从计算结果可看出降低内聚力比降低摩擦角更有效。

工况 5 安全系数最小,主要是因为分析中考虑的地下水位最高。

工况 6 设地下水位保持不变为 710 m,测压管水位从 710 m 增加到 790 m。该工况模拟暴雨从顶部入渗至滑坡滑面,研究增加孔隙水压力对滑坡稳定性的影响,其他条件保持不变。计算结果表明安全系数进一步降低,并达到滑坡临界状态。考虑库水位从 710 m 突然下降到 700 m,其他条件保持不变,水位骤降引起边坡的稳定性降低。两种情况下的安全系数都低于 1(见图 9-22),而两种情况都达到了滑坡破坏的条件。

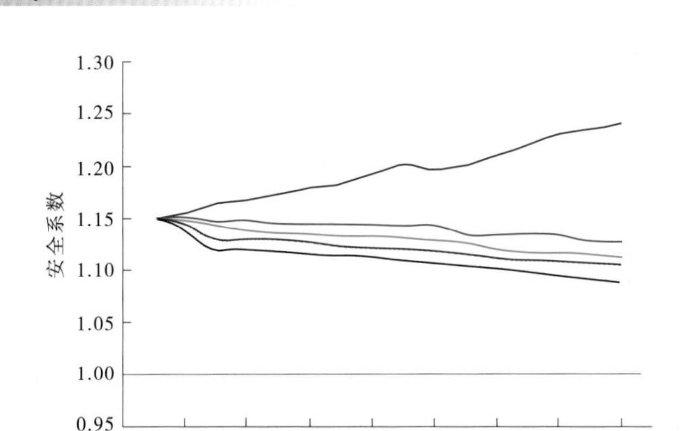

图 9-21　剖面 1 不同工况库水位变化时的安全系数

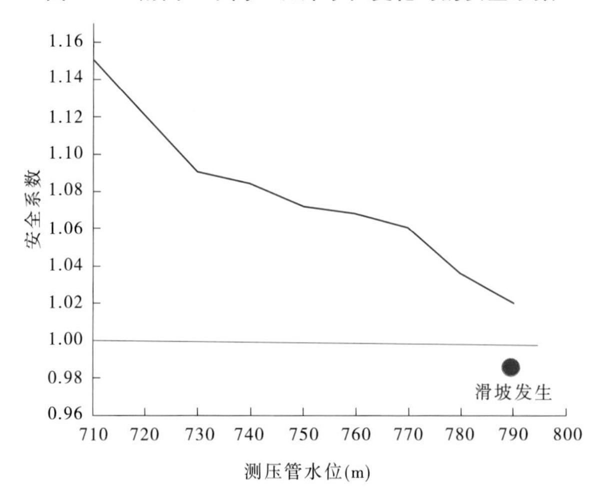

图 9-22　滑坡剖面 1 工况 6 条件下安全系数趋势

9.7　Vaiont 水库滑坡学术争论热点

尽管 Vaiont 水库滑坡灾难发生已经 50 余年，但对于 Vaiont 滑坡的研究热度仍然没有丝毫减少。据不完全统计，截至 2016 年，关于 Vaiont 滑坡发表的文献超过了 200 篇，召开了数次针对 Vaiont 滑坡的国际研讨会。1985 年在美国普渡大学召开的大坝失事国际研讨会上，Vaiont 水库滑坡被列为四大灾难事件之一，会上专家广泛深入地讨论了滑坡的形成机制、滑坡高速下滑的原因及水库滑坡的监测与预报等问题；1986 年意大利费拉拉大学组织了关于 Vaiont 滑坡的国际研讨会；2013 年，为纪念 Vaiont 滑坡灾难发生 50 周年及因滑坡灾难而失去生命的人，意大利有关组织在帕多瓦市又举办了以 Vaiont 滑坡为主题的国际会议，发表了 60 余篇会议论文。Vaiont 滑坡作为单一滑坡而言，关于其的研究和出版物可能超过了其他任何一个滑坡。Hoek 教授(2008)认为此滑坡事件是现代岩石力学的起始点。此滑坡的研究内容已经十分丰富，但仍吸引了众多研究者对其进行进一步的研究,其主要原因是对于 Vaiont 滑坡的成因机制及高速运动机制没有形成统一的认识,一些学者所持观点和理论,并不能完全说服其他人。争论热点主要集中于:①滑裂面区域是否存在黏土层及黏土在滑坡过程中的剪切强度变化;②在 100 s 内,滑坡变形速率突然从蠕滑阶段的 200 mm/d 急剧上升到 30 m/s,速度剧变及高速下滑的机制;③滑坡区地下水的特征及作用;④滑坡是否为古滑坡的复活;⑤滑坡渐进破坏机制;⑥滑坡整体运动机制及滑后堆积体的地层层序保持完整;⑦左岸边坡在不同水库蓄水位及循环升降过程中的响应状态等。

(1)滑坡地质调查及稳定性研究方面。滑坡发生后,意大利政府事故调查委员会对 Vaiont 滑坡区域的地质状况做了详细的调查,并对滑坡事故做了详尽的描述,指出最后的滑坡事件持时约 100 s,最大滑移速度达到了 16 m/s,认为水库水位的变化及降雨是岸坡失稳的诱因,然而他们对蠕滑阶段到滑坡发生时显著的速度变化并未做出解释。对滑坡所激发的涌浪现象做了调查,指出约 4 800 万 m^3 的岩体冲入水库,掀起最大高度达 200 m 的涌浪,约 2 500 万 m^3 库水越过坝体,在 4 min 内奔腾了 1 400 m 后汇入 Piave 河,最终汇入时水流约 100 m 高。Müller 教授最早在 1964 年发表了关于 Vaiont 滑坡的文章,描述了整个事件及滑坡的地质特征和水文特征,文中指出滑坡的突出特征是速度的巨大变化,滑面的抗滑强度突然自发地降低,而滑坡的最大运动速度达到了 25 ~ 30 m/s,他认为巨大的下滑力是因为水位较高时,浸入节理间的水导致了岩体的抗滑力降低,提出滑坡的破坏是一种渐进破坏机制。另外一些早期学者也对滑坡区的地质状况进行了调查,认为滑体地层由多个从中晚侏罗纪到晚白垩纪的石英质灰岩和泥质灰岩地层构成。Hendron 等(1985)于 20 世纪 70 年代重新对滑坡区地质条件进行了详细勘察,重点勘察了滑裂面区域的工程地质条件,尤其是滑裂面区域黏土夹层的性质,在 1983 年将相关成果汇总在报告中。他们在报告中回答了包括是否为古滑坡及是否存在黏土夹层等争议点,在边坡稳定性分析时,考虑了不同的库水位时边坡的稳定性,并且对高速运动现象也做了相应的计算,同时他们认为地质构造在滑坡发生发展中起到相当重要的作用。为了更进一步说明 Vaiont 滑坡的特征,Paronuzzi 等(2012)对滑裂面所在的剪切带做了详细调查,指出剪切带地层平均厚度为 40 ~ 50 m,主要由角砾岩、碎屑岩、高塑性黏土胶结体构成,岩土体物理力学性质较差。

(2)滑坡是否为深部古滑坡复活。Semenza 和 Ghirotti 在 1959 年 8 月考察了库区地质后,最早提出坝址区存在一个古滑坡后,并在向建设方提供的报告中指出水库南岸 Mt. Toc 山体存在一个深部古滑坡。而在随后的研究中,根据坝址区山体地质特征和右岸山体特征,推断该区域存在一个后冰川期的古滑坡,认为坝址区出现的破碎岩是由原始断裂造成的糜棱状或碎裂岩体。Edoardo Semenza 是大坝设计师 Carlo Semenza 的儿子,他 1959 年担任工程勘察工作时只有 32 岁。Carlo Semenza 在工程建设初期也不相信库区左岸存在古滑坡,在儿子苦口婆心解析有关现场勘察证据,特别是 1960 年 11 月左岸滑坡后,才使他相信左岸古滑坡的观点,并在设计和建设中进一步加大了大坝与岩体结合部位的锚杆、固结灌浆等工程措施。Edoardo Semenza 还与当时国际知名专家 G. Piaz、L. Müller、F. Penta 等教授进行激烈辩论,反对他们不认为存在古滑坡的观点,他的这种科学精神令人敬佩。Paronuzzi 等(2012)在对滑坡区尤其是剪切带地质状况考察后,指出该区域确实存在一个古滑坡，并详细论述了相关证据，重建了左岸山体至滑坡前的地质历史发展过程，同时也认为重力场驱使下的地质构造演变活动是滑坡发生的主因，而库水位的不断升降变化加剧了滑坡的快速发生。而 Müller (1964,1987)却认为该滑坡是一次全新滑坡，并不是古滑坡复活。他基于渐进破化机制分析了滑坡的破坏过程，认为滑坡体的上缘并不稳定，受到扰动后首先向下缓慢蠕变，并将不稳定力传递给边坡体下部，当不稳定力超过其下部抗力后，斜坡整体突然破坏。为了研究是否可在滑坡前某段时间发出预警信息，Zaniboni(2014)建立了一个滑动块预测模型，其结果表明可以在溃滑前 20 d 做出滑坡预测，指出滑坡的高速现象是由岩体慢速裂解造成的，认为滑面由于受到扰动发生蠕变时，应力逐渐集中于微裂隙的尖端处，当施加应力超过了临界值时，微裂隙不断延伸贯通，裂隙逐渐增多直至最终破坏。

(3)滑裂面区域是否存在黏土层。Semenza 等(2000)在坝址区地质考察中发现左岸存在数个厚度不等的黏土层，并认为这是造成滑坡发生的因素之一，并将滑坡诱因总结为：水库蓄水及其水位变化、滑裂面区域存在的黏土层、古滑坡的复活、地质结构、地震活动和滑裂面区域存在的封闭式承压含水层等。Müller(1964)认为滑裂面区域不存在黏土层，即使出现一些仅仅稍具厚度的泥质薄碎片，也不会在滑坡中起到明显的作用。Hendron 等(1985)调查了滑裂面区域的地质，发现该处确实存在数个厚度不等的黏土层，并且与该区域的角砾岩、碎屑岩、黏土岩等相互混杂构成了整个滑带，黏土层的厚度为0.5～17.5 cm，从取样后在室内试验分析的结果来看，黏土成分中存在大量蒙脱石黏粒，而从剪切试验的结果来看，残余强度摩擦角在 8°～16°。从目前的调查结果来看，剪切带确实存在数个厚度不等的黏土夹层，这一点在现阶段研究中已逐渐达成了共识。一些学者反演分析了 Vaiont 滑坡滑面的临界摩擦角，计算模型多采用二维模型。对于 Vaiont 滑坡稳定性反演分析多采用极限平衡法，计算保持斜坡稳定系数为 1 时滑面所需的剪切强度，因考虑到滑面材料的复杂及特殊性，在建立模型时通常假定滑面的黏聚力为 0，并将其等效地转化为摩擦系数。大多数反演分析确定的滑面临界摩擦角的结果为 17°～27°。Hendron 等(1987)指出即使在不考虑水力作用的条件下，若滑面的摩擦角低于 17°，二维斜坡很难保持稳定。斜坡若保持平衡，黏土层的强度必须大于斜坡维持平衡的滑面临界强度。若 Vaiont 滑坡为古滑坡复活，黏土层强度应为残余强度，并非峰值强度。而从剪切区采集的黏土试样剪切试验结果表明，黏土的残余强度摩擦角为 5°～16°，平均值为 8°～10°。若黏土层连续分布在剪切区，如此低的强度很难使斜坡稳定，但在左岸滑坡前，实际上一直在稳定及不稳定状态间转化。因此，Hendron 等(1987)认为二维模型计算，没有考虑滑坡东西两侧边界及上覆滑体竖向裂隙间的强度对滑体三维运动的限制，是导致反分析结果为较低内摩擦角的原因，他们建立了三维模型，计算得到的滑面黏土临界摩擦角为 12°。

(4)滑坡高速运动性质研究方面。涌浪及巨大灾难的原因是滑坡高速运动。Müller (1964)推测滑坡最大运动速度达到了 25～30 m/s，Hendron 等(1987)推测滑坡速度达 20～30 m/s。研究结果表明相对于边坡稳定阶段，滑坡高速运动阶段的抗滑阻力显著低于蠕滑阶段。滑面上强度的降低和蠕滑阶段的渐进破坏过程有关联，斜坡内部岩体结构的变形及移动，在滑坡启动时达到了极限状态。当斜坡突然破坏后，库水大量浸入节理岩体，致使滑体强度更进一步丧失，滑体的势能几乎全部转化为了动能。滑面的剪切速率足够大,能够产生大量的摩擦热,滑面温度上升使得孔隙水蒸发,孔隙压的增大导致滑面的摩擦阻力降低,滑面形成了一个近乎无阻力的垫层。这种理论的成立要求滑面区的剪切速率和位移能够产生足够的摩擦热量,使得孔隙水压膨胀,同时,滑面区存在一个孔隙水压极难消散的低渗透地层。Vaiont 滑坡高速运动时的低摩擦强度,使摩擦产生的热量消耗滑面中的孔隙水,湿度上升必然导致滑面区存在热增压现象,同样可以使滑面的有效法向应力降低,且加速度、速度和时间是位移的函数。由此可得出 Vaiont 滑坡的最大运动速度达到了 26 m/s。Nonveiller (1987) 建立了相似的热力学模型,通过计算,得到滑坡的最大运动速度为 15 m/s,通过考虑快速变形的剪切带与刚性滑体之间的耦合,提出摩擦应变软化机制及热—孔隙—力学软化机制,初期因斜坡受到扰动,饱水的黏土地层逐渐蠕滑,在经历了长期的蠕滑后产生摩擦热,导致黏土颗粒塑性变形,从而致使内孔隙水压力爆发,造成滑面强度的快速损失,导致滑坡高速滑移。滑带土材料的应变软化导致蠕滑加速,而滑动速度的增加进一步促使应变软化的发生。

9.8 Vaiont 水库滑坡灾难的教训

水库从前期调研、规划、设计到建造期间,设计人员重点关注了坝肩、坝基及坝体与基岩结合部的稳定性,而对于库岸边坡稳定性关注较少。1960 年,Semenza 最早对岸坡稳定性提出质疑,认为左岸 Toc 山体可能存在一个古滑坡。但大坝设计师认为深部滑坡不可能发生,因为:①钻孔未查到深部有明显的软弱面;②非对称向斜起到天然阻止斜坡移动的作用;③地震勘探显示河谷两岸岩石坚硬,弹性模量高。1960 年 1 月库水位升高期间,左岸发生了约 70 万 m^3的滑坡,这时对水库两岸岸坡稳定性的研究才逐渐增多了。在第一次水库蓄水期间,伴随着水位的变化,现场监测点包括地表监控点的位移一直在加大,记录到了多次微震,左岸山体底部产生声响等,似乎都说明着可能将会有更大规模的滑坡产生。为了探讨如果发生滑坡,将会产生多大规模的涌浪,SADE 委托做了 1∶200 的相似模型试验,模型试验结果表明水位变动影响岸坡稳定显著,但由于模型尺寸较小,岩土体物理力学参数选取不合理,模型实验的结果与库区山体的真实反应相差太远。由于对库岸稳定性和蓄水高度之间的关系认知不清楚,简单认为可以通过精准控制库水位进一步控制左岸边坡蠕滑状态,并且认为已在相应位置修建了泄洪洞等设施。大坝建设方认定在一系列辅助方案实施后,只要在 10 min 内滑坡未填满水库,大规模的涌浪就能够避免。做出如上判断后,SADE 又开始了新一轮的水库蓄水。滑坡在经历了长达 3 年多蠕滑后(地表监测点的累计位移达到了 3.8 m),左岸边坡在毫无预兆的情况下全面溃滑,造成了巨大的人员伤亡和财产损失。

对于 Vaiont 水库滑坡,1960 年之前只有个别人认识到滑坡渐进破坏机制,人们并没有意识到剪切强度的变化可能随着时间的推移而发生,也没有意识到滑面某些部分在滑动过程中可以调正剪切阻力。尽管现场安装了监测地下水位的测压管,但孔隙水压力对滑坡的影响被所有人忽略。人们也忽略了滑坡区承压水的存在。他们粗略地掌握了滑坡的机制,但不知道或不可能知道滑坡在何时发生,更没有人想到滑坡移动如此高速。

Vaiont 水库滑坡灾难说明设计师和地质工程师未能理解他们试图解决的问题的本

质。详细了解和掌握坝址及库区的地质条件,就能避免灾难的发生。如果地质工程师和设计工程师能够查明库区地质条件和演化历史,就会意识到库区存在问题。可以在水库低水位运行时,进行边坡加固,监测边坡变形和边坡内的孔隙水压力,并可能防止由滑坡导致的山谷中所有的死亡和破坏。

水利工程建设都应该对所涉及的水库边坡进行详细研究。如果发现古滑坡或易滑区域,应要求对其在水库蓄水条件下的稳定性进行详细的评估。Vaiont 所给的教训提醒后人,水库岸坡随着水库水位的增加将永远不稳定。

经历了 Vaiont 水库滑坡灾难之后,许多人认为要避免这场灾难是很容易的,其他一些人说这是一种不可避免的不幸。这两种说法都是错误的。这场灾难是人为错误造成的,这是科学错误,是缺乏知识的结果(Müller,1987)。

人类修建大型水利水电工程,较大地改变了地质环境,并对其产生作用和影响;反之,地质环境(如岸坡和库盆)对人类活动亦有相应的响应(如滑坡、水库诱发地震等),还伴随次生灾害(如涌浪、洪水灾害)。人类如不能正确地认识并掌握地质环境的可能变化规律和趋势,就要遭到地质灾害的报复。

Vaiont 水库北岸山坡的 Casso 镇由于地势较高,滑坡体冲到小镇脚下几十米的地方停了下来,全镇人逃过一劫(见图 9-23、图 9-24)。大难不死的 Casso 人灾后足足举行了一个月的弥撒,并在每年的 10 月 9 日举行纪念活动,这一习俗沿袭至今。

图 9-23　Vaiont 河谷北岸 Casso 镇

Vaiont 坝体也是幸运者,主体安然无恙,坝肩顶部轻微受损,被冲毁 1 ~ 2 m(见图 9-25)。大坝设计师不愧是世界顶尖级的结构师。由灾后复核计算得知,滑坡引起的涌浪对坝体形成的动荷载约为 4 000 万 kN,相当于设计荷载的 8 倍。在这样巨大的冲击力下,按照无拉应力设计准则设计的大坝依然十分坚固,表面具有一定斜度的拱形坝体将巨大的水平冲击力化解为向上的冲击波,减轻了直接冲击坝身的力量。洪水过后,幸存的大坝拦住了泥石流,避免了更大灾难的发生。滑坡后第 2 天,Vaiont 山谷从痛苦中苏醒过来,大坝依然耸立在那里,但坝前不再是一汪清水,取而代之的是浑浊的泥浆和堆积的滑

图 9-24　滑坡冲到 Casso 镇脚下停积

图 9-25　坝体顶端部分被冲毁

坡体,高出坝顶 150 m。

灾难发生后,意大利政府对灾民进行了紧急救援和 Vaiont 水库的善后处理。由于坝前滑坡体对大坝产生的压力很大,首先要抽空水库中残留的蓄水,并紧急开凿另外一条导流洞,将奔流而来的 Vaiont 河上游来水引到下游,绕过水坝流入 Piave 河。善后工程进行了一年多。至于对灾民的安置、赔偿,灾区重建等工作,则一直持续到 20 世纪 80 年代。然而灾难已经彻底改变了许多人的生活,滑坡体掩埋了 Vaiont 山谷中几乎所有良田,一些冲毁的村庄被完全废弃,生活再也回不到过去。灾难在人们心中造成的阴影也许还要持续很多年,也许永远都挥之不去。

从技术上说,Vaiont 大坝的设计是成功的,建筑质量是可信的,经受 8 倍于设计值超载的冲击而安然无恙。然而我们不能只从技术角度孤立地研究坝体结构本身,还要聚焦水利设施对人类生产生活的影响,水利工程是否做到人与自然和谐相处。Vaiont 水库从建成到溃决,没有发出一千瓦时的电,却造成了 Vaiont 河上下游惨重的人员伤亡和财产损失。在滑坡发生后很长一个时期内，Vaiont 山谷失去了昔日的秀美，到处是裸露的岩石、土丘等滑坡堆积体。直到今天，山谷中仍然到处可见大片裸露的山体，生态没有完全恢复。Vaiont 水库今天依然存在，只保留了一个很小的供观赏的人工湖，完全失去了蓄水发电的作用。

贪婪是导致灾难的罪魁祸首。SADE 及电力集团禁不住对利润的渴望和诱惑，国会中 35 位部长中的 13 位被召集起来举行会议，表决是否兴建 Vaiont 大坝的议题。政客在明知表决程序非法的情况下仍然通过决议。建设方在明知地质查勘不充分的情况下仍然一意孤行。Vaiont 大坝高度从规划的 230 m 提高到后来设计的 261. 6 m，这样库水位可以上升到 722. 5 m，库容也增加到初始规划的 3 倍，而且双曲拱坝成为世界第一高的大坝。如果是最初规划的 230 m，水库蓄水位只有 678 m，而不是灾难发生前的 710 m，库水对边坡的影响就不会那么严重，滑坡的规模和滑动速度也会大幅下降。如果建设方在 1960 年 11 月发现库水是诱发滑坡的主要原因，及时停止蓄水，而不是急于通过验收，也可以挽救水库上下游数千人的生命。

官僚主义起了推波助澜的作用，Vaiont 灾难发生两天后，意大利国家电力公司(ENEL)宣称“这次山体滑坡是不可预测的”。经过冗长的法律程序，1965 年 7 月，国会成立了一个委员会来调查事件的责任，只有意大利共产党向议会提交了对 SADE、ENEL 和能源部长的不信任案，但最终调查结果与电力公司的结论毫无二致。只有女新闻记者 Tina Merlin 在报纸上大声疾呼库区滑坡的危险性，但她是意大利共产党员，她的呼吁被嘲讽是共产党对私人企业不怀好意的干涉，并被以“散布虚假和误导性信息可能扰乱公共秩序”的罪名起诉。1960 年，Vaiont 峡谷北岸的 Erto、Prada 镇等村民希望 SADE 修建一座横跨水库库尾的步行桥，后者坚决不同意，理由是“库区的地质条件不允许”。

Vaiont 水库滑坡灾难事件，促进了立法程序的改变，应民众的要求，阿尔卑斯山地的水电流域开发等项目，必须得到当地议会的通过才能实施。此外，灾难还促使意大利政府加强了对工程咨询顾问的监管，实行了专家咨询终生负责制，从此要一辈子为自己的嘴巴负责，不得不对自己的行为有所收敛。这些亡羊补牢的做法算是不幸之中的万幸了。

Vaiont 水库滑坡惨痛事件发生后，世界上一些国家已从历史的沉痛教训中醒悟过来，将地质灾害防治与工程地质环境保护列为政府最关注的问题之一。意大利立即成立了全国性的滑坡防治委员会，并在罗马大学、都灵大学和意大利结构模型试验研究所分别建立了研究中心和试验中心。瑞士洛桑科技大学由政府和电力部门资助成立了阿尔卑斯山区崩塌、滑坡灾害试验研究中心。Müller 教授在奥地利地质力学学会的基础上建立了国际岩石力学学会，该学会为非政府性、非赢利的国际学术组织，由于距 Vaiont 水库地理位置较近，在 Vaiont 滑坡成因研究方面取得了丰硕成果。

欧美国家许多高校将 Vaiont 水库滑坡事件作为教材或课件在课堂上给相关专业的本科生、研究生教授。希腊雅典国立技术大学 Marinos 教授是 1995 ~ 1998 年国际工程地质与环境学会主席，他利用 Vaiont 滑坡案例给学生讲授工程地质学在工程建设中的重要性。每年教学实习都安排到 Vaiont 滑坡现场实地考察，向学生展示现场地质条件的复杂性，探讨地质背景与滑坡发生的关系，以及对水利工程结构的影响。

世界上每年近 10 000 人死于滑坡灾害，且主要发生在发展中国家，尤其是亚洲、中南美洲和加勒比海地区，日本、意大利和美国也时有发生（Anderson 等，2013）。中国是世界上滑坡灾害严重的国家之一。1995 年以来，仅崩塌、滑坡、泥石流突发性地质灾害平均每年死亡和失踪 1 200 多人，财产损失 80 多亿元，最高年份直接经济损失超过 200 亿元。2016 年全国发生滑坡灾害就达 7 403 起，占当年全国各类地质灾害总数的 76.2%。我国已发生的滑坡灾害中 90% 是由大气降雨直接诱发或与降雨相关，降雨是诱发滑坡等突发性地质灾害最主要的因素之一，诱发的地质灾害往往具有区域性、群发性、同时性、暴发性和成灾大的特点。

滑坡预测预报作为世界公认的科学难题，其发展历程已先后经历了宏观现象预报、经验预报、统计预报、灰色预报、非线性预报及系统综合预报等阶段（刘汉东，1996），国内外学者提出的滑坡预测预报模型已达数 10 种，如多参数预报法、生物生长模型、灰色 GM 模型等；滑坡预测预报判据指标很多，如位移、倾斜度、降雨量、孔隙水压力、抗剪强度、声发射、地电位势等，其中仅以时间位移曲线为判据的亦有 10 余种，如变形速率、位移加速度、态矢量、位移曲线切线角等。国内外已有一些成功预报案例，如长江三峡新滩滑坡、湖北省秭归县鸡鸣寺滑坡、甘肃省永靖县黄茨滑坡、重庆市巫溪县中阳村滑坡和智利 Chuquicamata 矿山滑坡等。目前滑坡预报模型尚缺乏明确的物理基础，多采用经验或统计方法预报，作为滑坡预报的临滑阈值，往往因不同的滑坡而异，如新滩滑坡临滑阶段的变形速率达 116 mm/d，而黄蜡石滑坡临滑变形速率仅为 2 mm/d，很多预警方法不具有可重复性。由此滑坡预报成功案例较少，如 2014 年 3 月 22 日美国西雅图市郊区 OSO 滑坡在多年监测的基础上没有及时预警，造成 46 人死亡，直接经济损失近 1 亿美元。经过几十年长期探索，诸多学者已认识到，解决滑坡预测科学难题，应从滑坡机制入手，从宏观现象、经验、统计等方法预测回归到滑坡演化机理研究和预测的正确轨道上来。

第10章

工程伦理教育

10.1 工程伦理教育与工程教育的关系

工程伦理教育作为理工类高校工科专业学生教学的一部分,用来培养未来工程师的职业精神和社会活动能力。工程伦理教育是根据教育发展的规律和社会对工程师的职业要求,由学校系统地、有目的地组织教学活动,对工科学生精神层面施加影响从而达到预期的教育效果。工程伦理教育研究对象包括应用伦理学中的工程伦理、社会活动息息相关的社会伦理和环境伦理。通过工程伦理的系统性教育,培养符合社会发展要求的工程技术人才,同时培养研究工程伦理教育内在伦理学特征的研究型人才。

工程教育是以技术科学为主要学科基础,培养学生将科学技术转化为生产力的工程师为目标的专门教育。它是工程和教育两个系统的交合,既具有一般教育的共性,又具有显著的工程特性。因此,工程教育的目标是培养从事工程技术的高级人才,这样的人才必须是高素质的,包括在政治思想、业务技术、道德素质等方面都要达到较高的标准,其中道德素质应该摆在重要地位。

工程伦理教育应结合工程教育,提高学生的道德素质,是自然科学和人文社会科学相互交叉的学科,其目的是培养大学生在未来的工程活动中具有强烈的社会责任感,形成以伦理道德的视角和原则来对待工程活动的自觉意识和行为能力,在未来的工程活动中能够从道德的视角和原则为大众服务。工程伦理教育给学生传授工程伦理的知识,培养道德伦理行为,主要是发展学生对是非、善恶、美丑的爱憎喜厌情感,以完整的人格和道德良心的形成为标志。

美国普渡大学工程系主任兼IEEE(电气和电子工程师学会)主席Leah Jamieson认为2020年及以后的工程教育将需要培训多种技能,工程师要求具备的品质包括分析能力、创造力、伦理标准、独创性、领导能力、活力和适应力。Jamieson强调这些能力不仅仅是知晓多少数学和电路原理,它还是沟通能力、团队协作能力和对职业道德的理解。

工程伦理教育是对从事工程实践的工程师进行的伦理道德教育,多年来,伦理教育并未在工程教育中受到重视,工程师的责任问题还不为人们熟知。工程师只是从工程实践中所了解到的或者亲身经历的具体事例来了解伦理问题,学习伦理知识。随着工程实践的发展,工程师的责任越来越重大,这种方式已经不能满足实际的需要。调查发现80%的工程师认为工程专业的学生在将来的职业生涯中会遇到重要的伦理问题,60%以上的工程师曾经在职业活动中遇到过伦理问题,或者知道其他工程师遇到过伦理问题,更有超过90%的工程师认为在正式的工程教育中就应该学习可能遇到的伦理问题。因此,有必要对未来的工程师进行正式的工程伦理教育,使之获得一定的伦理知识和道德判断力。

工程教育和工程伦理教育在人的素质发展中起着不同的作用,必须同时重视。理工类大学如果不重视工程伦理教育,学生就不善于运用工程成果造福于人。同样如果不重视工程教育,也不能让学生掌握建设物质世界的本领。

工程教育和工程伦理教育既有严格的区别,又有密切的联系。①工程教育为工程伦理教育提供认知基础。工程伦理教育的目的是培养工程类学生在以后的工程实践中具有良好的品德,品德是由认知、情感、意志、行为习惯等因素构成的,其中认知是品德的必要条件。通过工程教育传授从事工程活动所必需的科学技术知识,能够为工程伦理教育提供认知基础。②工程伦理教育能够为工程教育提供精神动力。要系统深入地掌握工程知识,首先必须端正学习态度。如果学生是为了一己私利而学习,在其目的达到以后,学习热情就会消退,只有具备为人类社会做出贡献的事业心和强烈的责任感,才可能持之以恒地学习工程知识,达到光辉的顶点。所以强烈的社会责任感是个人学习工程知识的动力,缺少了这种责任感,就缺少了一种动力。工程技术人员的这种社会责任感不是凭空产生的,而是在一定的社会环境和工程伦理教育下产生的。③工程伦理教育引导工程教育的目的。工程教育的培养目标是学生毕业后具有改造和建设世界的本领,但最终目的是通过受教育者来促进社会进步,如果工程教育培养的学生不愿意利用工程促进社会进步和人类幸福,那么工程教育培养的学生将成为破坏自然、环境和生态的工具。所以工程教育应该受工程伦理教育的引导,在传授工程知识和培养工程能力的同时,应培养学生的社会责任感和工程伦理素质。

10.2 工程伦理教育发展现状

工程伦理学的研究始于20世纪70年代的美国,它伴随着经济伦理学、企业伦理学和环境伦理学等产生。20世纪80年代以来,在欧美发达国家,工程伦理教育及其相关研究获得了政府、公司和社会团体的广泛支持。1994年以来,美国工程教育学会(American Society for Engineering Education,ASEE)、国家科学研究委员会(National Research Council,NRC)和美国国家科学基金会(National Science Foundation,NSF)分别发表了有关工程教育改革的重要报告,在这些报告里都提到了工程师的伦理道德问题,并呼吁采取相应的工程伦理教育对策。NSF及如Chevron、Exxon等著名公司纷纷出资,支持大学开展工程伦理教育及其相关研究。20世纪90年代,美国负责工程教育认证的工程和技术认证委员会(Accreditation Board for Engineering and Technology,ABET)要求,凡欲通过认证的工科专业,教学计划和培养方案都必须包括工程伦理教育的内容。从1996年开始,美国注册工程师的"工程基础"考试也包含工程伦理方面的考题。由于工程学会与学校、工程师及哲学家的共同努力,工程伦理学的教学在美国得到迅速普及和发展,工程伦理学作为一门学科的教学地位得以巩固。

美国工程伦理教学的特点是从职业伦理学的范式入手,结合案例研究,围绕工程师在工作实践中面临的伦理问题和选择,开展了比较深入的研究。在价值取向方面,美国高校重视培养学生一般的工程精神。在传授思路方面,美国注重理工科大学生对工程活动中存在的违章操作、偷工减料等具体行为进行批判和分析,关注工程伦理道德的养成。在内容的系统性和实践性方面,美国不强求理论的系统性,但较注重在工程项目中进行工程伦理的指导和培训。他们所讨论的课题包括:专业工程协会的规则及他们的伦理规范、工程师对公众利益及安全的责任、专业责任及雇主权益、工程师的权利和其他法律问题、环境的重要性及作用、社会影响及风险评估等。

美国的工程伦理教育已经处于比较成熟的阶段,但有的学者认为美国的工程伦理学教育仅集中在微观的层次上,即从工程学会的伦理准则出发,主要面向工程伦理教学,围绕工程师个人的责任和义务,采用案例研究的方法,重点研究工程师在工程实践中可能碰到的伦理难题和责任冲突,解决工程伦理准则如何应用于具体的现实环境,以使工程师的决定和行为符合伦理准则的要求。在宏观工程伦理学,即思考工程整体与社会的关系,思考关于工程技术的性质、工程设计的性质和做一名工程师的含义等更广泛的问题上,美国的工程伦理教育研究还比较薄弱。

德国工程伦理学也在技术伦理、技术评估的框架内进行研究,重点探讨伦理责任和技术评估,德国工程师协会制定了工程师活动的基本原则。日本建立了较成熟的工程伦理教育体系。中国台湾也成立了中华工程教育协会,并制定比较完善的伦理章程和规范。国外许多高校已经确立工程伦理教育为工程教育中一门不可或缺的、独立的课程。许多国家已经把工程伦理课程纳入工程教育的计划之中,在工科院校中普遍实施。工程伦理学教学内容从理论到实践的环节比较完善,注重课程内容的理论深度、广度及其实践环节。其教学实施过程一般是以课堂教学为主,辅以讲座和案例讨论,然后进行专门的实习。

20 世纪 90 年代,我国工程伦理教育问题开始引起研究者的注意。1996 年董小燕发表了《美国工程伦理教育兴起的背景及其发展现状》,文中探究了美国工程伦理教育的产生背景、教育方法和手段及实现形式和途径,指出美国工程伦理教育已经比较成熟,但依然需要教师和管理者共同努力,以灵活多样的形式把工程伦理问题纳入课程。同时法国、德国、英国等国也制定了伦理规范,学校也以多种形式开展工程伦理教育。相比较而言,我国对于工程伦理教育认识不足,经验不多。国内工程教育学、伦理学等方面的学者对工程伦理教育问题进行深入研究,主要探讨了在工程教育中渗入伦理教育的内容,研究伦理教育的方法,并提高工程师解决伦理冲突的技巧和道德敏感性。

曹南燕(2004)在《对中国高校工程伦理教育的思考》中对中国工程伦理教育进行了研究,指出:当前我国工科学生普遍重理轻文;对工程技术有许多含混和错误的理解,对基本的伦理原则和工程师的责任、义务和道德底线不明确;造成这种现状的原因是多方面的,但中国高校普遍缺乏工程伦理教育应是主要原因之一。所以,中国的理工科高校要切实重视工程伦理教育;加强对工程伦理问题的研究;开设课程,包括正规化、常规化的工程伦理课程,以及在专业基础课和人文素质方面的公共课中加入工程伦理内容;培训工程伦理学方面的专职教师和研究人员。

1998年,肖平申请到国家哲学社会科学研究规划课题"工程伦理研究",该课题最终成果《工程伦理学》,1999年由中国铁道出版社出版。为了将这些研究变成可实施的教育,肖平教授等人一边开展研究,一边开展教学活动。肖平教授等在西南交通大学首次开设了"工程伦理学"选修课,这一课程的开设填补了国内在这一方面的空白。后来将工程伦理教育从选修课发展到必修课。近几年该校的茅以升班开设此课,之后在工学专业课中大力开设讲座。肖平(1999)以西南交通大学开设工程伦理课程的教学经验为依据,提出了工程伦理课程设置的内容、目标,并介绍该课程在实践中的状况,指出学生对此的反应不够强烈。可以看出,工程伦理教育问题研究,一方面主要介绍美国工程伦理教育的情况,另一方面探讨了我国的工程伦理教育课程设置和内容,但是由于缺乏制度化的保证,即工程师注册制度中没有工程伦理方面的要求,所以无论是在工程伦理教育研究上还是在教学上都显得缺乏动力和保障。

肖平(2009)《工程伦理导论》主要是让学生在工程活动中增强职业道德修养和形成正确的伦理价值观,通过工程的概念、工程伦理的研究,以及工程伦理的核心价值阐述,使用很多案例形象说明工程伦理的第一要义是工程造福人类,需坚持可持续发展的工程观及工程伦理的基本规范,如实事求是、开拓创新、严谨认真、精益求精等。

李丽英(2008)以工程伦理教育为主线,在借鉴以美国为主的发达国家工程伦理教育的最新研究成果的基础上,探讨了工程伦理教育概念、工程伦理教育的必要性、国内工程伦理教育中若干问题及面向和谐社会的工程伦理教育的途径等问题。分析了当前我国工程伦理教育缺失的深层体制原因是工程伦理教育缺乏制度的支持、工程伦理课程处于边缘化状态和道德教育成为专业教育的附属物等,为理工科高校工程伦理教育培养有道德有智慧的工程主体提供了理论上的支持。

钟旭(2013)以工程伦理教育发达的美国和法国为考察对象,在借鉴两国先进的工程师伦理素质培养方法的基础上,结合我国工程师伦理素质培养现状,指出我国工程师伦理素质培养的意义和可行的路径。

顾剑等(2015)的《工程伦理学》在通识教育的理念指导下,从哲学、伦理学、心理学、社会学、法学、管理学等多角度解读工程师职业规范。通过相关理论阐明工程师应坚持何种正确的行为、工程中的内部社会责任、工程中的外部社会责任及在目前工程活动中出现的障碍和挑战等。

北京理工大学、清华大学、福州大学等是在本科生中开设工程伦理学课程较早的学校;西安交通大学也在积极尝试工程伦理的研究与教学;浙江大学、东南大学等学校开始了工程伦理学方向的研究生教学,并且在工程伦理学国外研究译介上有特别的成绩。工程伦理学在我国大陆尚属新兴学科,与发达国家对工程伦理课程的重视程度相比还有较大差距。

10.3　工程伦理教育的必要性

10.3.1　工程师责任伦理的要求

随着技术发展到大工业时代,大规模的技术设备被用于机器化大生产,生产的发展又为技术革新提供了物质基础,技术与经济的紧密结合成为时代的要求。这时,出现了工匠与工程师的分离,从此诞生了现代意义上的工程师。从构思技术、设计工艺、制定标准、规定操作程序等方面,工程师的作用在技术创造中得到了很大的提高。工程师这一职业也开始获得大众比较认可的社会地位。

在现代社会中,工程活动是最基本的活动方式,工程师是构建和谐社会的主力军。为了构建和谐社会,各地都在规划、设计和建设许多工程项目。当前,我国每年投入工程建设的资金总额超过了 6 万亿人民币,这些工程能否建设好,能否体现出新的工程理念,能否成为创新的工程,将直接影响我国全面建设小康社会和构建和谐社会的全局。当代工程技术的新发展,赋予了工程师前所未有的力量,信息技术、基因工程等在给人类带来利益的同时还会带来可以预见或难以预见的危害甚至灾难,或者给一些人带来利益而给另一些人带来危害。如果把工程放到社会的环境中,考虑工程师在社会中身份的多重性,他们就有责任去思考、预测、评估工程活动带来的可能的社会后果。因此,工程师首先应当承担相应的社会责任。

工程师之所以要承担社会责任,是因为工程师的社会职责事关人类的前途和命运,工程师的行为选择与其责任密不可分。工程师具有致力于公共福利的义务,具有不断提出争议甚至拒绝承担他不赞成或无能力承担的项目的自由。工程活动作为一种社会活动,既影响社会,也受社会的制约。无论这种影响是有利于社会文明的进步,还是有害于社会文明的进步,工程师都负有义不容辞的责任,他们应对工程技术成果应用于社会而产生的后果负责,即承担社会责任。另外,由于工程师掌握了大量的专业知识,比其他人更能准确全面地预见这些科学知识应用的背景,因此他们有责任去预测工程研究的正面影响和负面影响,对公众进行工程知识教育。同时,工程师对他们的研究成果的应用,负有不可推卸的道德责任,这种责任必须由他们来承担。事实上,越来越多的科学家已经敏锐地感到自己肩负的社会责任与道德责任,把最大限度地运用科技成果为人类造福视作追求的目标。总而言之,工程师作为一个与工程活动密切相关的社会群体,他们在当代承担着非常重大的社会责任。

伦理责任与法律责任不同,法律责任是行为发生以后所必须承担的法律后果,而伦理责任至少具有两种维度,即前瞻性的维度和后视性的维度。前者指的是某个人负责,并以某种方式实现和保持这个结果,希望工程师具有相关的知识和技能,并尽责尽力;后者指的是某个人或群体应当就某行为和后果受到相应的伦理评价,即好的结果应当得到伦理上的赞扬,而坏的结果则应当受到伦理上的责备。前瞻性责任常以某一事件的可能结果来衡量和规定,也就是说,它看中的是当事人对行为可能造成结果的某种预测和预知能力,显然这一能力是建立在行为主体具有一定的知识和能力基础上的,它需要行为主体具有一定的判断力来识别、预测和判断主体的行为将可能招致的结果和后果。前瞻性责任与一个人的年龄、专业知识及道德水准密切相关。责任的后视性维度也与个人的德性与美德有关,是指事后对某个个体或群体的行为和后果进行道德评价,以达到抑恶扬善的目的,但此评价也必须从知识性和道德性相结合的角度出发,必须是在一定的时空条件下来加以评价的。即使在某些时间,特别是不幸的或灾难性的事件发生后,人们在对责任进行后视性评价时,也必须考虑当时有关责任人是否已经了解该事故发生的原因,或是否在当时具备了解该事故的能力,是隐而不报、疏忽大意,还是由于不可抗拒的外力因素导致的技术或工程的事故。如果是前者,当事人就应该受到舆论和道德的谴责;如果是后者,则当事人不应受到谴责,甚至是情有可原的。当然,责任的后视性还包括更深一层的问题,即某一技术或工程的事故发生以后,要考察有关当事人是在尽责尽力地减少事故的损失,最大限度地保护大众,还是推卸责任,胆小怕事,掩盖事实真相。如果是前者,那就是善,就应该受到赞扬,我们称为德性之人;如果是后者,那就是恶,他或她就应该受到谴责,我们称为不道德的人。

责任问题在当今社会已经变得异常复杂,正成为一个深刻的伦理问题。工程伦理问题涉及因果责任,还包括保护与预防责任。有人认为,科学精神就是求真,工程精神就是精确和效率,科学家和工程师要做的就是求真、求实和求精,把本职工作做好,至于伦理责任,那是政府的事,与他们无关。科学家和工程师到底有没有伦理责任?这些责任又是什么?这是在进行工程伦理教育时必须要解决的理论问题。伦理责任是指人们要对自己的行为负责,它是一种以善与恶、正义与非正义、公正与偏私、诚实与虚伪、荣与耻辱等为评判准则的社会责任。几百年以来,人们一直认为科学价值是中性的,并普遍认为科学知识不反映人们的价值观,科技活动的动机、目的仅在于科技本身,不渗透个人价值,科学家对其成果的社会后果不应当承担责任。在这种思想的指导下,工程与伦理无关,工程对社会产生什么样的后果,不是工程师需要或者可以考虑的问题。因此对工程活动中的种种问题视而不见,甚至为个人私利而参与制假作伪,制造毒品危害社会。

工程师作为工程主体必须考虑工程的社会后果及自己的伦理责任。工程师对工程伦理责任从以下四个方面来考虑。

(1)工程质量正是保证工程造福于民的关键,工程质量也是衡量一个国家工程水平的重要维度。工程质量不仅关系到造福于人民,造福于社会的目标,而且还关系到人民的生命安全和国家的经济利益。质量问题,如果仅从生产和市场的角度考虑,它似乎只涉及生产的工艺水平或企业的经营策略问题。如果从工程伦理视野下考量,工程质量问题与人的道德责任之间紧密联系。作为工程和制造大国,我国的工程质量水平令人担忧,工程质量差就会导致相应的产品寿命短,如我们制造出来的一台挖掘机的使用寿命还不到日本的一半。又如我们制造出来的汽车螺丝钉的使用寿命还不到德国的十分之一,这显然是工艺和技术水平低下造成的,因此工程的技术状况是与质量状况必然联系在一起的。工程及其产品质量低劣,轻则损害消费者的物质利益,重则危及百姓的身家性命。工程的首要标志是高质量的工程,而不是劣质工程。工程伦理的质量道德意识,首先,要求工程师承担起技术责任,以对社会、对公众负责的态度,认真履行操作规则和技术实施规则,在质量问题上坚持做到尽职尽责,一丝不苟,严格把关,坚持质量第一的原则。其次,工程师要分清个人利益与社会利益的得失大小,做到在任何情况下,绝不以质量为代价获取个人利益。

(2)人类正面临着环境污染、酸雨、资源短缺、生态失衡、生物多样性丧失、全球气候变化、臭氧层破坏、持久性有机物污染等环境问题,而这些环境问题使我们不得不反思。环境危机、发展危机与能源危机紧密相连,而地球上的资源与能源如果不能满足人类需求,那就必须为当代人和未来人类的生存转变发展模式。工程活动是对地球影响最大的人类活动之一,工程强国必须是工程可持续发展的国家,为此工程建设必须拥有良好的生态意识,破坏生态环境的工程不仅损害人类的生存条件,而且工程自身的功能也会丧失,如20世纪60~70年代曾经建设的围湖造田、毁林开荒、毁草开荒工程,后来给我们带来深重的生态灾难。不仅如此,今天的部分地区为了片面追求生产产值,不顾对生态环境的恶劣影响开展项目,将发达国家淘汰的产业大量引入,结果造成局部甚至整体生态环境的恶化。因为这样的工程所形成的产业,是高消耗和低产出的粗放型生产,资源消耗大,环境污染严重,使我国单位国民生产总值的消耗和原材料消耗,都远远高于发达国家可持续的生产模式。因此,缺乏生态环境观念,低技术、高污染的工程是不可能持久维持的。工程师作为一个建筑者,在工程实践中应该以节约资源与能源为准则,不再破坏岌岌可危的生态环境,开发并应用环境友好技术,将废物变成可再生的资源。

(3)工程建设要有人本意识和人文关怀贯穿其中,既方便于人,又服务于人,真正实现工程的人文价值。因此,不能只把工程当成“物”来看待,而是要当成人的一种存在与活动的场所来看待,看成人的一种广延形式。这方面正在不断改善,但从普遍性上来讲,距理想目标仍有一段距离。例如,城市的居住过于拥挤,城市的有些设施还没有做到以人为本,所以地铁进不了火车站,或立交桥过于复杂,标识不清,造成拥堵或迷路,另外,我们的建筑和通道中对残疾人也考虑较少,无障碍通道和照顾残疾人的设施只是在个别地方存在,不像发达国家这些设施已经成为普遍的设施。工程建设中人文水平较低的另一个重要表现则在于劳动条件和安全设施落后,导致工程的伤亡事故多发、频发,无论是事故的总数还是伤亡的人数,都居世界的首位。造成这种状况的原因,既有经济上的也有技术上和体制上的因素,但无疑更有观念上的深层因素,即对人的生命未加以足够的重视,总是用侥幸的心理来看待安全事故,处处以利益和金钱为本。工程建设中的人本意识要求工程技术人员在职业活动中始终树立“以人为本”的信念,将为了人、理解人、关心人、尊重人并且平等待人作为制定工程决策和组织工程实施的价值前提,从而使尊重生命价值、维护群众利益的伦理原则与追求经济利润、促进社会进步的效益目标达到有机统一。

(4)工程廉洁主要是相对于工程腐败而言的。工程腐败无论是对工程质量的提高还是对工程效益的实现,都形成了严重的阻碍。目前我国的工程领域中法制意识淡薄,工程腐败是我国腐败最严重的领域之一,是贪污受贿的重灾区,它导致偷工减料、豆腐渣工程。为了说明工程腐败与重大事故之间的关系,有必要反省一些重大腐败工程所造成的灾难性后果。

宝鸡冯家山水库(见图10-1)位于千河下游冯家山峡谷出口处的宝鸡县桥镇,西南距宝鸡市约30 km。水库为均质土坝,最大坝高73.5 m,坝长282 m,总库容3.89亿m^3,有效库容2.86亿m^3。

图 10-1　宝鸡冯家山水库

冯家山水库灌区是大型水利工程,以渭河支流千河为水源,位于宝鸡市东北、关中西部渭北黄土高原,西起金陵河左岸贾村原,东至漆水河西岸,南接宝鸡峡灌区,北靠凤翔、岐山、扶风北山,海拔 785 ~ 1 000 m,东西长 80 km,南北宽约 18 km,灌溉宝鸡、凤翔、岐山、扶风、眉县、乾县和永寿七县农田 136. 37 万亩。

冯家山水库灌区总干渠自输水洞出口至瓦岗寨分水闸,下分西干、南干及北干三条干渠,共长 119. 81 km,全部用混凝土衬砌。总干渠向东南穿灵化、铧角堡隧洞,进入宝鸡县周原万米隧洞,至凤翔县瓦岗寨分水闸,全长 38. 95 km,设计引水流量 42. 5 m^3/s。南干渠自瓦岗寨分水闸起,沿雍水河右岸阶地东行,穿马洛、铁炉隧洞,经虢王、马江、枣林等乡至扶风县午井乡,全长 27. 8 km,设计流量 8 m^3/s。北干渠自瓦岗寨分水闸起,沿雍水河左岸东行,经横水、孝子陵、故郡等乡至扶风县天度乡,全长 50. 79 km,设计流量 22 m^3/s。西干渠自总干渠 2. 1 km 分水闸起,跨越千河桥式倒虹,穿小原隧洞,至宝鸡县桥镇乡小原村,全长 2. 25 km,设计引水流量 4. 5 m^3/s。

冯家山水库引水工程是陕西省级重点水利工程,工程投资总额为 3 亿余元,引水量占宝鸡市自来水供应量的 70% 以上。该工程是典型的大管径、长距离引输水工程,包括取水建筑物、引水管线、净水厂、输水管线及配水管网等。引输水干线全长 35 km,采用钢套筒水泥管,管材总量为 38 km,管线最大高差约为 120 m。引、输水管线均呈两头高中间低的马鞍形,穿越地段属湿陷性黄土地带,局部地区的地下水位较高,其中需要工作压力为 0. 8 MPa 以下的管材 17 km,工作压力为 1. 0 MPa 以上的管材 17 km。所有管材中,一部分由陕西红旗水泥制品厂提供,另一部分由兰州水泥制管厂提供。引输水工程于 1998 年 5 月完工,经过分段通水和全线联动试水后,在 1998 年 6 月 19 日开始向净水厂及市区管网试供水。1998 年 12 月 23 日第 1 次爆管,1999 年 4 月 17 日第 2 次爆管,1999 年 4 月 22 日第 3 次爆管。前 3 次爆管都位于凤翔县长青镇人口密集处。2003 年 9 月 10 日第 4 次爆管,2004 年 12 月 18 日第 5 次爆管,2005 年 7 月 17 日第 6 次爆管,2007 年 8 月 27 日第 7 次爆管,这 4 次爆管均发生在宝鸡市陈仓区千河镇产东村,其中第 4 次爆管时冲天的水柱喷了一个多小时,半个村子成了沼泽。第8次爆管于2007年9月10日发生在凤翔县长青镇石头坡村,水柱冲起近10 m高,淹没公路,一村民家7间房屋被水冲塌,宝鸡市区大面积停水。第9次爆管于2008年12月4日发生在凤翔县长青镇镇政府门前,39户农家遭水,麦田被水淹,500余m道路被冲坏。第10次爆管发生在2008年12月10日,地点在西宝高速公路延伸段,巨大的水压将高速路冲刷成一个面积约30 m^2的空洞,造成西宝高速公路宝鸡延伸段交通中断,宝鸡市区停水50余h。第11次爆管于2008年12月16日发生在宝鸡市陈仓大道底店段,爆管使市区大部分区域停水,陈仓大道被冲毁。

针对爆管产生的原因,对设计、监理、施工、管材各方面经过分析,根据事故现场特征和掌握的基本技术资料,认定兰州水泥制管厂生产的三级预应力混凝土管材属于质量不合格产品,管材存在钢筋用量不足、部分混凝土强度不达标等问题。

时任宝鸡市市委书记的庞家钰兼任工程总指挥,其间不认真履行职责,致使工程中使用了不合格管材,严重失职渎职,致使引输水管线多次发生爆管。他当年在该工程总指挥任上,将工程分包给了自己的几个心腹干将去经营管理,为了从中渔利,就以次充好、偷工减料,将牵涉近百万人生活的"惠民工程",做成了一个彻底的"豆腐渣工程"。当年引水管线试验初期,就有工程师对指挥部指定的钢套筒水泥管质量提出质疑,水泥管在试压阶段就发生过爆裂。但工程总指挥庞家钰没有理睬专家的意见,坚持使用被专家认为质量不合格的输水管道。

为了彻底根治这一"豆腐渣工程"对宝鸡市的长期影响,适应城市发展需要和保障市民饮用水供应,宝鸡市已于2014年5月建成新的城市输水管线,铺设了一条从眉县石头河水库给宝鸡市供水的输水管线,把石头河水库变成了宝鸡的新水源。工程投资8.3亿元,日供水能力为80万 m^3,可为城市150万人口供水。

劣质工程的成因除了法制不健全以外,还有有法不依,或者执法不严,为了一己私利或者一方私利,在工程建设招投标中搞暗箱操作,相关人员视若不见。这使得保证工程质量的监理形同虚设,产生了关系工程、关系监理或只签字不监理等现象,成为我国目前一些工程工期拖延,投资居高不下,质量低劣及腐败的重要原因。

工程腐败进一步加剧了工程效益的低下。由于工程的利益和好处多,所以为争夺工程不惜采用一切手段,无论是合法的还是非法的。而巧立名目上工程更成为一种便捷的手段,一些工程已经不是出于社会和经济的需要,而是出于个人利益的需要,争工程就是为个人或集团争利益,或者是出于政绩和面子的需要,于是搞了许多"形象工程",既不能创造经济效益,也不能给公众带来实际的好处,反而是劳民伤财,拖了经济建设的后腿,完全背离了一个正常工程活动的真正宗旨。工程师应该积极向工程活动中的腐败现象、损害质量现象作斗争,捍卫工程质量和公众及社会的利益。

10.3.2 工程教育认证的需要

开展高等工程教育认证的目标是构建中国工程教育的质量监控体系,推进中国工程教育改革,进一步提高工程教育质量。建立与工程师制度相衔接的工程教育认证体系,促进工程教育与企业界的联系,增强工程教育人才培养对产业发展的适应性。促进中国工程教育的国际互认,提升国际竞争力。

工程教育认证是实现工程教育国际互认和工程师资格国际互认的重要基础。从2005年起，中国开始建设工程教育认证体系，逐步在工程专业开展认证工作，并把实现国际互认作为重要目标。中国工程教育在校生约占高等教育在校生总数的1/3，工程教育的质量很大程度上决定了中国高等教育的总体质量。

《华盛顿协议》是一项工程教育本科专业认证的国际互认协议，1989年由美国、英国、加拿大、爱尔兰、澳大利亚、新西兰6个国家的工程专业团体发起成立，旨在建立共同认可的工程教育认证体系，实现各国工程教育水准的实质等效，为工程师资格国际互认奠定基础。《华盛顿协议》规定任何签约成员须为本国政府授权的、独立的、非政府和专业性的社团。

2016年6月2日，中国成为国际本科工程学位互认协议《华盛顿协议》的正式会员。国际工程联盟现行有《华盛顿协议》《悉尼协议》《都柏林协议》《国际职业工程师协议》《亚太工程师协议》和《国际工程技术员协议》6个协议。其中，《华盛顿协议》是国际工程师互认体系6个协议中最具权威性、国际化程度较高、体系较为完整的协议，也是加入其他相关协议的门槛和基础。《华盛顿协议》现有正式会员18个，分别为中国、美国、英国、加拿大、爱尔兰、澳大利亚、新西兰、中国香港、南非、日本、新加坡、中国台湾、韩国、马来西亚、土耳其、俄罗斯、印度、斯里兰卡。

中国成为《华盛顿协议》的正式成员，意味着通过中国科协所属中国工程教育专业认证协会认证的中国大陆工程专业本科学位将得到美、英、澳等该协议所有正式成员的承认。因此，这将对中国工程教育质量的提高起到极大的督促作用，促进中国按照国际标准培养工程师，提高工程技术人才的培养质量。同时，这也是推进中国工程师资格国际互认的基础和关键，对于中国工程技术领域应对国际竞争、走向世界具有重要意义。

《华盛顿协议》体系有两个突出特点，一是以学生为本，着重以学生的学习结果为标准，二是用户参与认证评估，强调工业界与教育界的有效对接。《华盛顿协议》对毕业生提出的12条毕业生素质要求中，不仅要求工程知识、工程能力，还强调通用能力和职业伦理，主要包括沟通、团队合作等方面的能力，以及社会责任感、工程伦理等方面的内容。能够基于工程相关背景知识进行合理分析，评价专业工程实践和复杂工程问题解决方案对社会、健康、安全、法律及文化的影响，并理解应承担的责任；能够理解和评价针对复杂工程问题的工程实践对环境、社会可持续发展的影响；具有人文社会科学素养、社会责任感，能够在工程实践中理解并遵守工程职业道德和规范，履行责任。这些方面要求的内容尤其是职业伦理要求的内容正是水利工程伦理学研究的核心内容。

中国工程教育专业认证协会下设14个专业委员会，其中包括水利类分委员会。从2007年开始已开展了水利水电工程、水文与水资源工程、农田水利工程、地质工程、勘查技术与工程、测绘工程等水利工程相关学科的专业认证工作。

10.3.3　时代的发展趋势与呼唤

重视工程伦理教育是当今世界各国高等教育的共同发展趋势。西方发达国家在经历了经济高速发展带来的许多负面效应和弊端以后，特别注重强调各种工程活动对人类社会生活的整体影响，对各工程专业活动中的伦理道德日益重视，提出从业者必须受到相关的伦理教育。我国高校往往注重对学生的专业教育,而忽视伦理道德素质的培养。我国市场经济正在形成,科学技术仍欠发达,工程学科及专业人才不够成熟。在工程伦理教育方面认识不足、观念陈旧,主要原因是工程专业课的教师和学生都对专业伦理道德不够重视。我国的工科教师多直接毕业于工科大学,多数没有经历过专业实践,也没有接受过有关专业伦理道德规范的教育,教师对于专业的技术概念得心应手,但对专业的道德规范问题则感到茫然,也没有把传授专业道德规范作为自己专业教学内容的一部分,其后果就是一直以来都没有把工程伦理教育摆在应有的位置上,和专业教育相比,伦理教育最终成为专业教育的附属物。

美国工程和技术鉴定委员会便明确要求:凡欲通过鉴定的工程教育计划都必须包括伦理教育内容。20 世纪 90 年代,ASEE 和 NRC 分别发表了有关工程教育改革的重要报告,提出工程师的伦理道德问题,并呼吁采取相应的教育对策。21 世纪,美国工程伦理教育进入了一个崭新的发展阶段。2000 年美国工程与技术认证委员会颁布了新标准,标准第三条明确指出“工程项目必须了解职业和伦理责任”“理解国际和社会背景下工程决策的影响”,标准第四条要求“学生必须通过课程积累来为工程实践做准备,通过早期的工作获得专业设计实践所需要的知识和技能,并将工程标准与现实中来自于环境、伦理、健康与安全、社会、政治、可持续性方面的制约因素结合起来”。新标准虽然没有要求工程院校开设工程伦理的课程,但将其作为评价、认可教育项目的制度化要求,引发了工程院对工程伦理教育的重新审视,带动了工程伦理课程与教学的改革热潮。

德国、法国、英国等工业发达国家的各种工程专业组织都有专门的伦理规范,并规定:认同、接受、履行工程专业的伦理规范是成为专业工程师的必要条件。欧洲国家工程协会联合会提出了欧洲工程师及其注册标准,对欧洲工程师的形成过程和质量要求做了规定,特别强调:务必理解工程专业,并理解作为注册工程师对其同行、雇主或顾客、社区和环境应负的责任。与此呼应,各国工科院校都已开设工程伦理教育课程,积极推进工程伦理教育。可见,工程伦理教育是当今世界各国工程教育共同发展的趋势。

加强职业伦理教育是教育学生学会做人的重要保证。联合国教科文组织 20 世纪 70 年代提出的国际教育纲领是“学会生存”,20 世纪 80 年代提出的宣言是“学会关心”,在《世界 21 世纪高等教育宣言》中教科文组织又明确提出了“学会做人”的口号。这就是说 21 世纪的教育不仅要使学生掌握知识,学会做事,更要学会做人,做人的核心问题是如何正确处理自己和他人、个人和集体的关系。“学会生存”的纲领体现了教育适应社会、适应环境的自觉性;“学会关心”的宣言体现了人类教育关心自然、关心社会、关心人类本身和谐的情愫;“学会做人”的口号则突出了人的情操和理想,使教育深入到人的生活世界,并从根本上推动人类社会的精神文明和物质文明建设,提高人类的生活质量。职业伦理是从职人员在职业活动中应遵循的伦理,在职业生活中形成和发展,以调节职业生活中的特殊伦理关系和利益矛盾,是一般社会伦理在职业活动中的体现。

工程伦理教育是新时代的迫切需要。在新常态时代,开展工程伦理教育更具有时代的迫切性。公众的公民意识和政治参与度不断提高,对于工程有着更多的要求和希望,并且公众对于工程的监督日趋成熟。工程的开展和完成过程都不是完全封闭的,工程施工方或者工程的受益方都有意识地将工程的进展在网上发布,让公众进行监督,甚至在工程开工之前,通过网上公示、网上听证会等形式让公众发表意见看法。工程伦理教育对于在校工科学生来说更加刻不容缓,目前在校工科学生都是在新媒体环境下成长起来的一代,对于信息的敏感度和信息的获取速度已经远远超过传统媒体环境中的工程师,学生通过网络等资源都可以看到工程对于人类生活产生的重要作用、各种因工程伦理意识不强出现工程问题的案例。如果不能对工科学生及时引导,很有可能使之被网络上错误的案例和言论误导,学生的工程伦理观会发生偏差,对于正确的工程伦理观没有渠道获得,过多的负面信息极有可能产生"囚徒"效应。

10.3.4　构建和谐社会的转型需要

工程伦理教育是构建和谐社会的转型需要。随着国家经济建设发展,取得了举世瞩目的成就,国家工程行业迎来了蓬勃发展的时期。工程的建成使用为人民生活带来了便利,为国家的发展做出了贡献。但是不可忽视的是完成的工程项目中仍存在一部分质量不过关、设计有缺陷的项目,对公众的安全和福祉产生了巨大的威胁,造成了恶劣的社会影响,对于工程学科的发展也带来了负面影响。工科大学生作为未来工程的主要从业人员,在毕业后的工作中会承担相应的工程建设任务,在校期间对他们积极正面地培养,将其培养成具有正义感、责任感、环保意识和伦理道德意识的青年,具有十分重要的意义。在改革初期,部分工程规划不够全面,为眼前经济利益,以牺牲环境为代价,采用粗放型的生产方式,对我国环境造成了极大的破坏,同时给人民的身体健康带来极大隐患。在经济转型的关键时期,发展环境友好型的企业和工程项目格外重要。工程师要具备环保意识和可持续发展的理念,需要从在校工科大学生的工程伦理教育抓起。

工程伦理教育是高校思想政治教育的重要组成部分。工程伦理教育就是在思想政治教育丰富资源的基础上,结合专业知识引导,对工科生的思想品德和道德准则进行提高的过程。随着我国成为工业大国,思想政治教育内容也在与时俱进,工科生的思想政治教育内容应该贴合国家经济形势的发展加入工程伦理教育,引导学生成长成才。思想政治教育结合工程伦理,使其更有说服力、更生动具体,给学生树立正确的价值观,使得思想政治教育更有抓手,更贴合工科生实际。工程伦理教育是高校思想政治教育的重要延伸。随着时代的发展和学生特点的变化,大学生在学习先进文化的同时,也承担着学成后继续推进社会发展的重任。这要求对工科大学生进行教育时,要从培养专业技能和思想道德两个方面入手,需将两者进行有机结合,拓宽教育渠道。专业技能教育应不脱离思想政治教育而存在,同时专业技能的培养也需要专业伦理来支撑。思想政治教育应面向专业伦理教育,将思想政治教育与社会实际需求结合起来,同时思想政治教育也要实现人文素养的培养任务,将人文学科中的伦理学思想传授给学生。在工科大学生教学过程中,应该把工程伦理教育包括在思想政治教育领域中,使得思想政治教育纵向延伸,与学生毕业后从事的职业相结合,给学生带来持续的教育渗透。将工程伦理教育引入思想政治教育,势必带来思想政治教育的创新,将教学更加紧密地与学生的生活及毕业后的工作相结合,使工程伦理道德观念更加深入学生内心。工程伦理教育就是培养学生从事职业活动应遵循的伦理素养和伦理习惯,关键是教育学生做一个真正的社会人,摆正个人的位置,学会正确合理地处理个人与他人、个人与社会的利益矛盾,在为社会和他人服务的同时,也得到社会和他人的服务,得到社会和他人的尊重。

国内高校特别是理工科大学还没有专门开设工程伦理教育课程,使之作为学生的必修课或选修课。工程伦理作为一种职业伦理,对工程主体的意义重大,对在校理工科大学生开展工程伦理教育十分必要。近年来在一些理工科大学开设了有关工程伦理的课程,如河海大学开设了“科技伦理”课程,要求学生必修,西南交通大学在理工科专业的重点班开设“工程伦理学”必修课,清华大学开设有“生态伦理学”“环境保护与可持续发展概论”“工业生态学”等课程,福州大学开设有“工程伦理学”选修课,北京大学开设有“环境科学导论”“人类生存发展与核科学”“保护生物学”“生态学概论”“环境生态学”“大气环境与人类社会”等课程。毋庸置疑,通过开设此类课程可以让学生了解工程活动的广泛社会影响及个人在工程活动中的地位和作用,让学生了解相应的伦理责任。但是,工程中的伦理问题日益复杂,有些伦理要求在普通伦理教育中完全没有涉及。目前,国内其他大部分理工科院校都没有专门的工程伦理课程,也没有在硕士、博士阶段安排职业伦理道德教育的内容。

我国高校专业教育取得了举世瞩目的成就,为社会输送了大量的高级专门人才,对我国经济的发展做出了突出贡献。随着社会主义市场经济的发展,社会对各种专业人才的需求量越来越多,对专业人员素质的要求也越来越高。然而,目前我国许多大学在培养专业人才方面,往往只注重对学生进行专业教育,而忽视道德素质的培养,导致高校学生的自身知识结构重智识轻德识。部分学生在大学学习中仅以英语、计算机等级考试为目标,在他们看来拿到了某个证书就意味着自己具备了相应的能力。不少学生专业知识水平很高,学习成绩名列前茅,但缺乏对伦理教育的重视。这种知识缺陷表现在处理自我与他人、自我与社会的利益关系时,往往以自我为中心,缺乏宽容、关怀之心,很容易采用极端的手段解决人际关系当中的矛盾,最终伤害了他人的切身利益甚至生命,影响了我国市场经济的发展。

10.4 工程伦理教育存在的问题

工程伦理教育作为高等教育一个非常重要的组成部分,在国外发达国家和地区一直受到高度重视,但在我国的工科专业教育中一直处于边缘化的状态。只有厘清当前我国高等工程人才培养模式中存在的问题,以及国内工程伦理教育缺失的深层体制原因,才能找到面向和谐社会的进行工程伦理教育的突破口。

工程活动是一个相对独立的社会活动,但其活动的过程和结果必须与其他系统相协调。工程的结构和功能要与生态结构和功能、社会结构和功能、文化结构和功能、经济结构和与功能及政治结构和功能相协调,如三峡工程就涉及工程地质学、水工建筑、工程力学、水力学、建筑学、电学、材料学、生态学、经济学、伦理学、社会学等。

传统的工程观,概括起来有三个特点:一是将生态环境与人的社会活动规律作为工程决策、工程运行与工程评估的外在约束条件,没有把生态规律与人的社会活动规律视为工程活动的内在因素。二是工程科学的理念尚未形成,缺乏对工程现象的系统研究,并且没有建立起科学的理论,表现在工程管理中的经验性特征,对于工程过程中的工程决策、工程评估及工程评论缺乏工程科学与工程哲学的理论分析。三是工程活动忽视了人与自然的关系中人类改造自然的一面、自然对人类的限制和反作用的一面。不重视工程对社会结构与社会变迁的影响及社会对工程的促进、约束和限制作用。

20世纪以来,学科分工细化、专业化的同时,交叉渗透和综合化趋势也越来越明显。学科发展的综合化不仅是学科发展本身的需要,也是培养具有丰富创造力的优秀人才的需要。学科发展的特点和趋势要求教育模式发生相应的调整。就工程教育模式而言,它也应该是一种多元价值综合交叉的教育。工程问题本质上是跨学科问题,但是在高度技术分工与专业化基础上发展起来的现行工程教育模式却没有反映学科的交叉综合特点,存在重要不足。当前我国工程教育过于注重专业化,未能适应跨学科、综合化的发展趋势,具体表现在工程教育模式只局限在技术层面,工程类毕业生不懂得成本、经营、管理,更缺少人文修养。所培养的当代工程类毕业生缺乏自然科学、人文与社会科学知识,而且对自己所学专业以外的相关工程知识也知之甚少,无法很好地适应复杂的现实工程问题。工程教育的现实状态与21世纪的社会发展要求存在的较大反差,严重地制约着我国社会经济文化的发展。人文教育传授的是人文知识,是关于人生目的、人生意义、人的自由和解放的知识;科技教育传授的是科学和技术,是关于人们认识世界和改造世界的知识。这两种教育模式分别反映了工具理性和价值理性的取向。从现实的社会教育来讲,纯粹的人文教育和纯粹的科技教育都是不存在的,任何社会的教育都包含这两种教育,并且这两种教育内容是相互渗透的。对当代大学生进行人文教育在高等教育中应占有重要地位。但随着科学技术的发展,人们对科学技术的重视程度提高,人文科学的教育内容渐渐被忽视,目前这种情况在我国理工科院校中比较突出。自然科学、工程技术、人文科学之间有着不可分割的联系,人文科学中蕴藏着丰富的哲学原理和法则,它可以为工程技术的发展提供正确的思想方法。

长期以来,理工科高校在教学上都以科学理性和技术理性为主导,对人文理性与生态优化较为忽视,学校教给学生的往往是工程技术知识,忽视了这些知识产生的社会背景和社会价值。以学科为基础的分门别类的教学,使学生很难看到各个学科之间的有机关联,这种观念的核心是脱离人与自然关系制约的技术至上主义。缺乏现代工程观整体思维教育理念培养的学生,就缺乏工程实践能力、综合的知识背景、整体性的思维方式、职业道德及社会责任感,也难以从整体角度理解工程,难以高屋建瓴地把握工程创新的方向,最终难以处理工程伦理和决策事宜。

工科专业教学课程的设计和教学方法陈旧,缺乏特色,主要表现在:在课程体系、结构与内容上,学科专业划分过细,结构也不尽合理。各专业学科过分侧重工程科学知识,注重专业知识的传授,不重视社会、人文、经济、环保等方面知识的综合作用,学生知识面狭窄,综合素质不高,能力不强。另外,很多教材内容更新不够,新兴专业学科的教材又跟不上,致使课程内容落后于时代,缺乏反映学科发展前沿的有关新科学、新技术和新思维的知识,缺少诸如思维方法、逻辑等方法论的内容,实践环节少,缺少对实际动手能力的培养,特别是创新思维能力的培养比较差,使学生自学能力、表达能力、合作能力差,不能激发学生思考新问题、探求新知识的创新欲望。在教学过程中,不注重教学方式,缺乏启发式、研究式的学习氛围,过于重视考试和成绩。随着社会的发展、科技的进步及国际竞争的日益激烈，原有的课程体系和培养模式已明显不能适应社会的需要。虽然工程类大学生也学一些自然科学，但课程内容和教学设计没有很好地体现工程的特殊性。对工程类学生的人文教育，只是开设了一定的选修课，没有充分引入与工程现实紧密相关的内容，难以解读工程问题的要害。

综合理性是工具理性和价值理性的统一，在工程教育的体系中应当引入工程伦理学的教育内容，把工程伦理学的教育教学作为工程教育模式变革的先行措施，以此为突破口，推动工程教育教学的进一步改革，努力实现两种理性力量的平衡，努力促进两种理性的沟通。

学生的道德敏感性和责任意识不强，缺乏伦理品质。工科学生对工程伦理教学的第一反应常常是工程伦理学与我的专业没有任何关系。美国学者 Augustine 发现，在伦理问题上陷入困境的工程师大多数不是由于人品不好，而是由于没有意识到所面临的是伦理问题。伦理意识淡漠导致工程师不能处理好工程中事关社会伦理的重大问题，而可能酿成严重后果。在 21 世纪的工程世界，工程伦理学的理论与实践对于工程师教育的必要性，就如今天工科学生学习计算机课程一样。资源问题、环境问题等更多的社会问题对工程师的工程伦理提出了更高的要求，未来的工程师必须认真应对这些问题，遵照人道主义、生态主义、安全无害等原则，做到既尊重自然，也关怀人类后代的生存权和发展权。

工程伦理教育制度体系不完善。高校工程伦理课程设置以选修课为主，不能使学生获得系统的伦理知识教育。工科院校在安排工程专业教学课程时，大多没有将工程伦理设定为必修课，只是从思想品德教育角度安排相关内容。有些学校开设了工程伦理选修课程，但由于受重视程度不够，对于提高工程专业学生伦理意识作用不明显。高校工程伦理课程的授课内容较为宽泛，没有形成系统性较强的教学体系。目前我国工程伦理教学内容从属于思想政治教育，还没有一套较为完整的教学大纲。在教材上多采用国外教材的中译本，如《工程伦理学》《工程伦理概念和案例》等。对于工程专业伦理教育教学体系的完善，没有系统性的规划，也没有行之有效的教学模式与教育教学理论。我国学生在工程类专业课中学到的知识，很少与工程伦理、社会责任相关，尤其涉及工程案例的专业教材更是微乎其微。工程伦理和社会责任意识的缺失，会影响工程专业学生全面的价值判断能力，这也是导致我国工程专业学生伦理意识培养目标发展缓慢的原因之一。

工程伦理授课教师要兼具工程专业知识与伦理学的基础知识，这种对综合能力的全面考察导致目前符合标准的专业教师少之又少。我国大部分工科院校并没有充足的工程伦理学专业人才储备，工科院校每年招收的科技伦理方面的研究生人数较少，不足以支撑我国庞大的工科教育教学需求。同时，在工程专业师资建设方面并没有形成强制性的要求，工程教育专业认证标准中没有明确突出工程伦理教育师资的重要性，这导致工程专业教师对工程伦理教育的忽视，以及自身对工程伦理与责任意识的忽视，使其在教学过程中更重视专业技术知识惯性输出，很少讲授工程伦理相关知识。工程教育专业认证中，对伦理教育授课教师要求的缺失是影响理工科院校工程伦理教育质量的直接原因。

10.5 工程伦理教育的维度

10.5.1 专业伦理教育

高等教育是建立在普通教育基础之上的专业教育,这里的专业教育不同于我们计划经济时代形成的以专业课为核心的狭隘对口的专业化教育,而是以培养专业人才为目标。专业人才的专业伦理教育理应是高校德育的一项基本的、重要的内容,是高等学校义不容辞的使命。美国早在第二次世界大战后,就十分重视专业伦理教育,20世纪70年代初,各类专业伦理课程出现在大学课程目录之中,到70年代后期,这类课程已有1 000余种。进入80年代,有关专业的伦理教育的各类教材、课程、刊物、论文等日益增多,各种专业协会纷纷成立。目前西方发达国家尤其是美国,专业伦理教育方兴未艾,有关专业伦理教育与研究如火如荼,相形之下,国内理论界迄今对专业领域的一些问题认识模糊,对专业伦理教育的迫切性缺乏应有的警觉;在实践上,针对高等教育的特殊性,把专业伦理教育列入德育的高校,更属风毛麟角。面对社会发展和专业现代化的迫切需要,我们必须重新审视高校德育体系,使高校德育切实落到实处。

专业伦理属于职业道德的范畴,它是专业人员在从事特定的专业活动中所应遵循的行为规范和准则的总和。职业道德,是指从事一定职业的人们在其特定的工作或劳动中所遵循的行为规范和准则的总和。职业道德与专业伦理是一般和特殊的关系,具体体现在:首先,专业伦理属于职业道德范畴,因而其具有职业道德的一般特征。其次,专业伦理是一种特殊的、高层次的职业道德,除了具有职业道德的一般特征外,还有其特殊性。专业伦理的特殊性主要表现在以下三个方面:一是专业伦理的道德要求高于一般职业道德。例如,医德,因为医事乃生死所系,某一环节的疏忽,均可导致病人病情的加重或延误,甚至危及病员的生命。而一般职业,如商店营业员,其职业道德方面的问题并不构成对顾客太大的人身伤害。二是专业伦理所涉及的道德范围比一般职业道德广且远,如汽车制造类工程师,不仅要对汽车的外观、造型、质量与安全负有责任,还必须把汽车对环境的污染等因素考虑在内。三是专业伦理与职业道德的作用机制不同,专业伦理的作用机制主要靠专业人员的道德自律,一般职业道德规范是自律与他律的统一,更多地倾于他律。

专业伦理教育是指在专业人员的形成过程中,高校和专业界有目的、有计划、有组织地对其施加的有关伦理规范的教育。既然高等教育以培养专业人为目标,那么,专业伦理教育理应是高校职业道德教育的一项基本的重要内容。专业伦理意识也不可能在专业人员的头脑中自发地形成,必须依靠专业伦理教育和专业实践。目前现有德育的教学方法单一,高校职业道德课以马克思主义理论课和思想品德课为主要内容,这是为高校坚持正确的办学方向,培养社会主义建设者和接班人所必需的,但仅此还不够,教学效果不太理想。在当今多元化社会中对大学生德育的内容和方法也应该与时俱进,适应时代发展的需要,要从专业人才培养和专业伦理教育的角度,对高校职业道德教育目标和内容加以重新审视,进行必要的渗透与革新,以适应时代发展的要求。也就是说,当代高校对大学生的职业道德教育必须结合学生的专业进行。工程伦理教育就具备了这样的功能,它涉及多种学科的相互交叉融合,是在专业知识的基础上,或是结合具体的专业教学中进行的。所以,这种德育往往使学生在学习工程专业知识的同时,也很自然地接受了在工程设计、实施、评估和验收中所应遵循的道德原则和规范,形成不仅以质量为标准,而且还要以伦理道德为标准来衡量整个工程的责任感。这种结合专业进行的职业道德教育更加生动具体,说服力强,进而也比较容易转化为大学生普遍的道德行为准则和道德信仰,起到德育的良好效果。

10.5.2 工程伦理教育制度化

工程伦理教育的制度性建设十分重要。首先需解决工程伦理教育在工科专业教育中的附属地位问题,我国高校中开展的工程伦理专业教育较少,工程专业学生对于工程伦理的概念比较模糊。这种伦理意识的淡薄,只有通过强制性的规章制度进行规范才能得以有效解决。工程伦理教育在课程设置、学生培养目标、工程专业教师要求中融入较为细致的伦理规范。通过较为详尽的制度规划,促进我国工科院校对工程伦理教育的重视。其次,教育部门应尽快构建全面合理的工程伦理教育教学体系。工程伦理教育体系中应涉及科技伦理、职业伦理、环境伦理等方面的教育内容。我国工程伦理教育目前大多处于学习国外经验,研究国外工程伦理教材的阶段,这显然是不够的。工程伦理教育对于一个工业大国而言是不可缺少的重要环节,工程伦理教育必须与有关工程伦理教育的制度相协调,才能从根本上保障我国工程教育全面、健康地发展。

师资队伍是工程伦理教育的关键。开展工程伦理教育的效果和质量在很大程度上是由师资队伍中教师专业构成及伦理素质决定的,现有的工程类专业的教师所受到的教育,大多受到传统工程理念的影响,将是否成功改造或征服自然视为评价工程的唯一标准,并认为工程人员的社会责任即为做好本职工作及对雇主和公司负责。他们往往忽视工程伦理在现代工程中的重要意义,因而也就认为工程伦理意识是不重要的。这种想法存在于部分工程类专业课程老师中。而正是由于他们不明白工程伦理的含义和作用,在某种程度上也就导致了他们认为学生学习工程伦理是无用的,不必花费大力气去关注和重视学生的工程伦理教育,培养出的学生的工程伦理素质都不高。因此,加强学生工程伦理教育,提高学生的工程伦理素质,工程伦理教育师资队伍的建设不能忽视。专门从事工程伦理相关学科内容研究与教学的教师,是开展工程伦理教育的理论提供者和主要实施者,他们的研究成果和对学生的教育培养将成为高校工程伦理教育体系中的有利支撑。目前,工程伦理教育是一门新兴学科,我国并不具备稳定的、专业的、完善的科研与师资队伍。从事工程伦理教育的教师主要由工程类专业学科、伦理学学科的教师及部分辅导员兼任,他们缺少对工程创新伦理教育的系统理解和把握,缺乏专门知识的支撑而且流动性大。因此,迫切需要建立一支能够深刻了解和把握工程伦理的知识结构体系和教育方法,对工程伦理教育学科领域有浓厚兴趣的高水平的专业教师队伍。理工科高校要积极组织在工程哲学、工程伦理学及工程伦理教育领域造诣较深的专家和学者,对从事工程伦理教育的专门教师进行职前培训和在职培训,使这些教师不仅具备较扎实的理论基础,同时具有较强的教学、教研能力,才能充分满足大学生工程伦理教育教学实践的需要。开展工程伦理教育教学,不仅要依靠工程伦理教育专任教师的努力,也有赖于工程类专业各学科教师的积极参与和配合,学校必须要让教师了解工程伦理在工程建设活动中的作用和意义,让这些教师自己明白工程伦理的伦理意蕴和价值标准。加强工程类专业教师与工程伦理教育专业教师之间的交流与合作,可以形成强大的工程伦理教育合力。提高工程类专业教师的工程伦理素养,使具备良好的工程理念和创新意识的教师,从工程伦理问题所涉及的不同角度,从文化的、社会的、政治的、经济的、科技的等方面对学生全方位地进行工程伦理教育。

传统的教学方式存在很大的弊端。在已开设工程伦理课程的少数理工科大学中,多采用传统的大课堂教学模式,学生处于被动状态和在枯燥气氛下接受知识,甚至学生怀疑工程伦理知识是否有用,从而不能激发学生的兴趣和调动学生学习的主观能动性等。工程伦理教育主要采取正面宣传、理论教育的方法,缺乏针对工程实践中存在的具体问题的讲评,没有把这些问题提高到工程伦理角度来考虑,影响了工程伦理教育的深化。这种简单化、公式化的教学方式严重影响了工程伦理教育的开展。参照国外成功的教学方法,结合中国高校德育的实际,工程伦理教育应单独开设课程,同时在其他相关课程中贯通融合,寓教于学。

单独设课,集中教学。制定教学大纲,开设必修的工程伦理课程。工程伦理学是新兴的交叉学科,传统的专业课和伦理学都不能涵盖它,须开设工程伦理学的完整课程。目前工程伦理学的主讲教师通常是工程学教授或哲学教授,应加强对工程伦理问题的研究,大力培训工程伦理学方面的专职教师和研究人员,加强专业课教师和工程伦理学教师的交流与合作,使学生较为系统、深入地探讨各种伦理问题,从整体、全局上把握工程伦理的核心思想。在美国,一些学校设立专门的工程伦理课程,安排专门的时间,要求工程学生将工程伦理作为必修内容。最引人注意的是美国德州农工大学,该校组织工程师和哲学家组成合作小组对所有本科生进行工程伦理教育。课程安排每周向学生进行两个 1 h 的讲座,每周有 2 h 的讨论,由具有工程和哲学背景的研究生来主持,每 25 个学生分成一组,使学生深入学习工程伦理的知识和技能。单独设课的工程伦理教育模式为理工科大学的工程伦理教育提供了有用的参考,可以使教师和学生在集中的时间内讨论伦理问题,吸引经验丰富的教师参与教学,并能提高其他工程教师对工程伦理教学的兴趣。

工程伦理学与技术课程整合,是将工程伦理教学扩展到工程学生所学的整个技术课程中。美国马里兰大学克拉克工程学院,在一年级学生的必修课“工程设计引论”中纳入伦理模块,在高年级的选修课“生产责任和管理规则”中向学生展示社会因素对设计过程的影响,该课程的整个教学中都贯穿对工程伦理问题的分析。这两门课程设计的主题包括:设计安全性、职业伦理、对公众的职业责任、伦理与规则等,通过学习使学生了解工程设计所涉及的对他人、对社会的责任。这种方式将工程伦理整合到技术课程中,并且不需要增加任何新的课程。工程伦理与非技术课程整合。这种课程模式是将工程伦理教育成分整合在工程院系的人文、社会科学类的非技术性课程中。例如,美国弗吉尼亚大学工程与应用学院开设了一个技术、文化与交流项目,该项目要求所有参与项目的学生修读包括工程伦理内容的四门核心课程,课程设计了“西方技术与文化”和“在社会中的工程”等主题。美国斯坦福、康奈尔等大学也以类似的方式进行工程伦理教育。值得一提的是,目前在国内研究生的人文、社会科学类的非技术性课程中就有一些涵盖了工程伦理的内容,例如,在研究生的21世纪通用教材《自然辩证法概论》中,就用专门的章节讲述了生态价值观与可持续发展、科学技术与社会、高科技时代的伦理问题等与工程伦理有关的内容。将工程伦理与非技术课程,特别是将科学技术和社会整合,可以帮助学生充分了解工程、技术发展的社会背景,完整理解工程伦理责任的重要性。同时,这种方式可以提高工科学生的兴趣。

加强案例教学是十分有效的手段。工程活动具有非常强的实践性,以美国为代表的工程伦理教育发达国家的成功做法是在教学方法上实现以纯粹理论灌输为主的教学方式向以案例教学为主的教学方法转变,同时进行工程伦理案例库的建设、课堂表现和案例考卷相结合的考评方式改革。坚持正面教育,发挥舆论导向作用,以高尚的道德情操塑造学生,使他们明辨善恶美丑,自觉抵制不良思想和风气的影响。可采用报告、演讲、展览、声像教育等形式,用先进人物的模范事迹教育学生,树立榜样。同时,适当运用反面教材,进一步增强学生分辨是非的能力。对违反工程道德规范、丧失工程道德造成事故的案例进行曝光,让学生运用所学的知识进行讨论、分析,谈感想体会,引以为戒,做到防微杜渐。

案例教学能激发起学生的兴趣,又能与工程实践紧密相连,可广泛用于工程道德教育的实践中。案例通常包括一个决策或一个问题,它通常是从决策者的观点来描述,并引导学生慢慢进入决策者的角色。案例教学法一方面通过给学生提供真实世界的问题,将现实带进教室,促进深入的分析和讨论,另一方面通过在课堂上尽可能地再现现实的情形,训练学生做出有效的决策。案例教学法可以使学生同时获得职业知识和解决问题的经验。《工程伦理概念与案例》的作者认为:通过案例研究这一有效的方式,能够培养从事建设性伦理分析所必需的能力;可以激发预测解决问题的可能选择以及这些选择的后果的能力;可以学会识别伦理问题的表现方式和培养分析解决问题所必须的技能;可以认识到在伦理分析中存在着某些不确定性,章程并不能够对所有的伦理问题都提供一个现成的答案。案例分为两种类型。从范围上来说,包括从个体工程师日常实践的微观层面到关于技术对社会影响的宏观层面。微观层面所涉及的是工程师与企业顾主和客户之间的关系问题。宏观层面所涉及的是技术对社会的影响。宏观案例着重提出了社会政策及职业社团的合适政策问题。关于社会政策,作者提出了许多这方面的问题。例如,对于隐私和软件的保护,什么样的社会政策是合适的?关于环境问题,社会有权希望工程师承担怎样的责任?为了确保公众对有争议的技术问题享有适当的知情权,职业社团应当承担怎样的责任?职业雇员在工作场所应当拥有怎样的权利,尤其当涉及公众健康、安全和福祉时?当工程师超出其正常责任的范围去保护公众时,是否应当有一种善意的法律来保护他们免遭那些他们无法接受的法律责任的困扰?

实施案例教学方法,使学生在教师引导下,多角度、多层次、多方位地对案件进行讨论,通过教师对学生各种观点的点评,能加深学生对具体伦理规范的理解,提高学生的道德认识能力,培养学生的怀疑和批判精神,使学生走出校门就成为一个比较成熟的工程人员。当然,案例教学法对教师和学生提出了双主体的要求。按照案例在教学过程中出现时间的不同,案例教学可以采用导入法、例证法、讨论法、结尾法和练习法。教师应当根据不同的工程伦理案例选择适合的案例方法,并做到积极引导、精致点评。学生则应做好课前准备,积极参与案例讨论,大胆表达自己的观点,并在课后总结和回顾工程伦理案例的教学全过程，以增进理解。在工程伦理教学中大量运用案例教学法的首要条件是建设工程伦理案例库。精选的工程伦理案例必须具备较强的针对性、较好的启发性、较高的真实性和较强的新颖性，最终建成的案例库必须满足层次清晰、结构合理、数量充足、手段多样、更新及时、富有启发引导功能等基本要求。为在教学过程中更好地使用工程伦理案例，应按照真实的生活情境对案例进行分解，以便学生能够根据项目实施过程的先后次序相应地进行道德判断和价值选择，从而获得处理专业活动中时常出现的伦理问题的经验。

改革常规的考评方式，采用课堂表现和案例考卷相结合的考评方式。工程伦理教育涉及的知识体系实用性较强，采用常规的考评方式难以评价真实的教学效果。因此，采用课堂表现和案例考卷相结合的考评方式是工程伦理教学改革的必经之路。案例考卷是指以案例为基础设置问题进行考试，主要题型包括案例选择（题干或选项至少有一个为案例）、案例分析、文书写作（以案例作为情境）等，主要考察学生掌握运用道德决策模式和伦理规范的能力。考评方式的变化能够大大增强学生学习工程伦理知识的兴趣，同时也有利于教师根据学生日常的课堂表现给出中肯的评价。

社会实践是工程伦理教育的关键环节。工程伦理教育工作的主载体、主渠道、主空间是课堂教学，但工程伦理教育不能是单纯的理论灌输，学生的思想归根结底来源于社会实践，专业社群的社会现实情境，并不容易让单纯的大学学生所了解，在校学生的生活体验有限，对于专业上的伦理行为，虽能从日常生活所接触的师长的行为去观摩，但其效果很有限。许多高校采用了产学研合作的教学模式，组织引导学生深入工厂、农村、科研单位、科技馆、家庭、大自然中，参观、访问、调查、考察，乃至亲手操作，或让他们参加导师的科研工作，让他们在社会实践和课题研究中接受教育，形成对科技的切实理解和深切体验，同时培养其日后从事科技活动时的伦理意识。许多学生在实践中都有类似的体验，如学生在实习中亲眼看到某监理工程师发现施工人员砌体的质量不符合要求，就坚持把墙推倒重砌，深有感触，认为这种严谨的作风是把好质量关的关键，是实事求是作风的体现。产学合作的社会实践，使学生学习领悟了工程伦理的内涵。所以，在国内开展工程伦理教育，首先，应该创造条件让在校理工科学生走出校门，完成社会调查、社会考察及毕业实习等，在与现场技术人员一道的工作中研习工程伦理问题，使他们在这一过程中亲自感受和认识到工程活动对人类生活、对社会持续发展的重要影响，领悟到工程活动中蕴含着的伦理价值；其次，让学生积极参与教师的科研工作，指导学生通过学术沙龙、知识讲座等方式探讨学科前沿问题，了解工程伦理的热点、焦点等。学生在工程设计、实施、评估、验收及学术研究过程中，体会和学习工程道德原则和规范，形成不仅以质量为标准而且还要以伦理道德为标准来衡量整个工程的责任感。

课程考试的方式采用考查的方式，使用定性方法如调查表等，依据调查结果做出评价。当然，评价一个学生的道德判断能力的最有效方法，应该是看该学生在面对现实问题时如何做出道德决策，平时可以让学生做一些作业，分析工程师可能面对的专业道德问题，这些作业使学生有机会将不同的道德规范应用于具体的工程道德决策中，在学生自主做出这一道德决策时反映出了他对工程专业道德规范理解、掌握及应用的能力。在课程结束时可以安排一些实践环节，让学生提交一篇有关实践中碰到的道德争议的小论文，反映学生在面临具体问题时的道德决策能力。通过考试、调查、作业、实践这几方面的评估可以较准确地判断一个学生的工程专业道德水平。

工程伦理教育的教师和研究人员应开展广泛的国际交流与合作,不断学习和借鉴国外先进经验,积极参与学术会议,以形成国际合作性质的工程伦理教育交流与教育平台。我国拥有非常丰富的工科生源,也有很大的人才需求量。因此,我国教育部门需要组织国外高校与我国工程院校进行对话,促进我国工程院校在工程伦理教育方面的国际交流与合作。我国不断强调卓越工程师教育培养计划的重要性。2010 年,国家教育部与“欧洲工程教育研究联盟”共同创建了“中欧工程教育平台”。基于这个平台,我国 18 所高校与 13 所欧洲工程院校将对全球背景下的工程教育改革与更新内容展开交流与探讨,这体现了我国工程教育方向的重大变化。2011 年,国家教育部牵头与美国麻省理工学院等国内外 100 多所工程院校进行全面对话,提高我国工程教育质量。通过工程院校之间的国际交流与对话,我国高校更加明确了培养学生社会伦理道德意识及综合素质的重要性。工程伦理教育作为工程教育体系中的重要支撑,要求在设置工程伦理教育课程的过程中,加强与国外高校的交流与合作,学习并有选择地吸取国外工程伦理教育的内容,形成我国稳定的工程伦理教育课程体系。

加强工程伦理教育的媒体宣传力度,普及工程教育专业认证制度。社会监督作为有效的监督方式之一,可以利用纸媒、电视、电台、网络等媒介监督形式,在全国范围内普及工程教育专业认证制度内容,加强工程伦理教育的宣传力度。社会监督与法律监督相结合,保障工程教育专业认证中的伦理维度得以有效地实施下去。对于工程专业教育认证伦理规范的实施,应有强效的监督机制,组建专门的评审机构,对各试点高校的工程专业伦理规范实施情况进行周期性通报。

实现以责任为核心的工科专业学生工程伦理教育的目标,必须多管齐下,开展全方位,多形式、多渠道的工程伦理教育,逐步培养工程职业情感,树立工程职业道德观念,提高工程职业道德水平,使工程实践活动真正建立在人民的安全、健康和福祉的基础上。

附 录

附录 A1 美国土木工程师学会工程师伦理规范*

A1.1 基本原则

工程师应通过基本原则保持和促进工程职业的正直、荣誉和尊严:

(1)运用他们的知识和技能改善人类福祉和环境;

(2)诚实、公平和忠实地为公众、雇主和客户服务;

(3)努力增强工程职业的竞争力和荣誉;

(4)遵守职业和技术协会的纪律,积极支持本领域的职业和技术协会。

A1.2 基本准则

(1)工程师应把公众的安全、健康和福祉置于首位,并且在履行职业责任的过程中努力遵守可持续发展的原则。

(2)工程师应仅在其能胜任的领域内从事职业工作。

(3)工程师应仅以客观、诚实的态度发表公开声明。

(4)在职业事务中,工程师应作为可靠的代理人或受托人为每一名雇主或客户服务,并规避利益冲突。

(5)工程师应将职业声誉建立在自己的职业服务的价值之上,不应与他人进行不公平的竞争。

(6)工程师的行为应维护和增强职业的荣誉、正直和尊严,对贿赂、欺骗和贪污零容忍。

(7)工程师应在其职业生涯中不断进取,并为在他们指导之下的工程师提供职业发展的机会。

A1.3 基本准则实践指南

准则 1:工程师应把公众安全、健康和福祉置于首位,并在履行职业职责的过程中努力遵守可持续发展的原则。

(1)工程师应认识到一般公众的生命、安全、健康和福祉依赖于他们对工程的判断、决策和实践及其具体体现的建筑物、机器、产品、程序和设备。

(2)工程师应只批准或签署那些经过他们核查或编制的设计文件,确定它们对公众健康和福祉是安全的,并符合相应的工程标准。

(3)工程师一旦通过职业判断发现情况危及公众的安全、健康和福祉,或者不符合可

* http://www.asce.org/co of ethics。

持续发展的原则,就应告知他们的客户或雇主可能出现的后果。

(4)工程师依据相关知识或理由确认其他人或公司违反了准则1的内容,就应以书面的形式向有关机构报告,并应配合这些机构,提供更多的信息或根据需要提供协助。

(5)工程师应当寻求各种机会积极地服务于公益事务,努力提高公众的安全、健康和福祉,并通过可持续发展的实践进行环境保护。

(6)工程师应当坚持可持续发展的原则,改善环境,从而提高公众的生活质量。

准则2:工程师应仅在他们能胜任的领域内从事职业工作。

(1)工程师仅当通过教育或经验积累而具备了相关的工程技术领域的资质后,尚可承担并执行分配的工程任务。

(2)工程师可以接受超出他们所属专业或经验背景之外的任务,但工程师的工作应限定在他们的资质能胜任的项目实施阶段。该项目的其他阶段应由有资质的同事、顾问或雇员实施。

(3)工程师不应在工程计划书和文件上签字或盖章,这些工程计划书和文件包括自己缺乏该领域的能力、教育经历和经验,或这些工程计划书和文件未经自己审阅,或不是在自己监督下编制的任何计划书和文件。

准则3:工程师应仅以客观的和诚实的态度发表公开声明。

(1)工程师应努力传播工程和可持续发展的知识,不应参与散播有关工程的虚假的、不公平的或夸张的声明。

(2)工程师应在其职业报告、声明或证词中保持客观和诚实。他们应在这类报告、声明或证词中包含所有相关的和恰当的信息。

(3)工程师在担任专家证人时,所表达工程的意见应在充分了解事实的基础上、在技术能力的背景下和在诚实的信念基础上。

(4)工程师不应为利益集团授意或付费的工程事项发表声明、批评或论证,除非他们已明确地代表某一方发表声明。

(5)在解释他们的工作和价值时,工程师应表现得有尊严和谦虚,要避免任何以牺牲他们职业的正直、荣誉和尊严为代价来为自己谋私利的行为。

准则4:在处理职业事务中,工程师应作为忠诚的代理人或受托人为每一名雇主或客户服务,避免利益冲突。

(1)工程师应避免与他们的雇主或客户相关的所有已知的或潜在的利益冲突,且应及时告知他们的雇主或客户所有可能影响到他们的判断或服务质量的商业关联、利益或情况。

(2)工程师不应在同一项目或在与同一项目相关的服务中接受多方的报酬,除非所有情况完全公开,并且所有的利益方一致同意。

(3)工程师不应直接地或间接地索取或接受由合同方、他们的代理人或其他的与他们负责的工作相关的客户或雇主的馈赠。

(4)在作为政府机构或部门的成员、顾问或雇员的公共服务中,工程师不应参与他们或他们的组织在个人或公共工程实务中承揽或提供的事务或活动。

(5)当工程师通过自己的研究确信某个项目不可行时,他们应该向他们的雇主或客户提出建议。

(6)工程师不应使用在其工作中获得的秘密信息作为谋取个人利益的手段,如果这有损于客户、雇主或公众的利益。

(7)工程师不应接受他们常规工作之外的职业雇佣,或者获取他们的雇主并不知晓的利益。

准则5:工程师应依靠职业服务的价值建立自己的职业声誉,不应与他人进行不公平竞争。

(1)除通过就业机构获得有薪水的工作外,为了获得工作,工程师不应直接地或间接地提供任何政治馈赠,或者索求或接受赠礼或非法的报酬。

(2)工程师应在证明自己具有某一专业服务所要求的能力和资质的基础上,公平地进行提供职业服务的合约谈判。

(3)仅在他们的职业判断不受干扰的情况下,工程师才可以根据情况要求、提议或接受职业佣金。

(4)工程师不应伪造他们的学历、职业资质或经历,或者允许它们的误传。

(5)工程师应将适当的工程业绩的荣誉给予那些应该得到的人,且应承认其他人的所有权和利益。无论何时,只要有可能,就应将荣誉给予那些负责设计、发明、写作或做出其他贡献的人。

(6)工程师用不含误导性语言或不以任何方式贬低职业尊严的前提下,可以通过特定的途径宣传职业服务的内容。允许如下形式的广告宣传:

①在公认的、权威的出版物上的职业启事,以及由可靠的机构出版的名册或分类清单,假如启事或清单在尺寸和内容上保持一致,并且刊登在出版物固定用于这类启事的栏目中。

②准确地描述经验、设备、人员和所提供服务能力的小册子,假如对工程师曾参与项目的描述没有误导性内容。

③在公认的权威的商业和专业出版物上发布的广告,假如确保真实性,并且对工程师曾参与的项目的描述没有误导的内容。

④可以将有关工程师的姓名或公司名称和对服务类型的说明张贴至他们所提供的服务项目的栏目中。

⑤为普通刊物或技术刊物撰写或评论描述性的文章,这类文章必须真实且有品位。这类文章不应隐含任何超出所述的直接参与项目的内容。

⑥经工程师同意后,可以将他们的姓名用于商业广告中,例如,可能仅由合同方、材料供应商等发布的商业广告。但须通过谦虚的、有尊严的说明认可工程师参与了所描述的项目。这样的许可不适用于公开转让的所有权产品。

(7)工程师不应恶意地或虚伪地、直接地或间接地损害另一名工程师的职业声誉、前途、实践或职业或批评他人的工作。

(8)未经雇主的同意,工程师不应将雇主的设备、原材料、实验室或办公设备用于从事公司外的私人事务。

准则6:工程师的行为应维护和增强工程职业的荣誉、正直和尊严。

工程师不应故意以某种行为贬损工程职业的荣誉、正直和尊严，或有意从事欺诈性的、不诚实的或违反伦理的事务或职业实践。

准则 7：工程师应在整个职业生涯中不断进取，并为在他们指导之下的工程师提供职业发展的机会。

(1)工程师应通过从事职业实践，参加继续教育课程，阅读技术文献和参加专业会议和研讨会的方式，使自己保持在本专业领域内的前沿状态。

(2)工程师应支持和鼓励他们的工程雇员尽早地参加职业工程师注册。

(3)工程师应鼓励工程雇员参加专业和技术社团会议并提交论文。

(4)在包括职业等级、薪资范围和附加福利的雇佣条件的商谈中，工程师应坚持雇主和雇员互相满意的原则。

准则 8：工程师应在与他们的职业相关的所有问题上，公平对待所有人，鼓励公平参与，而不考虑性别或性别认同、种族、民族、宗族、宗教、年龄、性取向、残疾、政治归属、家庭、婚姻或经济状况。

(1)工程师应以一种尊重、尊敬和公平对待所有人的方式行事。

(2)工程师不得参加与从事职业有关的歧视或骚扰活动。

(3)工程师应考虑共同体的多样性，并在其规划、设计职业服务中，努力以真诚的态度对待不同的观点。

附录 A2　美国国家职业工程师学会工程师伦理规范*

A2.1　序言

工程是一个重要的、学术性的职业。作为本职业的从业人员，工程师被赋予了展现高标准的诚实和正直的期望。工程对所有人的生活质量有直接和重大的影响。因此，工程师提供的服务要诚实、公平、公正和平等，必须致力于保护公众的健康、安全和福祉。工程师必须按职业行为标准履行其职责，这就要求他们遵守高标准的伦理行为的原则。

A2.2　基本准则

在履行其职责的过程中，工程师应：

(1)将公众的安全、健康和福祉置于首位。

(2)仅在他们有能力胜任的领域内从事工作。

(3)仅以客观的和诚实的方式发表公开声明。

(4)作为忠诚的代理人和受托人为雇主和客户从事职业事务。

(5)避免发生欺骗性的行为。

(6)体面地、负责地、有道德地及合法地从事职业行为，以提高职业的荣誉、声誉和效用。

A2.3　实践规则

准则 1:工程师应将公众安全、健康和福祉放在首位。

(1)在危及生命和财产情况下，如果工程师的判断遭到了否定，那么他们应向雇主或客户以及其他任何相关的机构通报情况。

(2)工程师应仅批准那些符合适用标准的工程文件。

(3)除了法律或本规范授权或要求的外，在没有得到客户或雇主事先同意的情况下，工程师不应泄露所获得的实情、数据或信息。

(4)工程师不应与任何他们认为在从事欺骗性或不诚实事务的个人或公司合作，也不应允许在这样的合作中使用他们的姓名。

(5)工程师不应协助或唆使任何个人或公司从事非法的工程项目。

(6)当知道任何宣称的违反本规范的情况时，工程师应立即向相关的职业机构报告，相应地，也要向公共机构报告，并协助有关机构弄清这些信息或提供所需的协助。

准则 2:工程师应仅在其有能力胜任的领域内从事职业服务。

(1)在特定技术领域内，仅当工程师的教育经历或经验背景使其具备了相应的资质时，才应承担分派的任务。

(2)在自己缺乏资质的领域，或不在自己指导和管理之下编制的计划书或文件，工程

* http://www.nspe.org/resocrces/ethics/code - ethics.

师不应签字或盖章。

(3)工程师可接受任务指派和承担整个项目的协调责任,并签署和批准整个项目的工程文件,前提是该项目的每一个技术部分均由具备资质的工程师编制和签字。

准则3:工程师应以客观的和诚实方式发表公开声明。

(1)工程师在专业报告、陈述或证词中应保持客观和诚实。在专业报告、陈述和证词中,应该包含所有相关的和恰当的信息。

(2)只有当其观点建立在对事实充分认识的基础之上,并且该问题在其专业知识范围之内时,工程师才可以公开地表达他的专业技术观点。

(3)在由有关利益方发起或付费的事项中,工程师不应发表技术方面的声明、批评或论证,除非在发表自己的意见前,他们明确地表明自己所代表的相关当事人的身份,并且揭示在其中可能存在的利益关系。

准则4:工程师应做雇主或客户的忠实代理人或受托人。

(1)工程师应公开所有可能或可能会影响他们判断或所提供服务质量的已知的或潜在的利益冲突。

(2)工程师不应在同一项目服务中接受任何超过一方的报酬,或者重复接受有关同一项目服务的报酬,除非已向所有相关各方完全公开,并征得他们同意。

(3)对于由自己负责的工作,工程师不应向承担者直接地或间接地索求、接受金钱或其他有价之物。

(4)在其作为成员、顾问及政府或政府派出机构或部门雇员的公共服务中,工程师不应参与由他们自己或其组织在个人或公共工程事务中提供的与服务有关的决策。

(5)如果工程师所在组织的成员在政府机构中担任负责人或官员,那么工程师不应索求或接受来自该政府机构的合同。

准则5:工程师应避免发生欺骗性的行为。

(1)工程师不应伪造他们的职业资格,也不应允许对自己、同事的职业资格作出错误的表述。他们不应伪造或夸大他们以前对某项事务负责的情况。

在用于自荐就业的小册子或其他介绍材料中,不应虚假地叙述有关事实,如关于雇主、雇员、同事、合作方的情况或过去的业绩。

(2)工程师不应直接地或间接地提供、给予、索取或收受任何影响公共机构授予合同的捐赠,或者被公众理解成具有影响授予合同意图的捐赠。他们不应为了确保获得或保住工作而提供任何礼品或其他报酬。他们不应为了确保获得或保住工作而提供佣金、折扣或回扣,除非对善意的雇员或在他们提议下建立起来的贸易或营销代理商。

A2.4 职业责任

责任1:当处理与各方的关系时,工程师应以诚实的和正直的最高标准作为指导原则。

(1)工程师应承认他们的错误,而不应歪曲或篡改事实。

(2)当他们认为某一项目不会成功时,工程师应向其客户或雇主提出建议。

(3)工程师不应接受那些可能会损害他们的日常工作或利益的外在的雇用。在接受任何外在的工程雇用之前,他们应告知他们的雇主。

(4)工程师不应该企图通过虚假或误导的理由来吸引属于另一名雇主的工程师。

(5)工程师不应以损害职业荣誉和正直为代价来谋求他们自己的利益。

责任2:工程师应始终努力地服务于公众利益。

(1)工程师应寻求机会参加社会事务,为年轻人提供就业指导,并为提高公众的安全、健康和福祉而工作。

(2)对不符合工程应用标准的计划书或说明书,工程师不应加以完善、签字或盖章。如果客户或雇主坚持这类非职业性的行为,那么他们应通知相关的机构,并中止为该项目提供进一步的服务。

(3)工程师应努力扩展公共知识,并正确评价工程及其成果。

责任3:工程师应避免所有欺骗公众的行为。

(1)工程师应避免使用包含了歪曲事实或断章取义的陈述。

(2)在符合以上条款的情况下,工程师可刊登招聘雇员的广告。

(3)在符合以上条款的情况下,工程师可为非专业或技术出版物提供论文,但这类论文不应包含把他人的工作置于自己名下的内容。

责任4:未经现在的或先前的客户或雇主或他们服务过的公共部门的同意,工程师不应泄露任何涉及他们的商业事务或技术工艺的秘密信息。

(1)在没有得到所有相关利益方同意的情况下,受雇于他人的工程师不应提出晋职的要求或工作安排,或者将其工作的安排作为一种资本,或者参与某项与其获得特殊的和专门化的知识相关的项目。

(2)在没有得到所有相关利益方同意的情况下,工程师不应当参与或代表与竞争对手的利益相关的特殊的项目或活动,在此项目或活动中,涉及从以前的客户或雇主那里获得的专门化的知识。

责任5:工程师在履行其职业责任的过程中不应受到利益冲突的影响。

(1)在指定材料或设备的过程中,工程师不应该接受来自材料商或设备商的经济或其他报酬,包括丰厚的工程设计。

(2)无论是直接地还是间接地,工程师不应该接受来自承包商或其他涉及客户或雇主的当事人的佣金或津贴。

责任6:工程师不应试图通过虚假批评其他工程师或通过其他不恰当或可疑的方法,获得雇用、提升或职业合作的机会。

(1)在其判断可能受到影响的情况下,工程师不应要求、提出或接受佣金。

(2)只有在符合雇主的政策和道德要求的情况下,工程师才能在自己领取薪水的本职工作外接受兼职的工程任务。

(3)未经同意,工程师不应利用雇主的设备、原材料、实验室或办公设备从事公司外的私人业务。

责任7:工程师不应恶意地或欺诈性地直接或间接地损害其他工程师的职业声誉、前途、实践或职业。当确信他人有不符合道德或不合法的行为时,工程师应该向有关机构提供这类信息。

(1)个体从业的工程师不应核查同一客户下的另一工程师的工作,除非他具备后者所具有的知识,或者后者与工作的联系已经终止。

(2)政府、产业或教育机构中的工程师,依据他们的职责要求,有资格检查和评估其他工程师的工作。

(3)就样品与其他供应商提供的样品,在营销或产业结构中的工程师有权对它们进行工程上的比较。

责任 8:工程师应为其职业行为承担个人责任,然而除工作疏忽大意外,工程师可依据他们所提供的服务寻求补偿,否则工程师的利益将得不到保护。

(1)在工程实践中,工程师应遵守州政府工程注册方面的法律。

(2)工程师不应利用非工程师、公司或合作者来为自己的不符合伦理的行为作掩护。

责任 9:工程师应根据对工程所作出的贡献将荣誉给予那些应得者,且要承认他人的其他所有权和利益。

(1)无论何时,工程师应给予有关人员以相应的名誉,他们可能是单独地负责设计、发明、写作或作出其他贡献的人。

(2)当使用由客户提供的设计方案时,工程师要承认客户对设计的所有权,未经同意,不得为他人复制这些设计方案。

(3)在开始接手其他人的工作之前,对于他人在相关项目中可能出的改进、规划、设计、发明或其他也许有正当理由获得版权或专利的成果,工程师应首先就其所有权达成明确的协议。

(4)对属于雇主的工作,工程师所做的设计、数据、记录和笔记均为雇主所有。如果雇主在最初的用途之外使用它们,那么就应该向工程师提供补偿。

(5)通过参与专业实践、参加继续教育课程、阅读技术文献、参加专业会议和研讨会等方式,工程师应在他们的职业生涯中不断取得职业发展,保持自己在本专业领域内的前沿状态。

参考文献

[1] 查尔斯·哈里斯,迈克尔·普里查德,迈克尔·雷宾斯.工程伦理概念和案例[M].丛杭青等,译.北京:北京理工大学出版社,2006.
[2] 曹魁.水利工程移民风险评价的研究与应用[D].郑州:华北水利水电大学,2016.
[3] 曹南燕.对中国高校工程伦理教育的思考[J].高等工程教育研究,2004(5):37-39.
[4] 蔡元培.中国伦理学史[M].长沙:湖南大学出版社(2014 年重印出版),1910.
[5] 常鸿飞.论工程师的伦理责任[D].西安:长安大学,2009.
[6] 陈亮,陈世俭,蔡晓斌.基于时序 NDVI 的三峡库区植被覆盖时空变化特征分析[J].华中师范大学学报,2017,51(3):407-415.
[7] 陈伟.我国水利水电工程移民安置现状及思考[J].中国水利,2010(20):10-12.
[8] 陈雯.工程共同体集体行动伦理困境的哲学审思[J].云南社会科学,2014(5):47-52.
[9] 陈惺.治水无止境[M].北京:中国水利水电出版社,2009.
[10] 陈昌曙.技术哲学引论[M].北京:科学出版社,1999.
[11] 陈美萍.共同体(Community):一个社会学话语的演变[J].南通大学学报,2009,25(1):118-123.
[12] 陈万求.工程技术伦理研究[M].北京:社会科学文献出版社,2012.
[13] 陈祖煜,贾金生,陆佑楣,等.再谈三峡[J].科学世界,2017(5):1-48.
[14] 丛杭青,文芬荣.工程师角色道德冲突问题研究[J].昆明理工大学学报,2015,15(4):1-6.
[15] 代亮.迈克·马丁工程伦理思想研究[D].合肥:中国科学技术大学,2015.
[16] 丁一汇.论河南"75·8"特大暴雨的研究:回顾与评述[J].气象学报,2015,73(3):411-424.
[17] 丁玉琴.岩土工程中的科学哲学思想及应用[J].高等建筑教育,2006,15(1): 16-19.
[18] 董小燕.美国工程伦理教育兴起的背景及其发展现状[J].高等工程教育研究,1996(3):74-77.
[19] 董哲仁.怒江水电开发的生态影响[J].生态学报,2006,26(5):1591-1596.
[20] 斐迪南·滕尼斯.共同体与社会[M].林荣远,译.北京:商务印书馆,1999.
[21] 费罗洛夫,尤今.科学伦理学[M].齐戎,译.沈阳:辽宁大学出版社,1989.
[22] 傅蓓蓓.对三峡大坝生态伦理思考[J].资源节约与环保,2013(12):131.
[23] 甘绍平.应用伦理学前沿问题研究[M].南昌:江西人民出版社,2002.
[24] 顾剑,顾祥林.工程伦理学[M].上海:同济大学出版社,2015.
[25] 光善万.大型水利工程的哲学思考[D].成都:成都理工大学,2010.
[26] 郭飞,王续刚.中国的工程伦理建设:背景、目标和对策[J].华中科技大学学报(社会科学版),2009,23(4):116-121.
[27] 郭立夫,李北伟.决策理论与方法[M].北京:高等教育出版社,2006.
[28] 郭竞章.板桥水库复建工程枢纽布置[J].水利水电技术,1991(10): 26-30.
[29] 查尔斯·哈里斯.工程伦理:概念与案例[M].北京:北京理工大学出版社,2006.
[30] 河南水利厅.河南"75·8"特大洪水灾害[M].郑州:黄河水利出版社,2005.
[31] 洪晓楠.科学伦理的理论与实践[M].北京:人民出版社,2013.
[32] 胡向阳.三峡工程下游宜昌至湖口河段河道演变研究[J].人民长江,2012(6):28.
[33] 胡思明,骆承政.中国历史大洪水[M].北京: 中国书店出版社,1989.
[34] 霍尔姆斯·罗尔斯顿.环境伦理学[M].杨通进,译.北京: 中国社会科学出版社,2000.

[35] 贾丁斯·戴斯. 环境伦理学[M]. 林官明,杨爱民,译. 北京: 北京大学出版社,2004.
[36] 金毓荪,蒋其垲,赵世远. 油田开发工程哲学初论[M]. 北京:石油工业出版社,2007.
[37] 康德. 实践理性批判[M]. 北京:商务印书馆,2003.
[38] 邝福光. 环境伦理学教程[M]. 北京:中国环境科学出版社,2000.
[39] 李伯聪. 工程哲学导论[M]. 郑州:大象出版社,2002.
[40] 李伯聪. 工程共同体中的工人——"工程共同体"研究之一[J]. 自然辩证法通讯,2005,27(2):67-69.
[41] 李伯聪. 关于工程师的几个问题——"工程共同体"研究之二[J]. 自然辩证法通讯,2006,28(2):45-52.
[42] 李伯聪. 工程共同体研究和工程社会学的开拓——"工程共同体"研究之三[J]. 自然辩证法通讯,2008,30(1):63-68.
[43] 李伯聪. 工程社会学导论:工程共同体研究[M]. 杭州:浙江大学出版社,2010.
[44] 李伯聪. 工程社会学的开拓与兴起[J]. 山东科技大学学报(社会科学版),2012,14(1):1-9.
[45] 李伯聪. 关于方法、工程方法和工程方法论研究的几个问题[J]. 自然辩证法研究,2014,30(10):41-47.
[46] 李东法. 板桥水库抗洪抢险及失事过程[M]. 中国防汛抗旱,2005(3):22-24.
[47] 李丽英. 论工程伦理教育[D]. 长沙:长沙理工大学,2008.
[48] 李世新. 工程伦理学概论[M]. 北京:社会科学出版社,2008.
[49] 李永香. 水电工程伦理及其风险规避问题研究[D]. 开封:河南大学,2016.
[50] 梁福庆. 三峡工程移民问题研究[M]. 武汉: 华中科技大学出版社,2011.
[51] 刘汉东. 边坡失稳定时预报理论与方法[M]. 郑州:黄河水利出版社,1996.
[52] 刘汉东,路新景. 输水隧洞断层带高承压水处理措施研究[M]. 北京:科学出版社,2016.
[53] 刘汉东,朱华,黄银伟. 南水北调中线工程郭村矿采空区段稳定性研究[M]. 岩土力学,2015,(S2):519-524.
[54] 刘师培. 伦理学教科书[M]. 南京:广陵书社(2013 年重印出版),1906.
[55] 卢广彦. 重大工程决策模式中若干问题研究[D]. 合肥:合肥工业大学,2011.
[56] 芦文龙. 技术主体的伦理行为:规范、失范及其应对[D]. 大连:大连理工大学,2014.
[57] 卢耀如,金晓霞. 三峡工程的现实与争议[J]. 中国减灾,2011(13):30-32.
[58] 陆佑楣. 我们该不该建坝[J]. 水利发展研究,2011(5):6-9.
[59] 路德·宾克莱. 二十世纪伦理学[M]. 孙彤,孙南桦,译. 石家庄:河北人民出版社,1988.
[60] 罗国杰. 中国伦理思想史[M]. 北京:中国人民大学出版社,2008.
[61] 罗佳宏. 长江三峡库区三维速度成像与微震活动性研究[D]. 北京:中国地震局地质研究所,2016.
[62] 马克思,恩格斯. 马克思恩格斯选集[M]. 北京:人民出版社,1972.
[63] 马文涛,蔺永,苑京立. 水库诱发地震的震例比较与分析[J]. 地震地质,2013,35(4):924-919.
[64] 迈克·马丁. 美国的工程伦理学[J]. 自然辩证法通讯,2007(3):106-109.
[65] 迈克尔·戴维斯. 像工程师那样思考[M]. 丛杭青,译. 杭州:浙江大学出版社,2012.
[66] 毛泽东. 毛泽东选集[M]. 北京:人民出版社,解放军出版社(重印),1991.
[67] 米查姆. 通过技术思考[M]. 沈阳:辽宁人民出版,2008.
[68] 摩尔 GE. 伦理学原理[M]. 陈德中,译. 北京:商务印书馆,1903.
[69] 潘磊. 工程伦理章程的性质与作用[J]. 自然辩证法研究,2007(7):40-43.
[70] 潘家铮. 水利建设中的哲学思考[J]. 中国水利水电科学研究院学报,2003,1(1):1-8.
[71] 潘家铮. 千秋功罪话水坝[M]. 北京:清华大学出版社,2000.

[72] 彭宜君. 三峡工程的伦理论争及其理性反思[J]. 交通科技,2014,263(2):165-169.
[73] 钱广荣. 中国伦理学引论[M]. 合肥:安徽人民出版社,2009.
[74] 齐格蒙特·鲍曼. 后现代伦理学[M]. 南京:江苏人民出版社,2003.
[75] 余正荣. 中国生态伦理传统的诠释与重建[M]. 北京:人民出版社,2002.
[76] 沈国舫. 三峡工程对生态和环境的影响[J]. 科学中国人,2010(11):21-22.
[77] 苏向荣. 三峡决策论辩[M]. 北京:中央编译出版社,2007.
[78] 孙春晨,江畅. 中国应用伦理学[M]. 北京:金城出版社,2004.
[79] 孙天任. 今天如何评价黄万里对三峡工程的担忧[J]. 科学世界,2017(8):1-18.
[80] 苏俊斌,曹南燕. 中国注册工程师制度和工程社团章程的伦理意识考察[J]. 华中科技大学学报(社会科学版),2007(4):95-100.
[81] 唐丽. 美国工程伦理研究[M]. 长春:东北大学出版社,2008.
[82] 陶明报. 科技伦理问题研究[M]. 北京:北京大学出版社,2005.
[83] 田鹏,陈绍军. 从"科学共同体"看"工程共同体"——与李伯聪教授商榷[J]. 工程研究—跨学科视野中的工程,2016(1): 55-62.
[84] 铁怀江. 工科大学生工程伦理观研究[D]. 成都:西南交通大学,2013.
[85] 万有贵,吴朝平,杨绍忠. 水土保持与水利可持续发展[J]. 现代农业科技,2010(20):305-307.
[86] 万长松. 产业哲学引论[M]. 沈阳:东北大学出版社,2008.
[87] 王进. 论工程与伦理的融合[J]. 工程管理学报,2015,29(1):24-27.
[88] 王前,朱勤. 工程伦理的实践有效性研究[M]. 北京:科学出版社,2016.
[89] 王婷. 三峡地区环境法治概论[M]. 北京:法律出版社,2007.
[90] 王根绪,程国栋. 50 a 来黑河流域水文及生态环境的变化[J]. 中国沙漠,1998,18(3):233-238.
[91] 王海明. 伦理学方法[M]. 北京:商务印书馆,2003.
[92] 王儒述. 三峡水库诱发地震的监测与预报(英文)[J]. 三峡大学学报,2017,39(1):17-18.
[93] 王延荣. 河南"75·8"特大洪水灾害[J]. 河南水利与南水北调,2013(21):35-38.
[94] 文宝萍,申健,谭建民. 水在千将坪滑坡中的作用机理[J]. 水文地质与工程地质,2008(3):12-18.
[95] 吴恒斌. 电力伦理学研究[M]. 北京:中国水利水电出版社,2008.
[96] 吴现立. 工程哲学[M]. 郑州:郑州大学出版社,2013.
[97] 余涌. 中国应用伦理学[M]. 北京:中央编译出版社,2002.
[98] 夏军强,邓珊珊,周美蓉,等. 三峡工程运用对近期荆江段平滩河槽形态调整的影响[J]. 水科学进展,2016,27(3): 385-391.
[99] 夏宜铮. 三峡工程的生态环境问题[J]. 湖泊科学,1993,5(2):181-191.
[100] 肖平. 工程伦理导论[M]. 北京:北京大学出版社,2009.
[101] 肖平. 工程伦理学[M]. 北京:中国铁道出版社,1999.
[102] 解家毕,孙东亚. 全国水库溃坝统计及溃坝原因分析[J]. 水利水电技术,2009,40(12):124-129.
[103] 熊艳峰. 工程师的社会责任[J]. 武汉科技大学学报(社会科学版),2007,9(3):252-255.
[104] 徐涛,王敏,周曼,等. 三峡水库不同调控方式对坝下游河道演变影响[J]. 人民长江,2016,47(24):2-11.
[105] 徐长山. 工程十论:关于工程的哲学探讨[M]. 成都:西南交通大学出版社,2010.
[106] 徐匡迪. 工程师——从物质财富的创造者到可持续发展的实践者[J]. 北京师范大学学报,2005(1):5-13.
[107] 许淑萍. 决策伦理学[M]. 哈尔滨:黑龙江人民出版社,2005.
[108] 薛守义. 工程哲学[M]. 北京:科学出版社,2016.

[109] 薛守义,刘汉东. 岩体工程学科性质透视[M]. 郑州:黄河水利出版社,2002.
[110] 晏志勇. 我国水电建设现状及未来[J]. 水利水电施工,2010(2):1-4.
[111] 杨永林. 十年爆管11次"民心工程"怎成"豆腐渣"[N]. 光明日报,2008-12-22.
[112] 杨朝飞. 水坝热的冷思考[J]. 生态经济,2003(11):42-47.
[113] 叶华文,张澜. 魁北克大桥垮塌全过程分析[J]. 中外公路,2015,35(5):138-143.
[114] 殷瑞钰,汪应洛,李伯聪,等. 工程哲学[M]. 北京:高等教育出版社,2007.
[115] 殷瑞钰,李伯聪,汪应洛,等. 工程演化论[M]. 北京:高等教育出版社,2011.
[116] 余谋昌,王耀先. 环境伦理学[M]. 北京:高等教育出版社,2013.
[117] 于为民. "75·8"劫难[M]. 郑州:黄河文艺出版社,1990.
[118] 张璐. 工程伦理视域下水电工程建设的伦理问题及其对策研究[D]. 武汉:武汉理工大学,2014.
[119] 张秀华. 工程共同体的本性[J]. 自然辩证法通讯,2008,30(6):43-47.
[120] 张恒力,胡新和. 当代西方工程伦理研究的态势与特征[J]. 哲学动态,2009(3):52-56.
[121] 张志彤. 历史的经验值得注意——写在河南"75·8"特大暴雨洪水30周年之际[J]. 中国防汛抗旱,2005(3):6-8.
[122] 张应杭. 伦理学概论[M]. 杭州:浙江大学出版社,2009.
[123] 中国工程师学会. 工程师信条[M/OL]. http://www.cie.org.tw/. 1996.
[124] 赵龙华. 三峡重庆库区农业可持续发展研究[D]. 北京:中国农业科学院,2012.
[125] 赵雅超. 中美工程伦理规范比较研究[D]. 北京:北京工业大学,2016.
[126] 钟立勋. 意大利瓦依昂水库滑坡事件的启示[J]. 中国地质灾害与防治学报,1994,5(4):77-82.
[127] 钟旭. 我国工程师伦理素质培养研究[D]. 武汉:武汉理工大学,2013.
[128] 朱京. 论工程的社会性及其意义[J]. 清华大学学报(哲学社会科学版),2004,19(6):44-48.
[129] 朱勤. 实践有效性视角下的工程伦理学探析[D]. 大连:大连理工大学,2011.
[130] 左媚柳. 对三峡工程的环境伦理研究与批判[D]. 重庆:重庆大学,2007.
[131] American Society of Civil Engineers. Code of ethics[M/OL]. http://www.asce.org/. 2017.
[132] Anderson M G, Holcombe E. Community-based landslide risk reduction: managing disasters in small steps [M]. International Bank for Reconstruction and Development / The World Bank 1818 H Street NW, Washington DC,2013.
[133] Barla M, Antolini F. An integrated methodology for landslide early warning systems[J]. Landslides, 2016,13:215-228.
[134] Barakat M R. Epidemiology of schistosomiasis in Egypt: travel through time: review[J]. Journal of Advanced Research,2013,4(5):425-432.
[135] Baum R L , Godt JW. Early warning of rainfall-induced shallow landslides and debris flows in the USA [J]. Landslides, 2010,7(3): 259-272.
[136] Bell F G. Geological Hazards: Their assessment, avoidance and mitigation[M]. London: E & FN Spoon,1999.
[137] Belloni L G, Stefani R. The Vajont slide: instrumentation-past experience and the modern approach [J]. Engineering Geology,1987,24: 445-474.
[138] Bistacchi A, Massironi M, Superchi L, et al. A 3D geological model of the 1963 Vaiont landslide[J]. Italian Journal of Engineering Geology and Environment,2013.
[139] Brumsen M, Roeser S. Research inethics and engineering [J]. Technology,2004,8(1):20-25.
[140] Bucciarelli L. Engineering Philosophy [M]. Delft: Delft University Press,2003.
[141] Capparelli G, Iaquinta P. Modeling the rainfall-induced mobilization of a large slope movement in north-

ern Calabria[J]. Natural Hazards,2012,61(1):247-256.

[141] Charles E, Harris Jr. Engineering Ethics: Concept and Cases [M]. Scarborough: Wadsworth Learning, 2000.

[142] Cheng Y M, Lau C K. Slope Stability Analysis and Stabilization: New Methods and Insight[M]. New York: Routledge,2008.

[143] Christensen H, Delahousse B . Philosophy in Engineering[M]. Denmark: Academaca,2007.

[144] Clayton C R, Matthews MC. SiteInvestigation[M]. Guildford: University of Surrey Press,1995.

[145] Davis M. Thinking like an Engineer[M]. New York: Oxford University Press,1998.

[146] Duman T Y. The largest landslide dam in Turkey: Tortum landslide[J]. Engineering Geology, 2009, 104(1):66-79.

[147] Elba E, Farghaly D, Urban B. Modeling high Aswan Dam reservoir morphology using remote sensing to reduce evaporation[J]. International Journal of Geoscience,2014,5(2):156-169.

[148] European Water Association. The Code of Ethics[M]. http://www. ewa-online. eu/. 2001.

[149] Glade T. Landslide Hazard and Risk[M]. New York: John Wiley & Sons,2005.

[150] Hendron A J, Patton F D. The Vaiont slide, a geotechnical analysis based on new geological observations of the failure surface[M]. Washington DC: Technical Report GL-85-5, Department of the Army, US Corps of Engineers,1985.

[151] Hendron A J, Patton F D. The Vaiont slide. a geotechnical analysis based on new geologic observations of the failure surface[J]. Engineering Geology,1987,24: 475-491.

[152] Hillery G. Definition of Community area of agreement[J]. Rual Sociology,1955,20(2):111-123.

[153] Hoek E. Practical rock engineering[M/OL]. http://www. rocscience. com/educational/hoeks_corner. 2007.

[154] Jaeger C. The dynamics of the slide, discussion of paper by L. Muller on new considerations on the Vaiont Slide[J]. Rock Mechanics and Engineering Geology,1968,6(4): 243-247.

[155] Kalifa E A, Redy E H, Alhayawei SA. Estimation of evaporation losses from Lake Nasser: neural network based modeling versus multivariate linear regression[J]. Journal of Appled Science Research, 2012,8(5):2785-2799.

[156] Liu H D. Experimental Study on Forecasting Occurrence of Slope Failure[C]. Proceedings of 7th Congress IAEG. Rotterdam: A. A. Balkema,1994.

[157] Liu H D,Jiang T. Dongmiaojia Landslide Stability Analysis in Xiaolangdi Project on Yellow River[C]. International landslide Conference, Hong Kong: Hong Kong University Press,2000.

[158] Liu H D,Huang Z Q. Prediction study of rock mass deformation of the middle-isolation piers of permanent ship lock in the Three Gorges Project on Yangtze River[C]. Proceedsof 2001 ISRM International Symposium, Lisse: A. A. Balkema. 2001,123-126.

[159] Liu H D. Approach to forecasting occurrence of slope failure with nonlinear dynamical system[J]. Applied Mechanics and Materials, 2013,438-439:1597-1602.

[160] Martin M, Schinzinger R. Ethics in Engineering[M]. 4th Ed. New York: Mc Graw-Hill,2005.

[161] Mitcham C, Duval S. Engineering Ethics [M]. New Jersey: Prentice Hall,2000.

[162] Monsef H, Smith S, Darwish K. Impacts of the Aswan High Dam after 50 years[J]. Water Resource Management,2015,29:1873-1885.

[163] Moustafa M A. Predicting deposition in the Aswan High Dam Reservoir using a 2-D model[J]. Ain Shams Engineering Journal,2013,4(2):143-153.

[164] Müller L. The rock slide in the Vaiont Valley[J]. Rock Mechanics and Engineering Geology,1964,2:148-212.

[165] Müller L. New Considerations on the Vaiont Slide[J]. Rock Mechanics and Engineering Geology,1968,6(1/2):1-91.

[166] Müller L. The Vaiont catastrophe-a personal review[J]. Engineering Geology,1987,24(1-4):423-444.

[167] National Society of Professional Engineers[OL]. Code of Ethics for Engineers[OL]. http://www.nspe.org/.2007.

[168] Nonveiller E. The Vajont reservoir slope failure[J]. Engineering Geology, 1987,24: 493-512.

[169] Pararo M M. The Vaiont landslide 9th October 1963[J]. Italian Journal of Engineering Geology and Environment,2013(6):226-235.

[170] Paronuzzi P, Bolla A. The prehistoric Vaiont rockslide: an updated geological model[J]. Geomorphology. 2012,169-170: 165-191.

[171] Paronuzzi P, Bolla A, Rigo E. Brittle and ductile behavior in deep-seated landslides: learning from the Vajont experience[J]. Rock Mech and Rock Engineering,2016,49:2389-2402.

[172] Schizinger R, Martin M W. Introduction to Engineering Ethics[M]. Bosto:Mc Graw-Hill,2000.

[173] Semenza E, Ghirotti M. History of the 1963 Vaiont slide: the importance of geological factors[J]. Bulletin of Engineering Geology and Enviroment,2000,59(2):87-97.

[174] Semenza E, Baker V R. The story of Vaiont told by the geologist who discovered the landslide[J]. Natural Hazards and Earth System Sciences,2011,30(2):295-297.

[175] Smith S E. A revised estimate of the life span of Lake Nasser[J]. Environmental Geology and Water Science, 1990,15(2):123-129.

[176] Tika T E, Hutchinson JN. Ring Shear Tests on Soil from the Vaiont Landslide Slip Surface[J]. Geotechnique, 1999,49(1):59-74.

[177] Tiranti D, Rabuffetti D. Estimation of rainfall thresholds triggering shallow landslides for an operational warning system implementation[J]. Landslides,2010,4(7):471-481

[178] Trollope D H. The Vaiontslope failure[J]. Rock Mechanics,1980,13:71-88.

[179] Wang S J, Fu B J, Yang Z F. Frontiers of Rock Mechanics and Engineering in the 21 Century[M]. Rotterdam: A. A. Balkema,2001.

[180] Wang S J, Huang D C. Century Achievement of Engineering Geology in China[M]. Beijing: Science Press,2004.

[181] World Federation of Engineering Organizations (WFEO). Code of Ethics[M/OL]. http://www.wfeo.org/ethics/.2017.

[182] Wulf W A. Engineering ethics and society [J]. Technology in Society,2004,26(2/3):385-390.

[183] Yang J H, Liu H D. Analysis on formation mechanism and 3D dimensional stability of deposits slope [C]. Proceedings of the 11th Congress of IAEG. New York: Taylor & Francis Group,2010.

[184] Zaniboni F. Numerical simulations of the 1963 Vaiont landslide[J]. Natural Hazards,2014,70:567-592.

[185] Zhao X, Liu H D. The results of the hydropower station high slope rock protection[J]. Journal of Rock Mechanics and Engineering,2005,24(20): 3742-3748.

[186] Zhao Y K, Liu H D. Slope stability on downstream embankment of Yellow River during water level fluctuation[C]. Conference of Modern Hydraulic Engineering. London: Science Publishing Limited,2010.